高等职业教育系列教材

三菱PLC、变频器和触摸屏应用项目教程

主　编　李响初
副主编　刘　娜　章建林　李先强　沈治国　谭刚林
参　编　张　俏　彭　琨　朱朝霞　刘雨佳　王艳霞

机 械 工 业 出 版 社

本书以中高级电工和可编程序控制系统设计师等职业标准所要求的知识技能为蓝本，以训练学生的PLC编程技能及PLC与变频器、触摸屏综合应用能力为目标，详细介绍三菱FX_{3U}系列PLC、FR-E700系列变频器和GOT2000系列触摸屏应用技术。全书用任务驱动的方式组织教材内容，通过合作企业的实际工程任务和常用案例设计与开发，培养实际工程应用能力。

本书包括7个项目，具体分为19个实际工程任务。7个项目分别是探秘可编程控制器，三相异步电动机典型控制系统设计，顺序控制系统设计，复杂工程控制系统设计，探秘变频器，探秘触摸屏，PLC、变频器与触摸屏综合控制系统设计。

本书为新形态一体化教材，采用双色印刷，配有教、学、做一体化设计的专业教学资源库，内容丰富，功能完善。其中数字化教学资源包括微课、源程序、延伸阅读、PPT和习题答案等类型。教师可登录www.cmpedu.com免费注册，审核通过后下载，或联系编辑索取（微信：13261377872，电话：010-88379739）。

本书可作为高等职业院校机电一体化技术、智能控制技术、电气自动化技术等专业及装备制造大类、电子信息大类相关专业人才培养的教材，也可供工控领域工程技术人员参考。

图书在版编目（CIP）数据

三菱PLC、变频器和触摸屏应用项目教程/李响初主编. —北京：机械工业出版社，2024.7（2025.1重印）

高等职业教育系列教材

ISBN 978-7-111-75563-0

Ⅰ. ①三… Ⅱ. ①李… Ⅲ. ①PLC技术-高等职业教育-教材②变频器-高等职业教育-教材③触摸屏-高等职业教育-教材 Ⅳ. ①TM571.61②TN773③TP334.1

中国国家版本馆CIP数据核字（2024）第071319号

机械工业出版社（北京市百万庄大街22号 邮政编码100037）

策划编辑：李文轶　　责任编辑：李文轶　赵晓峰

责任校对：张慧敏　马荣华　景　飞　　责任印制：郜　敏

北京富资园科技发展有限公司印刷

2025年1月第1版第2次印刷

184mm×260mm · 16.5印张 · 407千字

标准书号：ISBN 978-7-111-75563-0

定价：68.00元

电话服务

客服电话：010-88361066

010-88379833

010-68326294

网络服务

机　工　官　网：www.cmpbook.com

机　工　官　博：weibo.com/cmp1952

金　　书　　网：www.golden-book.com

机工教育服务网：www.cmpedu.com

Preface
前 言

党的二十大报告指出："加快建设制造强国、质量强国、航天强国、交通强国、网络强国、数字中国。实施产业基础再造工程和重大技术装备攻关工程，支持专精特新企业发展，推动制造业高端化、智能化、绿色化发展。"要实现上述目标，关键是利用现代工业控制三大支柱之一的 PLC 与变频器、触摸屏等设备构建功能齐全、操作简便的自动控制系统。鉴于三菱公司生产的 FX_{3U}系列 PLC、FR-E700 系列变频器和 GOT2000 系列触摸屏在企业、学校使用广泛的情况，编者以《三菱 PLC、变频器与触摸屏综合应用技术》为基础，结合多年的工程应用及装备制造专业群教学经验，协同合作企业工程技术人员共同编写了本书，旨在培养学生或具有一定电气控制基础知识的工程技术人员较快掌握 FX_{3U}系列 PLC、FR-E700 系列变频器和 GOT2000 系列触摸屏综合工程应用能力。本书特点如下：

1. 内容精简实用，语言通俗易懂

本书根据高职院校生源特点，本着"理论浅、应用多、内容新"的原则精简教学内容，删减了大量在工程应用中根本不用或很少使用的内部结构分析和理论计算。在文字叙述上，采用通俗易懂的语言，尽量克服以往学生对 PLC、变频器和触摸屏相关课程知难而退的心理障碍。

2. 采用任务驱动编写模式，适合理实一体化教学

本书在教学内容的组织上采用任务驱动编写模式，在讲解基本知识点的基础上，设计了"任务描述""关联知识""任务实施""岗课赛证融通拓展"等模块，强调工程应用能力的培养。在版面安排上，提供了大量图片、图表，采用图文并茂的编排形式，提高内容的直观性和形象性，便于理解和掌握理论知识，同时也为学生自学创造了条件。

3. 考核评价体系体现职业技能要求

任务实施考核评价标准根据国家职业技能鉴定中心相关职业技能鉴定规范（考核大纲）编制，参照职业技能鉴定模式进行考核评价，可为实行"1+X"证书制度奠定基础；同时使学生增强执行工艺纪律意识，有利于按工艺标准进行设计、装配和调试自动化控制系统。

4. 以生产项目、典型工作任务和工程实践案例为载体，选材新颖

本书以行业、企业真实生产项目、典型工作任务和工程实践案例等为载体，选材紧扣专业人才培养能力目标，深度对接行业、企业标准，将实际解决方案、岗位能力要求和标准等内容有机融入教材内容，反映最新生产技术、工艺、规范和未来技术发展，体现教学改革要求及高素质技术技能人才培养特色，确保教材内容实用性、新颖性。

5. 配套资源丰富，适合信息化教学

本书为新形态一体化教材，采用双色印刷，配备有教、学、做一体化设计的专业教学资源库，内容丰富，功能完善。其中数字化教学资源包括微课、源程序、延伸阅读、PPT和习题答案等。

目录中注有“*”号的部分建议作为选讲内容。在学时较少的情况下，建议首先删减这些内容。删去这些内容不会影响知识体系的完整性和内容的连贯性。

本书由湖南有色金属职业技术学院李响初任主编，进行全书的选例、设计和统稿工作。李响初编写了项目3、项目4；湖南有色金属职业技术学院章建林编写了项目1；湖南有色金属职业技术学院刘娜编写了项目6，并负责微课视频录制以及电子课件制作等工作；长沙民政职业技术学院谭刚林编写了项目2；湖南现代物流职业技术学院沈治国编写了项目5；株洲中车时代电气股份有限公司李先强编写了项目7，并负责企业项目的选取。参加本书项目实验、绘图与教学资源整理工作的还有张俏、彭琨、朱朝霞、刘雨佳、王艳霞。本书的出版得到了湖南省教育科学“十四五”规划2024年度重大委托课题（课题编号：XJK24ZDWT004）的大力支持，在此表示感谢。

在编撰本书过程中，参考了大量的同类教材以及国内外书刊资料，并应用了其中的一些资料。限于篇幅，难以一一列举，在此一并向有关作者表示衷心的感谢。

由于编者水平有限，书中难免有疏漏之处，敬请读者批评指正，不胜感激。

编　者

目 录 Contents

前言

项目 3 顺序控制系统设计 …… 78

项目 4 复杂工程控制系统设计 …… 109

项目5 探秘变频器 147

项目6 探秘触摸屏 182

项目7 PLC、变频器与触摸屏综合控制系统设计 223

项目 1

探秘可编程控制器

可编程控制器（Programmable Logic Controller，简称 PLC）是以微处理器为核心，综合计算机技术、自动控制技术和通信技术的一种通用工业自动控制装置，已成为现代工业控制的三大支柱（PLC、机器人和 CAD/CAM）之一。国际电工委员会（IEC）于 1987 年 2 月颁布的 PLC 标准草案（第三稿）中对 PLC 做了如下定义：

“可编程控制器是一种数字运算操作的电子系统，专为在工业环境下应用而设计，它采用可编程序的存储器，用来在其内部存储执行逻辑运算、顺序控制、定时、计数和算术运算等操作的命令，并通过数字式、模拟式的输入和输出，控制各种类型的机械或生产过程。可编程控制器及其有关的外部设备（外设），都应按易于与工业控制系统联成一个整体、易于扩充其功能的原则而设计。”

学习本项目，可了解 PLC 的起源、特点、基本应用和发展趋势，熟悉三菱 FX_{3U} 系列 PLC 的软、硬件系统，能按照工程项目要求正确连接三菱 FX_{3U} 系列 PLC 控制系统的输入、输出信号，并验证输入、输出信号是否正常。

任务1.1 认识PLC

[知识目标]

1. 了解PLC起源和发展。
2. 了解PLC特点和基本应用。

[能力目标]

1. 能够利用互联网查找PLC相关资料。
2. 能够撰写PLC应用调研报告。

【任务描述】

通过互联网查找、收集PLC应用工程案例以及应用场景，了解PLC的起源、发展、特点和基本应用，列举市场上的PLC品牌和主流型号，完成PLC应用调研报告。

[任务要求]

1. 通过互联网了解PLC的起源、发展以及PLC常用品牌与主流型号。
2. 在互联网上收集PLC应用工程案例。
3. 讨论PLC的特点、典型应用领域。
4. 完成PLC应用调研报告。

[任务环境]

1. 具备网络功能的PLC实训室。
2. PLC应用技术课程网站。

【关联知识】

1.1.1 PLC起源与特点

20世纪60年代末，制造业为适应市场需求、提高竞争力，生产出小批量、多品种、多规格、低成本和高质量的产品，要求生产设备的控制系统必须具备更灵活、更可靠、功能更齐全和响应速度更快等特点。随着微处理器技术、计算机技术和现代通信技术的飞速发展，PLC应运而生。

1. PLC的起源

早期的自动化生产设备基本上都是采用继电-接触器控制方式，系统复杂程度不高，但自动化水平有限，主要存在的问题包括：机械触点、系统运行可靠性差；工艺流程改变时要改变大量的硬件接线，要耗费大量人力、物力和时间；功能局限性大；体积大、耗能多。由此产生的设计开发周期、运行维护成本和产品调整能力等方面的问题，越来越不能满足工业发展的要求。

由于美国汽车制造工业竞争激烈，为适应生产工艺不断更新的需要，1968年，美国通用汽车（GM）公司根据汽车制造生产线的需要，希望用电子化的新型控制系统替代采用继电-接触器控制方式的机电控制盘，以减少汽车改型时，重新设计、制造继电-接触器控制装置的成本和时间。GM 公司首次公开招标的新型控制器 10 项指标为：

1）编程简单，可在现场修改程序。

2）维护方便，采用插件式结构。

3）可靠性高于继电–接触器控制系统。

4）体积小于继电–接触器控制系统。

5）成本可与继电–接触器控制系统竞争。

6）数据可以直接送入计算机。

7）输入可为市电（PLC 主机电源可以使用 115 V 电压）。

8）输出可为市电（115 V 交流电压，电流达 2 A 以上），能直接驱动电磁阀、接触器等。

9）通用性强，易于扩展。

10）用户存储器容量大于 4 KB。

1969 年，美国数字设备公司（DEC）根据 GM 公司招标的技术要求，研制出第一台可编程控制器，并在 GM 公司汽车自动装配线上试用，获得成功。其后，日本、德国等相继引入这项新技术，可编程控制器由此迅速发展起来。

在 20 世纪 70 年代初、中期，可编程控制器虽然引入了计算机的设计思想，但实际上只能完成顺序控制，仅有逻辑运算、定时和计数等控制功能。所以人们将其称为可编程序逻辑控制器，简称 PLC。

20 世纪 70 年代末至 80 年代初，随着微处理器技术的发展，可编程控制器的处理速度大幅提高，增加了许多特殊功能，使得可编程控制器不仅可以进行逻辑控制，而且可以对模拟量进行控制。因此，美国电气制造商协会（NEMA）将可编程控制器命名为 PC（Programmable Controller），但由于 PC 容易和个人计算机（Personal Computer，PC）混淆，故人们仍习惯将 PLC 作为可编程控制器的缩写。

20 世纪 80 年代以来，随着大规模和超大规模集成电路技术的迅猛发展，以 16 位和 32 位微处理器为核心的 PLC 得到迅速发展。这时的 PLC 具有了高速计数、中断技术、PID（比例积分微分）调节和数据通信等功能，从而使 PLC 的应用范围和应用领域不断扩大。

改革开放以来，我国的 PLC 研制、生产和应用也发展很快，特别是在应用方面，在引进一些成套设备的同时，也配套引进不少 PLC。如上海宝钢第一期工程，就采用了 250 台 PLC 进行生产控制，第二期又采用了 108 台。又如天津化纤厂、秦山核电站和北京吉普生产线等领域都采用了 PLC 控制，基于 PLC 设计控制系统已成为设计智能控制系统的优选方案之一。

综上所述，PLC 从诞生至今，其发展过程见表 1–1。

表 1–1　PLC 的发展过程

代　次	核心器件	功能特点	应用范围
第一代 1969—1972 年	1 位微处理器	逻辑运算、定时和计数	替代传统的继电–接触器控制
第二代 1973—1975 年	8 位微处理器及存储器	数据的传送和比较、模拟量的运算，产品系列化	能同时完成逻辑控制、模拟量控制
第三代 1976—1983 年	高性能 8 位微处理器	处理速度提高，向多功能及联网通信发展	复杂控制系统及联网通信
第四代 1984 年至今	32 位、16 位微处理器	实现逻辑、运算、数据处理和联网等多种功能	分级网络控制系统

2. PLC 的特点

PLC 是综合继电-接触器控制系统的优点及计算机灵活、方便的优点而设计制造和发展的，这就使 PLC 具有许多其他控制系统所无法相比的特点。

1）可靠性高，抗干扰能力强。

为了更好地适应工业生产环境中高粉尘、高噪声、强电磁干扰和温度变化剧烈等特殊情况，PLC 在设计制造过程中对硬件采用屏蔽、滤波、电源调整与保护、隔离、模块式结构等一系列硬件抗干扰措施，对软件采取了故障检测、信息保护与恢复、设置警戒时钟 WDT（看门狗定时器）、加强对程序的检查和校验、对程序及动态数据进行电池后备等多种抗干扰措施。通过采取上述软、硬件抗干扰措施，一般 PLC 的平均无故障时间可达几十万小时以上。

2）编程直观、简单。

PLC 是面向用户、面向现场的控制类器件，常采用梯形图、指令语句表和状态流程图等进行编程。其中梯形图与继电-接触器电气控制图类似，形象直观，易学易懂。电气工程师和具有一定电气知识基础的电工、操作人员都可以在短时间内学会，使用起来得心应手。

3）通用性好、使用方便。

目前，PLC 产品已标准化、系列化和模块化，可灵活方便地进行系统配置，组成规模不同、功能不同的控制系统。

4）功能完善，接口功能强。

目前，PLC 具有数字量和模拟量的输入/输出（I/O）、逻辑和算术运算、定时、计数、顺序控制、通信、人机对话、自检、记录和显示等功能，可使设备控制功能大幅提高。此外，利用 PLC 接口功能强的特点，可以很方便地将 PLC 与各种现场控制设备相连接，组成应用系统。例如，输入接口可直接与各种开关量和传感器进行连接，输出接口在多数情况下也可直接与各种传统的继电器、接触器及电磁阀等相连接。

5）安装简单、调试方便、维护工作量小。

PLC 控制系统的安装接线工作量比继电-接触器控制系统小得多，只需将现场的各种设备与 PLC 相应的 I/O 端相连。PLC 的软件设计和调试大多可在实验室里进行，用模拟实验开关代替输入信号，其输出状态可以观察 PLC 上的相应发光二极管（LED），也可以另接输出模拟实验板。模拟调试后，再将 PLC 控制系统安装到现场，进行联机调试，这样既省时间又很方便。此外，PLC 配备有许多监控提示信号，能动态地监视控制程序的执行情况，检查出自身的故障，并随时显示给操作人员，为现场的调试和维护提供了方便。

6）体积小、质量轻、功耗低。

由于 PLC 采用半导体大规模集成电路，因此，整个产品结构紧凑、体积小、质量轻、功耗低，以三菱 FX_{0N}-24M 型 PLC 为例，其外形尺寸仅为 130 mm×90 mm×87 mm，质量只有 600 g，功耗小于 50 W。所以，PLC 很容易装入机械设备内部，是实现机电一体化的理想控制设备。

综上所述，PLC 在性能上优于继电-接触器控制系统，与微型计算机、单片机一样，是一种用于工业自动化控制的理想工具。PLC、继电-接触器控制系统及计算机控制系统的性能比较见表 1-2。

表 1-2　PLC、继电-接触器控制系统及计算机控制系统的性能比较表

项　目	PLC	继电-接触器控制系统	计算机控制系统
功能	用程序可以实现各种复杂控制	利用大量布线实现顺序控制	用程序实现各种复杂控制，功能最强
改变控制内容	修改程序，较简单容易	改变硬件接线，工作量大	修改程序，技术难度较大
工作方式	顺序扫描	并行处理	中断处理，响应最快
接口功能	直接与生产设备连接	直接与生产设备连接	要设计专门的接口
可靠性	平均无故障工作时间长	受机械触点寿命限制	一般比 PLC 差
环境适应性	可适应一般工业生产现场环境	环境差会降低可靠性和寿命	要求有较好的环境
抗干扰能力	强	能抗一般电磁干扰	要设计专业抗干扰措施
维护	现场检查、维修方便	定期更换，维修费时	技术难度较高
系统开发	设计容易、安装简单、调试周期短	图样多、安装接线工作量大、调试周期长	系统设计较复杂、调试技术难度大，需要有系统的计算机知识
通用性	较好，适应面广	一般是专用	需进行软、硬件改造
硬件成本	比计算机控制系统高	少于 30 个继电器的系统成本最低	一般比 PLC 低

1.1.2　PLC 基本结构与工作原理

1-1　PLC 的基本结构

1-2　PLC 的工作原理

1. PLC 基本结构

目前，PLC 类型繁多，功能和指令系统也不尽相同，但其结构与工作原理大同小异，主要由 CPU（中央处理器）模块、I/O 模块、电源模块和编程器组成。PLC 基本结构如图 1-1 所示。

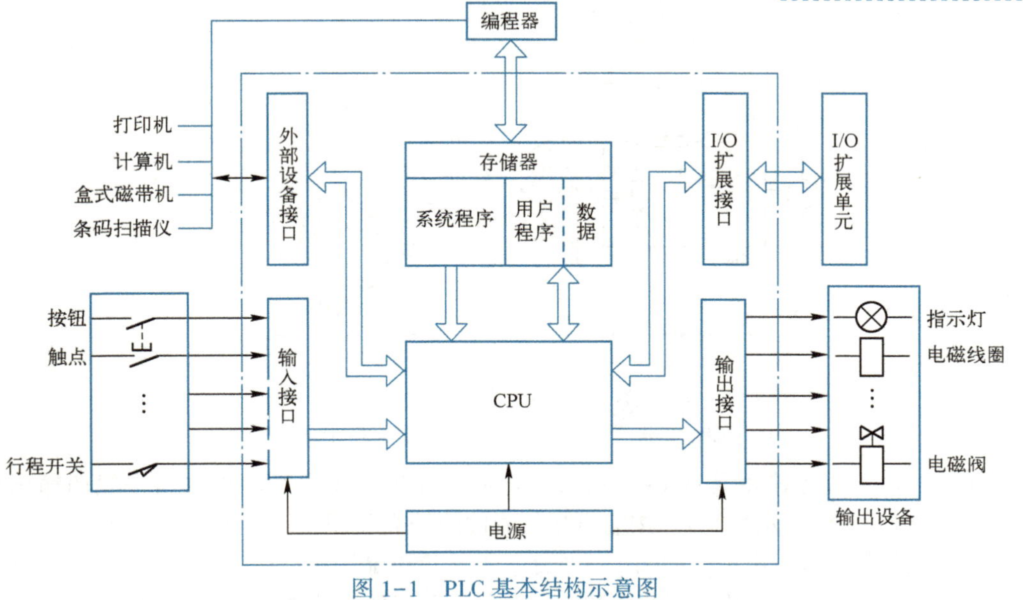

图 1-1　PLC 基本结构示意图

（1）CPU 模块

CPU 模块由 CPU、系统程序存储器和用户程序及数据存储器等部分组成，是 PLC 的核

心部件。CPU 模块的主要任务如下：

1）接收从编程软件或编程器输入的用户程序和数据，并存储在存储器中。

2）用扫描方式接收现场输入设备的状态和数据，并存入相应的数据寄存器或输入映像寄存器。

3）当 PLC 处于运行状态时，执行用户程序，完成用户程序规定的各种算术逻辑运算、数据的传输和存储等。

4）按照程序运行结果，更新相应的标志位和输出映像寄存器，通过输出部件实现输出控制、制表打印和数据通信等功能。

（2）I/O 模块

I/O 模块是 PLC 与 I/O 设备相连接的部件。I/O 模块有两个要求：一是接口有良好的抗干扰能力，二是接口能满足工业现场各类信号匹配的要求。所以 I/O 模块一般都包含光电耦合电路和 *RC* 滤波电路。

输入（I）模块的作用是接收输入设备（如按钮、传感器和行程开关等）的控制信号并转换为 PLC 内部处理标准信号。输入模块可分为三类：直流输入模块、交流输入模块和交/直流输入模块，如图 1-2 所示。

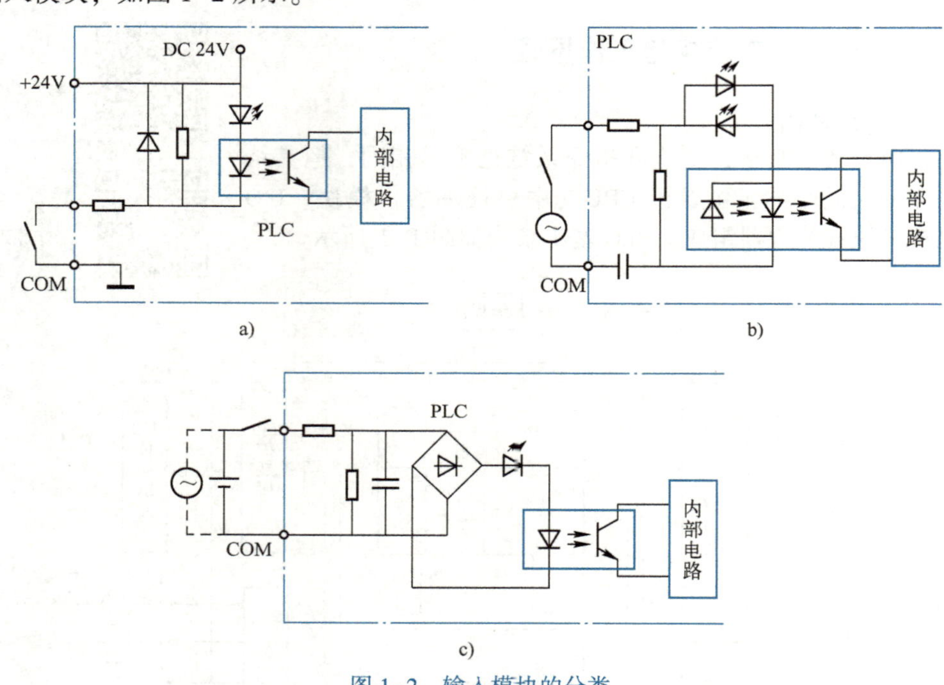

图 1-2 输入模块的分类
a）直流输入模块 b）交流输入模块 c）交/直流输入模块

输出（O）模块的作用是将 CPU 模块处理后的输出信号通过功放电路来驱动输出设备（如接触器、电磁阀和指示灯等）。按输出开关器件的种类不同，可分为三类：继电器输出型、晶体管输出型和晶闸管输出型，如图 1-3 所示。其中继电器输出型适用于连接直流负载和交流负载，晶体管输出型仅适用于连接直流负载，晶闸管输出型仅适用于连接交流负载。

（3）电源模块

PLC 的电源分三类：外部电源、内部电源和备用电源。在现场控制中，各类干扰脉冲

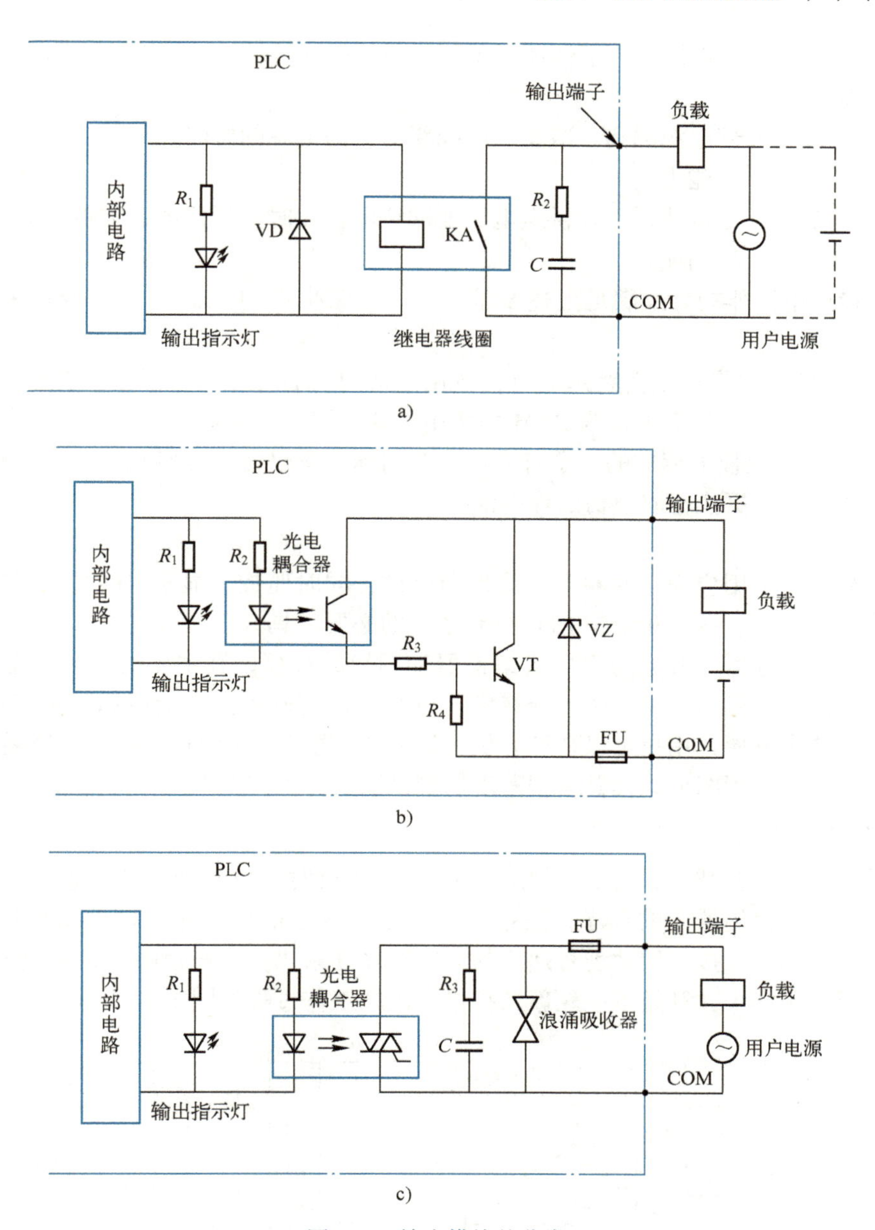

图 1-3 输出模块的分类

a）继电器输出型 b）晶体管输出型 c）晶闸管输出型

侵入 PLC 的主要途径之一是通过电源电路，因此设计可靠、合理的电源是 PLC 可靠运行的必要条件。

1）外部电源。外部电源用于驱动 PLC 的输出设备和传递现场信号，又称为用户电源。同一台 PLC 的外部电源既可以是一个规格的，也可以是多个规格的。外部电源的容量与性能由输出负载和输入电路决定。常见的外部电源有：交流 380 V、220 V、110 V，直流 100 V、48 V、24 V、12 V、5 V 等。

2）内部电源。内部电源即 PLC 的工作电源，有时也作为现场输入信号的电源。它的性能直接影响到 PLC 的可靠性，为了保证 PLC 可靠工作，对它提出了较高的要求，一般可从如下四个方面考虑：

① 内部电源与外部电源隔离，减少供电线路对内部电源的影响。

② 有较强的抗干扰能力。

③ 电源本身功耗尽可能低，在供电电压波动范围较大时，能保证正常稳定的输出。

④ 具有良好的保护功能。

开关型稳压电源能较好地满足上述要求，故各厂家生产的 PLC 内部电源均采用开关型稳压电源。

3）备用电源。在停机或突然掉电时，备用电源可保证 RAM（随机存储器）中的信息不丢失。一般 PLC 采用锂电池作为 RAM 的备用电源。锂电池的寿命为 3~5 年，若电池电压降低，则 PLC 控制面板上相应的指示灯会点亮或闪烁，应根据各类型 PLC 操作手册的说明，在规定时间内按要求更换相同规格的锂电池。

（4）编程器

PLC 编程器用于用户程序的输入、编辑和调试，同时监控、显示 PLC 的一些系统参数和内部状态，是开发、设计和维护 PLC 控制系统的必要工具。

目前，PLC 编程器一般分为手持式编程器和图形编程器。其中手持式编程器常用于工业现场调试。图形编程器只需在个人计算机上与 PLC 编程软件配套运行即可进行编程工作。这种编程方式非常方便，用户可以在计算机上以联机/脱机方式编程，特别是随着笔记本计算机的逐渐普及，利用图形编程器编程和现场调试已成为工控技术人员的优选方案。

2. PLC 工作原理

PLC 采用“循环扫描”的工作方式，即在 PLC 运行时，CPU 执行用户按控制要求编制并存放于用户程序存储器中的程序，按指令步序号（或地址号）做周期性循环扫描，在无中断或跳转的情况下，按存储地址号递增的方向顺序逐条执行用户程序，直至程序结束。然后重新返回第一条指令，开始下一轮新的扫描。PLC 工作过程如图 1-4 所示。

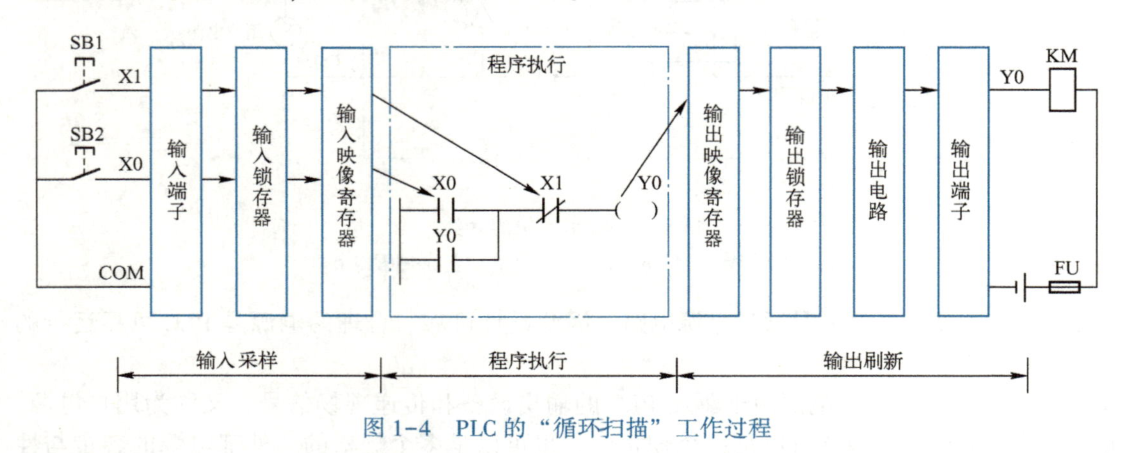

图 1-4　PLC 的“循环扫描”工作过程

由图 1-4 可知，PLC 扫描一个周期必经输入采样、程序执行和输出刷新 3 个阶段。

（1）输入采样阶段

输入采样阶段又称为输入处理阶段、输入刷新阶段或输入更新阶段。在此阶段，PLC

首先以扫描方式将所有外部输入设备的接通/断开（ON/OFF）状态转换成电平的高低状态“1”或“0”并存入输入锁存器中，然后将其写入各自对应的输入映像寄存器中，即刷新输入。随即关闭输入端口，进入程序执行阶段。

注意： 只有采样时，输入映像寄存器中的内容才与输入信号一致，而其他时间范围内输入信号的变化不会影响输入映像寄存器中的内容，输入信号的变化状态只能在下一个扫描周期的输入处理阶段被读入，这种输入工作方式称为集中输入工作方式。

（2）程序执行阶段

PLC 的用户程序由若干条指令组成，指令在存储器中按步序号顺序排列。在没有中断或跳转指令时，则按顺序从 0000 号地址开始的程序进行逐条扫描执行，并分别从输入映像寄存器、输出映像寄存器以及辅助继电器中获得所需的数据进行运算处理，再将程序执行的结果写入输出映像寄存器中。此时，各编程元件的映像寄存器（输入映像寄存器除外）的内容随着程序的执行而改变，但这些内容在全部程序未被执行完毕之前不会被送到输出端口。

（3）输出刷新阶段

输出刷新阶段又称为输出处理阶段或输出更新阶段。当程序执行到程序结束（END）指令，即执行完用户所有程序后，PLC 将输出映像寄存器中的内容送到输出锁存器中，并通过一定的驱动装置（继电器、接触器或晶闸管）驱动相应输出设备工作。

注意： 在输出刷新阶段完成后，输出锁存器的状态保持不变。输出映像寄存器变化了的状态只有等到下一个扫描周期的输出刷新阶段到来时，才能通过 CPU 送入输出锁存器中，这种输出工作方式称为集中输出工作方式。

图 1-5 所示为 PLC 上电后的工作过程流程图。

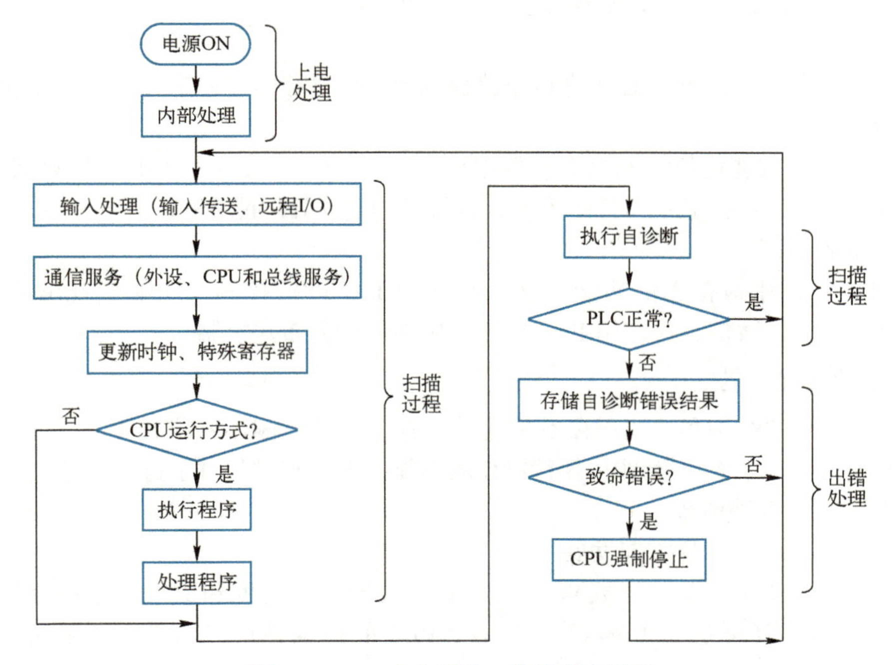

图 1-5　PLC 上电后的工作过程流程图

1.1.3 PLC典型应用与发展前景

1. PLC的典型应用

PLC在国内外已广泛应用于钢铁、石化、智能制造、汽车装配、电力和轻纺等行业的生产控制。PLC的应用形式可归纳为以下几种类型。

(1) 开关量逻辑控制

PLC具有强大的逻辑运算能力，可以实现各种简单和复杂的逻辑控制。这是PLC最基本、最广泛的应用领域，它取代了传统的继电-接触器控制系统。

(2) 模拟量控制

PLC中配置有A/D（模数）和D/A（数模）转换模块。其中A/D模块能将现场的温度、压力、流量和速度等模拟量经过A/D转换变为数字量，再经PLC中的微处理器处理，或经D/A模块转换后，变成模拟量去控制被控对象，这样就可实现PLC对模拟量的控制。

(3) 过程控制

现代大中型的PLC一般都配备了PID控制模块，可进行闭环过程控制。当控制过程中某一个变量出现偏差时，PLC能按照PID算法计算出正确的输出去控制生产过程，把变量保持在整定值上。目前，许多小型PLC也具有PID功能。

(4) 定时和计数控制

PLC具有很强的定时和计数功能，它可以为用户提供几十甚至上百个、上千个定时器和计数器。其定时的时间和计数值可以由用户在编写用户程序时任意设定，也可以由操作人员在工业现场通过编程器进行设定，实现定时和计数的控制。如果用户需要对频率较高的信号进行计数，则可以选择高速计数模块。

(5) 顺序控制

在工业控制中，可采用PLC步进指令编程或用移位寄存器编程来实现顺序控制。

(6) 数据处理

现代的PLC不仅能进行算术运算、数据传送、排序和查表等，还能进行数据比较、数据转换、数据通信、数据显示和打印等，具有很强的数据处理能力。

(7) 通信和联网

现代PLC一般都具有通信功能，可以对远程I/O进行控制，还能实现PLC与PLC、PLC与计算机之间的通信，这样用PLC可以方便地进行分布式控制。

2. PLC的发展前景

近年来，PLC的结构和功能正在不断改进，各个生产厂家不断推出PLC新产品，平均3~5年更新换代一次，有些新型中小型PLC的功能甚至达到或超过了过去大型PLC的功能。现代PLC具有如下发展前景：

(1) 向高速度、大容量方向发展

为了提高PLC的处理能力，要求PLC具有更快的响应速度和更大的存储容量。目前，有的PLC的扫描速度可达0.1 ms/千步左右。PLC的扫描速度已成为一个很重要的性能指标。

在存储容量方面，有的 PLC 最高可达几十兆字节。为了扩大存储容量，有的公司已使用了磁泡存储器或硬盘。

（2）向超大型、超小型两个方向发展

当前中小型 PLC 比较多，为了适应市场的不同需求，今后 PLC 将向多品种方向发展，特别是向超大型和超小型两个方向发展。现已有 I/O 点数达 14336 点的超大型 PLC，其使用 32 位微处理器、多 CPU 并行工作和大容量存储器，功能较强。

小型 PLC 由整体结构向小型模块化结构发展，可以使配置更加灵活，为了满足市场需要已开发了各种简易、经济的超小型及微型 PLC，最小配置的 I/O 点数为 8～16 点，以适应单机及小型自动控制的需要。

（3）向智能化、网络化方向发展

为满足各种自动化控制系统的要求，近年来不断开发出许多功能模块，如高速计数模块、温度控制模块、远程 I/O 模块、通信和人机接口模块等。这些带 CPU 和存储器的智能 I/O 模块，既扩展了 PLC 的功能，使用也更灵活方便，扩大了 PLC 的应用范围。

加强 PLC 联网通信的能力是 PLC 技术进步的潮流。PLC 的联网通信有两类：一类是 PLC 之间的联网通信，各 PLC 生产厂家都有自己的专用联网技术；另一类是 PLC 与计算机之间的联网通信，一般 PLC 都有专用通信模块与计算机通信。为了加强联网通信能力，PLC 生产厂家之间也在协商制定通用的通信标准，以便构成更大的网络系统，PLC 已成为集散控制系统（DCS）不可缺少的重要组成部分。

（4）向自诊断方向发展

统计资料表明，在 PLC 控制系统的故障中，CPU 故障占 5%，I/O 接口故障占 15%，输入设备故障占 45%，输出设备故障占 30%，线路故障占 5%。前 2 项共 20%的故障属于 PLC 的内部故障，它可通过 PLC 本身的软、硬件实现检测、处理；而其余 80%的故障属于 PLC 的外部故障。因此，PLC 生产厂家都在致力于研制、开发用于检测外部故障的专用智能模块，以进一步提高系统的可靠性。

（5）向标准化方向发展

生产过程自动化要求在不断提高，PLC 的控制功能也在不断增强，过去那种不开放、各品牌自成一体的结构显然不合适，为提高兼容性，在通信协议、总线结构和编程语言等方面需要一个统一的标准。IEC 为此制定了国际标准 IEC 61131。该标准由总则、设备性能和测试、编程语言、用户手册、通信、模糊控制的编程、PLC 的应用和实施指导八部分及两个技术报告组成。几乎所有的 PLC 生产厂家都表示支持 IEC 61131，并开始向该标准靠拢。

【任务实施】

1.1.4　撰写 PLC 应用调研报告

1. 收集 PLC 相关信息

搜索关键词“什么是 PLC”“PLC 的由来”“PLC 的特点”“PLC 的发展”“PLC 品牌”“PLC 主流型号”和“PLC 应用工程案例”。

2. 撰写PLC应用调研报告

查找PLC应用相关素材，学习小组分工完成调研报告（“PLC在工业控制领域应用现状”“PLC常用品牌与主流型号”“PLC外围设备”和“PLC发展现状”任选一题完成）。

参考格式如下：

××××调研报告

封面

包含调研报告名称、学习小组成员、所在院系和指导教师等基本信息。

摘要

对调研报告内容进行概括性描述，要求文字简明扼要，200~300字。

引言

前言或提出问题。内容主要包括：①提出调研的问题；②介绍调研的背景；③指出调研的目的；④说明调研的意义。

调研方法

内容主要包括：①调研对象及其取样；②调研方法的选取；③调研程序与方法；④调研结果的统计方法。

调研过程及结果

调研报告主体部分，内容主要包括：①调研过程简述；②调研结果分析。要求结果分析实事求是，切忌主观臆断。

结论

主要针对调研结果进行分析，并对调研需要改进的地方进行阐述。要求文字简练、严谨和逻辑性强。

参考文献

参考文献中应有一定数量的近期出版、发表的著作或文章。参考文献著录格式应符合相关规定。

附录

调研报告中不便于在正文中体现的调查表、测量数据统计表等证明文件，使用附件形式放在参考文献的后面一页。

1.1.5 下载课程学习资源

注册三菱电机自动化（中国）有限公司网站（www.mitsubishielectric-fa.cn），收集、学习如下资料：

1）FX_{3U}系列微型PLC硬件手册。

2）FX_{3U}系列微型PLC编程手册。

任务1.2 认识三菱FX_{3U}系列PLC与工作环境

[知识目标]

1. 了解FX_{3U}系列PLC硬件配置。

2. 了解 FX_{3U}系列 PLC 软元件资源。

[能力目标]

1. 能正确、规范操作 PLC 实训室实训装置。
2. 能正确连接 FX_{3U}系列 PLC 输入、输出电路。

【任务描述】

通过参观 PLC 实训室，了解 FX_{3U}系列 PLC 硬件配置以及软元件资源。能正确识别 PLC 型号以及含义、PLC 控制面板各部分名称与功能；能正确、规范操作实训装置。

[任务要求]

1. 认识实训室 PLC，能正确识别型号以及型号含义。
2. 认识 FX_{3U}系列 PLC 控制面板各部分名称以及功能。
3. 认识 FX_{3U}系列 PLC 软元件资源。
4. 按要求连接 FX_{3U}系列 PLC 的输入、输出电路并检验是否有效。
5. 按要求正确、规范操作实训装置。

[任务环境]

1. 每个学习小组配备 FX_{3U}系列 PLC 实训装置一套。
2. 每个学习小组配备若干导线、工具等。

1-3　FX_{3U}系列 PLC 控制面板

【关联知识】

1.2.1　FX_{3U}系列 PLC 硬件配置

1-4　FX 系列 PLC 型号

目前，PLC 产品按地域可分为三大流派：一是美国产品，二是欧洲产品，三是日本产品。其中美国和欧洲的 PLC 技术是在相互隔离的情况下独立研究开发的，因此其产品有明显的差异性；而日本的 PLC 技术是从美国引进的，对美国的 PLC 产品有一定的继承性。美国和欧洲以大中型 PLC 而闻名，而日本则以小型 PLC 著称。

日本三菱公司的 PLC 是较早进入中国市场的产品。三菱公司近年来推出的 FX 系列 PLC 有 FX_0、FX_2、FX_{1S}、FX_{1N}和 FX_{3U}等系列产品。其中 FX_{3U}系列是三菱公司开发的第 3 代紧凑型的小型 PLC，是目前该公司小型 PLC 中 CPU 性能较高的产品。常用 FX_{3U}系列 PLC 产品如图 1-6 所示。

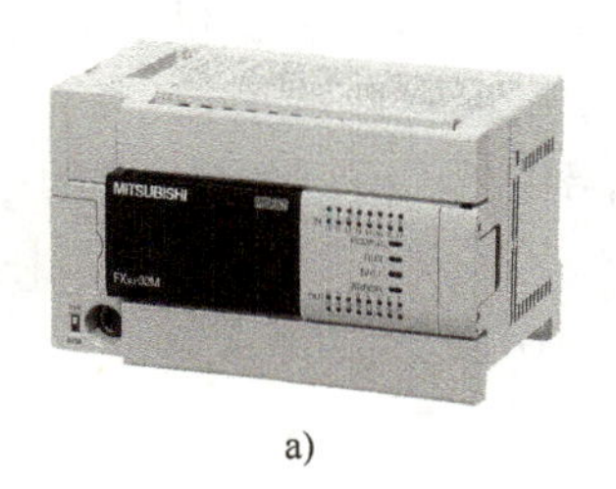

a)

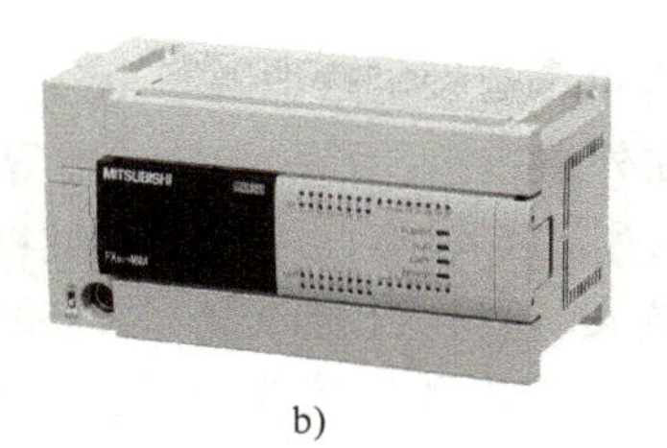

b)

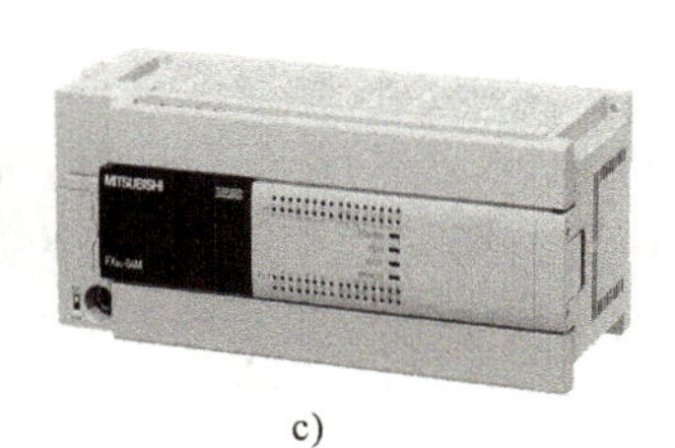

c)

图 1-6　常用 FX_{3U}系列 PLC 产品

a）FX_{3U}-32M　b）FX_{3U}-48M　c）FX_{3U}-64M

1. FX_{3U}系列 PLC 控制面板

图 1-7 所示为三菱 FX_{3U}-48M PLC 控制面板，主要包含型号、状态指示灯、工作模式转换开关与通信接口、PLC 的电源端子与输入端子、输入指示灯、输出指示灯和输出端子等几个区域。

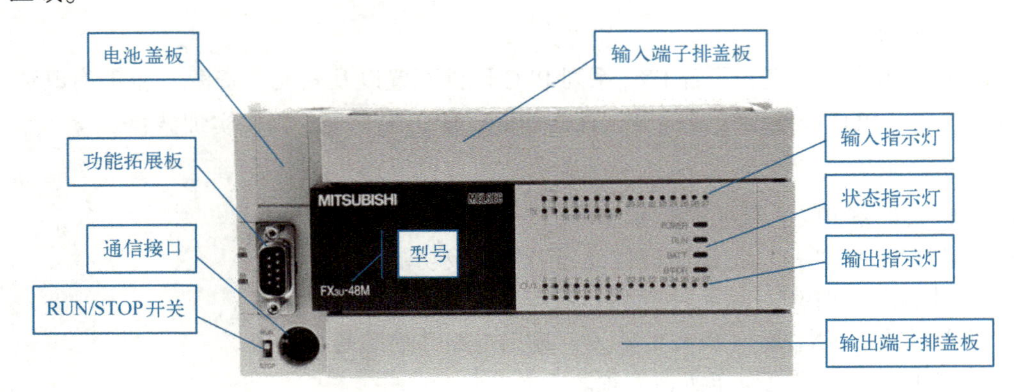

图 1-7　FX_{3U}-48M PLC 控制面板

（1）输入接线端

AC 电源/DC 输入型 FX_{3U} PLC 输入接线端可分为电源端、+24 V 电源端、输入公共端（S/S 端）和 X□端子 4 部分。FX_{3U}-32MR/ES(-A) 等型号 PLC 输入接线端如图 1-8 上端所示。

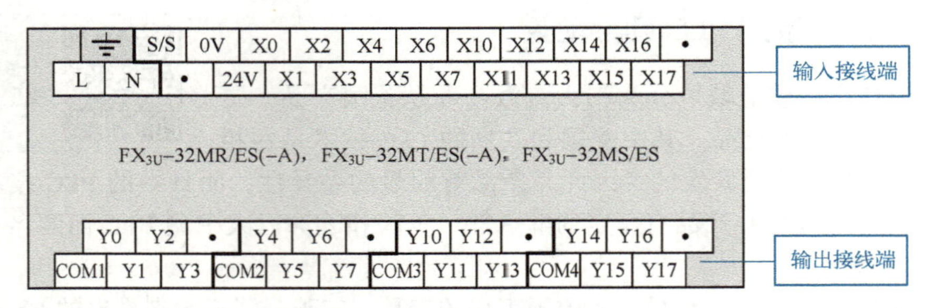

图 1-8　FX_{3U}-32MR/ES(-A) 等型号 PLC 接线端

1）电源端。AC 电源型为［L］、［N］、［⏚］端子，通过这部分端子外接 PLC 的外部电源（AC 220 V）。DC 电源型则为［⊕］、［⊖］端子。

2）+24 V 电源端。DC 输入型为［0 V］、［24 V］端子，该电源为外围设备提供直流+24 V 电源，主要用于传感器或其他小容量负载的供给电源。AC 输入型则没有此端子。

3）输入公共端子［S/S］。在外接按钮、开关和传感器等外部信号元件时必须接的一个公共端子，第一代和第二代 FX 系列 PLC 没有此端子。通过将［S/S］端子与［0 V］、［⊖］或［24 V］、［⊕］端子中的一个连接，可以进行源型/漏型输入的切换。

4）X□端子。X□为输入（IN）继电器的接线端子，是将外部信号引入 PLC 的必经通道。PLC 每个输入接线端子的内部都对应一个电子电路，即输入接口电路。

5）［·］端子。［·］为未被使用端子，不具有任何功能。

应用技巧：

1）三菱 PLC 的输入继电器用文字符号 X 表示，采用八进制编号方法，FX_{3U}-32MR 的对应输入端共有 16 个，即 X0～X7 和 X10～X17。

2）在进行安装、配线作业时，一定要在关闭全部外部电源之后进行。否则，容易电震、损伤产品。

（2）输出接线端

FX_{3U}系列 PLC 输出接线端可分为 Y 端子和 COM 端子两部分，如图 1-8 下端所示。

应用技巧：

1）三菱 PLC 的输出继电器用文字符号 Y 表示，采用八进制编号方法。FX_{3U}-32MR 的对应输出端共有 16 个，即 Y0～Y7 和 Y10～Y17。

2）输出设备使用不同的电压类型和等级时，FX_{3U}系列 PLC COM 端和 Y 端组合的对应关系见表 1-3。当输出设备使用相同的电压类型和等级时，则将 COM1～COM4 用导线短接即可。

表 1-3　FX_{3U}系列 PLC COM 端和 Y 端组合的对应关系

组　次	COM 端	Y 端
第一组	COM1	Y0、Y1、Y2、Y3
第二组	COM2	Y4、Y5、Y6、Y7
第三组	COM3	Y10、Y11、Y12、Y13
第四组	COM4	Y14、Y15、Y16、Y17

3）对于共用一个 COM 端子的同一组输出（同一组输出的输出接线端子数量不一定相同，接线时务必注意），必须用同一个电压类型和同一电压等级。

（3）状态指示灯

FX_{3U}系列 PLC 提供 4 个指示灯，来表示 PLC 的当前工作状态，其含义见表 1-4。

表 1-4　FX_{3U}系列 PLC 状态指示灯含义

指　示　灯	指示灯的状态与当前运行的状态
POWER：电源指示灯（绿灯）	PLC 供电正常时点亮
RUN：运行指示灯（绿灯）	PLC 处于 RUN 状态时亮，处于 STOP 状态时灭
BATT：锂电池低电压指示灯（红灯）	如果该指示灯点亮，说明 PLC 内部锂电池电压不足，应更换
ERROR：出错指示灯（红灯）	① 程序错误时闪烁 ② CPU 错误时常亮

（4）RUN/STOP 开关与通信接口

RUN/STOP 开关用来改变 PLC 的工作模式，PLC 电源接通后，将转换开关拨到 RUN 位置，则 PLC 的运行指示灯（RUN）点亮，表示 PLC 正处于运行状态。将转换开关拨到

STOP 位置，则 PLC 的运行指示灯（RUN）熄灭，表示 PLC 正处于停止状态。通信接口用来连接编程设备（如手持编程器、计算机等）或通信设备（如上位机、触摸屏等），通信线与 PLC 连接时务必注意通信线接口内的“针”（一般接口上都会标出位置对齐的标记）与 PLC 上的接口正确对应后才可将通信线接口插入 PLC 的通信接口，以免损坏接口。

2. FX 系列 PLC 的型号

FX 系列 PLC 的型号标注含义如图 1-9 所示。

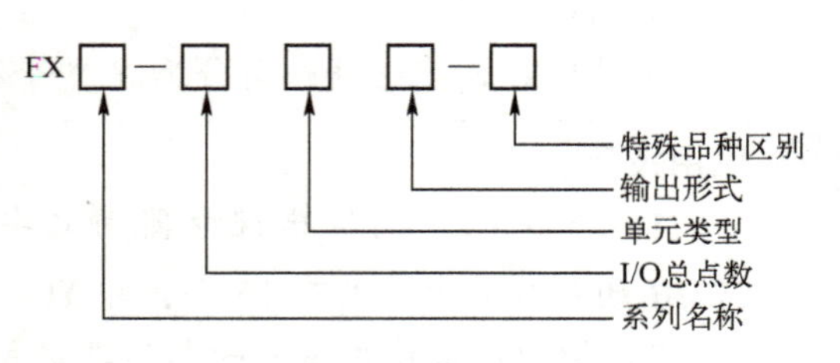

图 1-9　FX 系列 PLC 的型号标注含义

FX 系列 PLC 型号标注含义如下：

1）系列名称：如 1S、1N、3U、3G 等。

2）I/O 总点数：10~256。

3）单元类型。

- M—基本单元。
- E—输入输出混合扩展单元与扩展模块。
- EX—输入专用扩展模块。
- EY—输出专用扩展模块。

4）输出形式。

- R—继电器输出。
- T—晶体管输出。
- S—晶闸管输出。

5）特殊品种区别。

- D—DC 电源，DC 输出。
- A1—AC 电源，AC 输入。
- H—大电流输出扩展模块（1A/点）。
- V—立式端子排的扩展模块。
- C—接插口输入输出方式。
- F—输入滤波器 1 ms 的扩展模块。
- L—TTL（晶体管-晶体管逻辑）输入型扩展模块。
- S—独立端子（无公共端）扩展模块。

若特殊品种默认，通常指 AC 电源输入、DC 输出和横式端子排。其中继电器输出，2A/点；晶体管输出，0.5 A/点；晶闸管输出，0.3 A/点。

例如 FX_{3U}-32MR-D，其型号含义为三菱 FX_{3U} 系列 PLC，具有 32 个 I/O 点的基本单元，继电器输出型，使用 DC 24 V 电源。

3. FX_{3U} 系列 PLC 的基本单元与扩展设备

（1）基本单元

基本单元是构成 PLC 控制系统的核心部件，由 CPU 模块、I/O 模块、通信接口和扩展接口等组成。三菱 FX_{3U} 系列 PLC 常用基本单元见表 1-5，供用户选用时参考。

（2）扩展设备

三菱 FX_{3U} 系列 PLC 的扩展设备包括扩展单元、扩展模块和特殊功能模块，各扩展设备作用如下。

表 1-5　FX_{3U}系列 PLC 常用基本单元

型号			输入点数	输出点数	扩展模块可用点数
继电器输出	晶闸管输出	晶体管输出			
FX_{3U}-16MR	—	FX_{3U}-16MT	8	8	24~32
FX_{3U}-32MR	FX_{3U}-32MS	FX_{3U}-32MT	16	16	24~32
FX_{3U}-48MR	—	FX_{3U}-48MT	24	24	48~64
FX_{3U}-64MR	FX_{3U}-64MS	FX_{3U}-64MT	32	32	48~64
FX_{3U}-80MR	—	FX_{3U}-80MT	40	40	48~64
FX_{3U}-128MR	—	FX_{3U}-128MT	64	64	48~64

扩展单元：用于增加 I/O 点数的装置，内部设有电源。

扩展模块：用于增加 I/O 点数及改变 I/O 比例，内部无电源，用电由基本单元或扩展单元供给。由于扩展单元与扩展模块无 CPU，因此必须与基本单元一起使用。

特殊功能模块：用于特殊功能控制，如模拟量输入、模拟量输出、温度传感器输入、高速计数、PID 控制、位置控制和通信等。

表 1-6、表 1-7 为三菱 FX_{3U}系列 PLC 常用扩展单元和特殊功能扩展单元，供用户选型时参考。

表 1-6　FX_{3U}系列 PLC 常用扩展单元

型号			输入点数	输出点数
继电器输出	晶闸管输出	晶体管输出		
FX_{3U}-32ER	FX_{3U}-32ES	FX_{3U}-32ET	16	16
FX_{3U}-48ER	—	FX_{3U}-48ET	24	24

表 1-7　FX_{3U}系列 PLC 常用特殊功能扩展单元

种类	型号	名称	功能概要
计数模块	FX_{3U}-2HC	2 通道高速计数模块	拓展 2 点模拟量输出
	FX_{3U}-1HC	1 通道高速计数模块	拓展 1 点模拟量输出
模拟量模块	FX_{3U}-4AD	模拟量输入拓展模块	拓展 4 点模拟量输入
	FX_{3U}-8AD	模拟量输入拓展模块	拓展 8 点模拟量输入
	FX_{3U}-4DA	模拟量输出拓展模块	拓展 4 点模拟量输出
通信模块	FX_{3U}-232IF	RS-232C 通信模块	1 通道 RS-232C 无协议通信
	FX_{3U}-ENET-L	以太通信模块	以太网通信用
脉冲输出、定位模块	FX_{3U}-4HSX-ADP	脉冲输入模块	4 通道高速脉冲输入
	FX_{3U}-2HSX-ADP	脉冲输出模块	2 通道高速差动脉冲信号输出
	FX_{3U}-20SSC-H	双轴定位控制模块	双轴插补（对应 SSCNETⅢ）
	FX_{3U}-10GM	单轴定位控制模块	单轴，双相高速脉冲输出
	FX_{3U}-20GM	双轴定位控制模块	双轴，2 路双相高速脉冲输出
	FX_{3U}-1RM-E-SET	转角检测模块	检测转动角度

1.2.2 FX_{3U}系列 PLC 软元件资源

1-5 输入、输出继电器

1-6 辅助继电器

为了替代继电-接触器控制系统，PLC 除了合理配置硬件系统外，还需进行软件资源配置。PLC 软件系统主要由指令系统和软元件等组成，其中指令系统将在后续结合工程案例进行介绍。

1. FX_{3U}系列 PLC 的软元件性能指标

FX_{3U}系列 PLC 的软元件性能指标包括运行方式、运算速度、程序容量、编程语言、指令的类型和数量以及编程器件的种类和数量等。表 1-8 给出了 FX_{3U}系列 PLC 主要软元件性能指标，供使用时参考。

表 1-8 FX_{3U}系列 PLC 主要软元件性能指标

项目			规格
运行控制			程序控制周期运转，有中断功能
I/O 控制方式			批处理方式（执行 END 指令时），但有 I/O 刷新指令，中断输入处理
用户编程语言			梯形图、指令表、顺序功能图
用户程序容量			内置 64000 步/RAM，64 KB
运算速度	基本指令		0.065 μs/指令
	应用指令		0.64 μs 至几百 μs/指令
指令数	基本指令		27 条
	步进指令		2 条
	应用指令		209 种，486 条
输入继电器（X）			X000～X367 248 点（八进制编号）
输出继电器（Y）			Y000～Y367 248 点（八进制编号）
辅助继电器（M）	一般		M0～M499 500 点（通过参数设置可改变）
	保持		M500～M1023 524 点（通过参数设置可改变）
	保持专用		M1024～M7679 6656 点（固定）
	特殊		M8000～M8511 512 点
状态继电器（S）	初始		S0～S9 10 点
	一般		S0～S499 500 点（通过参数设置可改变）
	保持		S500～S899 400 点（通过参数设置可改变）
	保持专用		S1000～S4095 3096 点（固定）
	报警		S900～S999 100 点（通过参数设置可改变）
定时器（T）	通用	100 ms	T0～T192 193 点 范围：0.1～3276.7 s
		100 ms	T193～T199 7 点 范围：子程序、中断程序专用
		10 ms	T200～T245 46 点 范围：0.01～327.67 s
		1 ms	T256～T511 256 点 范围：0.001～32.767 s
	累计	1 ms	T246～T249 4 点 范围：0.001～32.767 s
		100 ms	T250～T255 6 点 范围：0.1～3276.7 s

（续）

项目			规格	
计数器（C）	加计数	一般	C0～C99 100 点 范围：0～32767 类型 16 位	
		保持	C100～C199 100 点 范围：0～32767 类型 16 位	
	加减计数	一般	C200～C219 20 点	范围：-2147483648～+2147483647 双向计数 32 位
		保持	C220～C234 15 点	
	高速	单相单计数输入	C235～C245 11 点	C235～C255 最多可使用 8 点 范围：-2147483648～+2147483647 双向计数 32 位
		单相双计数输入	C246～C250 5 点	
		双相双计数输入	C251～C255 5 点	
数据寄存器（D）		一般	D0～D199 200 点	每个数据寄存器均为 16 位 两个数据寄存器合并为 32 位
		保持	D200～D511 312 点	
		保持专用	D512～D7999 7488 点	
		特殊	D8000～D8511 512 点	
		文件	D1000～D7999 7000 点	
		变址	V0～V7、Z0～Z7 16 点	
指针（P/I）		分支用	P0～P62 P64～P4095 4095 点（CJ、CALL 用）	
		END 调转用	P63 1 点	
		输入中断	I0□□～I5□□ 6 点（输入延迟中断用）	
		定时器中断	I6□□～I8□□ 3 点	
		计数器中断	I010～I060 6 点	
嵌套		主控用	N0～N7 8 点（用于 MC、MCR）	
常数		十进制 K	16 位：-32768～+32767 32 位：-2147483648～+2147483647	
		十六进制 H	16 位：0000～FFFF 32 位：00000000～FFFFFFFF	

2. FX_{3U}系列 PLC 的软元件

FX_{3U}系列 PLC 内部有 CPU 模块、I/O 模块、通信接口和扩展接口等硬件资源，这些硬件资源在其系统软件的支持下，使 PLC 具有很强的功能。对某一特定的控制对象，若用 PLC 进行控制，必须编写控制程序。与 C++高级语言或 MCS-51 汇编语言编程一样，在 PLC 的 RAM 中应有存放数据的存储单位。由于 PLC 是由继电-接触器控制发展而来的，而且在设计时考虑到便于工控技术人员学习与应用，因此将 PLC 的存储单元沿用“继电器”来命名。按存储数据的性质把这些存储单元命名为输入继电器、输出继电器、辅助继电器、状态继电器、定时器、计数器、数据寄存器和变址寄存器等。在工程技术中，通常把这些继电器称为软元件（简称元件），用户在编程时必须了解这些软元件的符号与编号。

注意：

1）不同厂家、不同系列的 PLC，其内部软元件的功能和编号都不相同，因此在编制程序时，必须熟悉所选用 PLC 编程元件的功能和编号。

2）FX_{3U}系列 PLC 软元件编号由字母和数字组成，其中输入继电器和输出继电器用八进制数字编号，其他软元件采用十进制数字编号。

（1）输入、输出继电器

1）输入继电器（X）。PLC 的输入接线端是从输入设备接收信号的端口，PLC 内部与输入接线端连接的输入继电器是基于光电隔离的电子继电器，它们的编号与输入接线端编号一致，按八进制进行编号。输入继电器工作状态取决于 PLC 外部输入设备触点的状态，不能用程序指令驱动。内部提供常开/常闭两种触点供编程时使用，且使用次数不限。

PLC 的外部输入设备通常分为主令电器和检测电器两大类。主令电器产生主令输入信号，如按钮、行程开关、转换开关等；检测电器产生检测运行状态的信号，如传感器等。PLC 的输入电路连接示意图如图 1-10 所示。

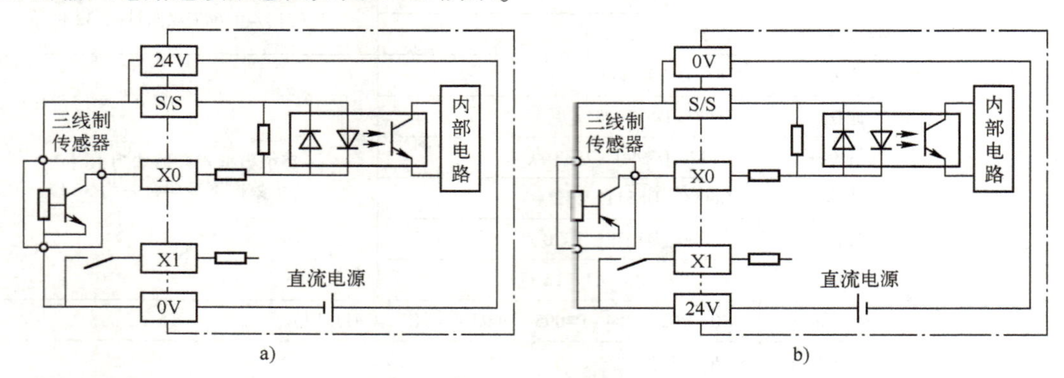

图 1-10　PLC 的输入电路连接示意图

a）直流漏型输入电路　b）直流源型输入电路

如图 1-10a 所示的电流从输入端子流出，为漏型输入。如图 1-10b 所示的电流从输入端子流入，为源型输入。对于输入元件为无源开关类元件（如按钮、行程开关等）时，不需要区分漏型或源型输入；只有输入元件为有源元件（如传感器、晶体管等），动作时为漏型或源型输出时，才需要区分 PLC 的输入电路电源极性。

当图 1-10 中的 NPN 型晶体管饱和导通时，则对应输入继电器 X0 为“1”状态，表示该输入继电器的常开触点闭合，常闭触点断开。其他外部输入设备控制原理与之相同，此处不再赘述。

2）输出继电器（Y）。输出继电器是 PLC 用来传递信号到输出设备的元件。输出继电器的工作状态由程序驱动，也按八进制进行编号，其外部输出主触点（常开触点）接到 PLC 的输出接线端上供驱动输出设备使用，内部提供常开/常闭触点供程序使用，且使用次数不限。

PLC 的外部输出设备通常分为驱动负载和显示负载两大类。驱动负载主要指接触器、继电器和电磁阀等电气元件；显示负载主要指指示灯、数字显示装置、电铃和蜂鸣器等电子元器件。不同公共端输出电路的连接如图 1-11 所示。

由图 1-11 可知，PLC 通过输出继电器主触点将输出设备和驱动电源连接成一个回路，输出设备工作状态由输出继电器主触点进行控制。例如，当 PLC 程序运算结果使输出继电器 Y10 为“1”状态时，其输出主触点闭合，指示灯 HL1 得电发光进行指示，否则处于熄灭状态。其他外部输出设备控制原理与之相同，此处不再赘述。

图 1-12 描述了 FX_{3U} 系列 PLC 输入、输出继电器工作原理。

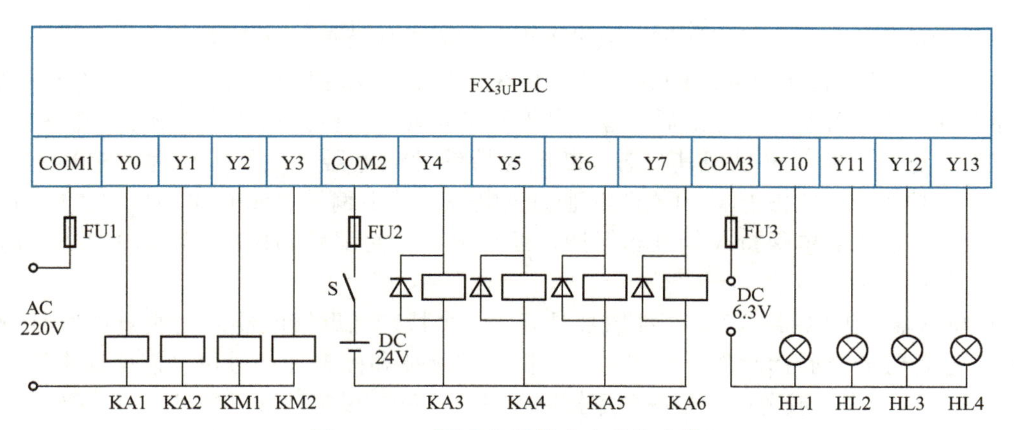

图 1-11　不同公共端输出电路的连接

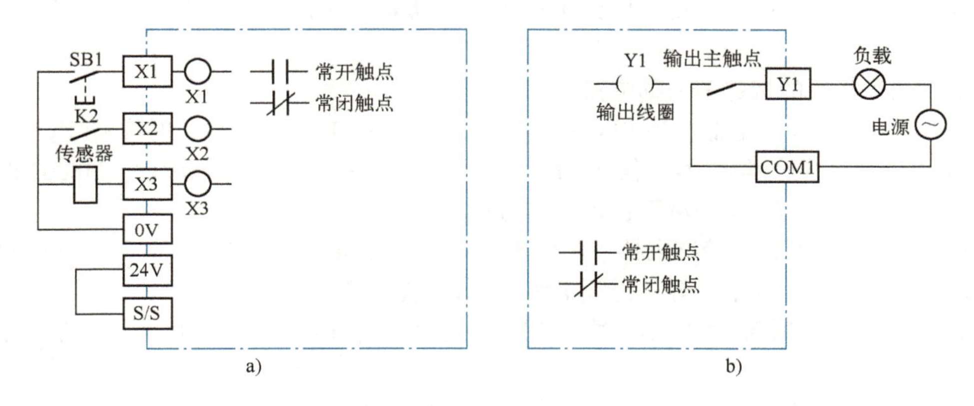

图 1-12　FX_{3U}系列 PLC 输入、输出继电器工作原理

a）输入继电器　b）输出继电器

注意： 在 PLC 中继电器并非真实的物理继电器，而只是一个“命名”而已。但为便于理解与应用，也利用线圈和触点描述其功能，即用“○或( )”表示继电器的线圈，用“┤├”表示常开触点，用“┤/├”表示常闭触点，把这些触点和线圈理解为软线圈和软触点，在梯形图中可以无限制使用。

（2）辅助继电器（M）

在 PLC 逻辑运算中，经常需要一些中间继电器作为辅助运算用，这些元件不能接收外部的输入信号，也不能直接驱动输出设备，是一种内部的状态标志，相当于继电-接触器控制系统中的中间继电器。这类继电器称为辅助继电器。

三菱 FX_{3U}系列 PLC 的辅助继电器用字母“M”表示，元件号用十进制数表示，有常开、常闭触点和线圈。其中线圈只能由 PLC 内部程序控制，常开、常闭触点在 PLC 编程时可以无限次自由使用，但不能直接驱动外接输出设备，输出设备只能由输出继电器主触点进行驱动。

FX_{3U}系列 PLC 的辅助继电器分为三种：通用辅助继电器、断电保持辅助继电器和特殊辅助继电器。

1）通用辅助继电器。FX_{3U}系列 PLC 的通用辅助继电器共 500 个，其元件地址号按十进制编号（M0～M499），也可以通过参数设置更改为断电保持辅助继电器。

2）断电保持辅助继电器。FX_{3U}系列 PLC 在运行中若发生断电，输出继电器和通用辅助继电器全部处于断开状态，上电后，这些状态不能自复。某些控制系统要求记忆电源中断瞬间的状态，重新通电后再呈现其状态，断电保持辅助继电器（地址编号为 M500～M7679）可以用于这种场合。它由 PLC 内置锂电池提供电源。其中编号 M500～M1023 共 524 点可通过参数设置更改为断电保持或断电非保持辅助继电器，而编号 M1024～M7679 共 6656 点固定为断电保持辅助继电器。

3）特殊辅助继电器。FX_{3U}系列 PLC 具有 512 个特殊辅助继电器，地址编号为 M8000～M8511，它们用来表示 PLC 的某些状态、提供时钟脉冲和标志（如进位、借位标志等）、设定 PLC 的运行方式，或者用于步进顺序控制、禁止中断、设定计数器的计数方式等。

特殊辅助继电器有两种类型：一类是触点利用型，用户只能利用其触点，如 M8000、M8011 等；另一类是线圈驱动型，可由用户程序驱动其线圈，使 PLC 执行特定的操作，如 M8033、M8039 等。

以下是几种常用的特殊辅助继电器。

M8000：运行监控继电器。当 PLC 执行用户程序时为 ON，停止执行时为 OFF。

M8002：初始化脉冲继电器，仅在 PLC 运行开始瞬间接通一个扫描周期。M8002 的常开触点常用于某些元件的复位和清零，也可作为启动条件。

M8005：锂电池电压监控继电器。当锂电池电压降至规定值时变为 ON，可以用它的触点驱动输出继电器和外部指示灯，提醒工作人员更换锂电池。

M8011～M8014：时钟脉冲继电器，分别产生 10 ms、100 ms、1 s 和 1 min 的时钟脉冲输出。

M8033：输出保持特殊辅助继电器。该继电器线圈“通电”时，PLC 由 RUN 状态进入 STOP 状态后，映像寄存器与数据寄存器中的内容保持不变。

M8034：禁止全部输出特殊辅助继电器。该继电器线圈“通电”时，PLC 全部输出被禁止。

M8039：定时扫描输出特殊辅助继电器。该继电器线圈“通电”时，PLC 以 D8039 中指定的扫描时间工作。

由于篇幅有限，其余特殊辅助继电器的功能不一一列举，读者可查阅 FX_{3U}系列 PLC 的用户手册。

（3）状态继电器（S）

状态继电器是构成顺序功能图的重要软元件，通常与步进顺控指令配合使用。三菱 FX_{3U}系列 PLC 状态继电器用字母“S”表示，地址编号为 S0～S4095，共有 4096 点。

（4）定时器（T）

定时器（T）在 PLC 中的作用相当于继电-接触器控制系统中的时间继电器。FX_{3U}系列 PLC 具有 512 个定时器，可提供无数对常开/常闭触点供编程使用，其设定值由程序赋予，地址编号为 T0～T511，分辨率有 3 种，分别为 1 ms、10 ms 和 100 ms，定时范围为 0.001～3276.7 s。

（5）计数器（C）

计数器（C）用于累计其计数输入端接收到的脉冲个数。计数器可提供无数对常闭和常开触点供编程时使用，其设定值由程序赋予。

FX_{3U}系列 PLC 具有 256 个计数器，地址编号为 C0～C255，分 16 位计数器、32 位计数器和高速计数器 3 种。

（6）指针（P/I）

FX_{3U}系列 PLC 的指针包括分支用指针（P）和中断用指针（I）。

1）分支用指针（P）。分支用指针也称为跳转指针，地址编号为 P0～P4095，共 4096 点，用来指定条件跳转、子程序调用等分支的跳转目标。

2）中断用指针（I）。中断用指针地址编号为 I0□□～I8□□，共 15 点。其中 I00□～I50□用于外部中断；I6□□～I8□□用于定时器中断；I010～I060 用于计数器中断。

（7）数据寄存器（D）

在一个复杂的 PLC 控制系统中需大量的工作参数和数据，这些参数和数据存储在数据寄存器中。FX_{3U}系列 PLC 的数据寄存器的长度为双字节（16 位），最高位为符号位。可以把两个数据寄存器合并起来存放一个 4 字节（32 位）的数据，最高位仍为符号位。

1）通用数据寄存器。通用数据寄存器地址编号为 D0～D199，共 200 点。当 PLC 由运行到停止时，该类数据寄存器的数据为零。但是当特殊辅助继电器 M8031 置 1，PLC 由运行转向停止时，数据可以保持。

2）断电保持数据寄存器。断电保持数据寄存器地址编号为 D200～D511，共 312 点，可以通过参数设置更改为断电保持或非断电保持数据寄存器；地址编号为 D512～D7999，共 7488 点，为固定断电保持数据寄存器，其中地址编号 D1000～D7999，共 7000 点为文件寄存器，是一类专用数据寄存器，用于存储大量的数据。

3）特殊数据寄存器。特殊数据寄存器地址编号为 D8000～D8511，共 512 点。该类型数据寄存器供监视 PLC 运行方式用，其内容在电源接通时，写入初始化数据。未定义的特殊数据寄存器，用户不能使用。

（8）变址寄存器 V/Z

变址寄存器通常用来修改元件的地址编号，V 和 Z 都是 16 位寄存器，可进行数据的读与写。将 V 与 Z 合并使用，可进行 32 位操作，其中 V 为低 16 位。

FX_{3U}系列 PLC 的变址寄存器共有 16 点，地址编号为 V0～V7 和 Z0～Z7。

（9）常数（K/H）

常数前缀 K 表示该常数为十进制常数，H 表示该常数为十六进制常数。如 K30 表示十进制的 30，H24 表示十六进制的 24。常数一般用于定时器和计数器的设定值，也可以作为功能指令的源操作数。

1-7　梯形图

1.2.3　认识三菱 FX_{3U}系列 PLC 编程语言

1-8　指令语句表

PLC 的程序有系统程序和用户程序两种。其中用户程序是指技术人员根据控制要求，利用编程软件编制的控制程序。编程软件是由 PLC 生产厂家提供的编程工具。由于 PLC 种类较多，各个机型对应的编程软件也存在一定的差别，特别是不同生产厂家的 PLC 之间，它们的编程软件不能通用。但是因为 PLC 的发展过程是相同的，所以 PLC 的编程语言基本相似，规律也基本相同。

FX_{3U}系列PLC的编程语言包括梯形图、指令语句表、顺序功能图、逻辑符号图和高级编程语言。其中最常用的编程语言是梯形图和指令语句表。本项目仅介绍梯形图和指令语句表。

1. 梯形图

梯形图是通过连线把PLC指令的梯形图符号连接在一起的连接图，用以描述所使用的PLC指令及其先后顺序。梯形图沿袭了继电-接触器控制系统电气控制图的形式，即梯形图是在电气控制系统中常用的继电器、接触器逻辑控制基础上简化符号之后演变而来的，具有形象、直观、实用和电气技术人员容易接受等特点，是目前使用最广泛的一种PLC程序设计（编程）语言。图1-13所示为继电-接触器电气控制图及其对应PLC梯形图。

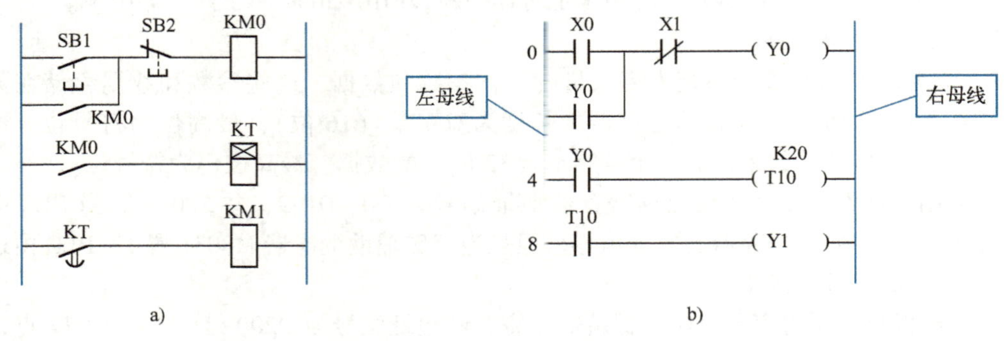

图1-13 继电-接触器电气控制图及其对应PLC梯形图
a）继电-接触器电气控制图 b）梯形图

由图1-13可知，梯形图是PLC模拟继电-接触器控制系统的编程方法，与继电-接触器控制系统相似，梯形图也是由触点、线圈或功能方框等元素构成。

梯形图左、右两边的垂直竖线称为左、右母线（右母线可以省略不画）。对于初学者，可以把左母线理解为提供能量的电源相线。触点闭合可以使能量流过，通到下一个元件；触点断开则阻断能量流过，这种能量流称为“能流’。

画梯形图时必须遵循：

1）梯形图程序按逻辑行从上至下、每一行从左至右顺序编写。PLC程序执行顺序与梯形图的编写顺序一致。

2）左母线只能直接接各类继电器的触点，继电器线圈不能直接接左母线。

3）右母线只能直接接各类继电器的线圈（不含输入继电器线圈），继电器的触点不能直接接右母线。

4）一般情况下，同一编号的线圈在梯形图中只能出现一次，而同一编号的触点在梯形图中可以重复出现。

5）梯形图中触点可以任意串、并联，而输出线圈只能并联不能串联。

应用技巧：

1）梯形图与继电-接触器电气控制图虽然相对应，但绝不是一一对应的关系，两者有本质区别：继电-接触器电气控制图使用的是硬件电气元件，依靠硬件连接组成控制系统。而梯形图中的继电器、定时器和计数器等编程元件不是实物，实际上是PLC存储器中的存储位（即软元件），相应的位为“1”状态，表示该继电器线圈通电、常开触点闭合、常闭触点断开。

2）梯形图左右两端的母线不接任何电源。梯形图中并没有真实的物理电流流动，而是概念电流（假想电流）。假想电流只能从左到右、从上到下流动。假想电流是执行用户程序时满足输出执行条件的形象理解。

2. 指令语句表

梯形图虽然直观、简便，但要求 PLC 配置显示器方可输入图形符号。在许多小型、微型 PLC 的编程器中没有屏幕显示，就只能用一系列 PLC 操作命令组成的指令程序将梯形图控制逻辑功能描述出来，并通过编程器输入到 PLC 中。

指令语句表是一种类似于计算机汇编语言的、用一系列操作代码组成的汇编语言，又称为语句表、命令语句和梯形图助记符等。它比汇编语言通俗易懂，更为灵活，适应性广。由于指令语言中的助记符与梯形图符号存在严格对应关系，因此对于熟知梯形图的电气工程技术人员，只要了解助记符与梯形图符号的对应关系，即可对照梯形图，直接由编程器输入指令语言编写用户程序。此外，利用生产厂家提供的编程软件也可将梯形图程序直接转换为指令语句表程序，反之亦然。表 1-9 是利用 FX_{3U} 系列 PLC 指令语句表完成如图 1-13b 所示梯形图控制功能编写的程序。

表 1-9　FX_{3U} 系列 PLC 指令语句表

步　序	指令操作码（助记符）	操作数（参数）	说　明
0	LD	X000	输入 X000 常开触点，逻辑行开始
1	OR	Y000	并联 Y000 联锁触点
2	ANI	X001	串联 X001 常闭触点
3	OUT	Y000	输出 Y000，逻辑行结束
4	LD	Y000	输入 Y000 常开触点，逻辑行开始
5	OUT	T10 K20	驱动定时器 T10
8	LD	T10	输入 T10 常开触点，逻辑行开始
9	OUT	Y001	输出 Y001，逻辑行结束

由表 1-9 可知，指令语句表编程语言是由若干条语句组成的程序，语句是最小独立单元。每个操作功能由一条语句来表示。PLC 的指令语句由程序（语句）步编号、指令助记符和操作数组成，下面分别予以介绍。

1）程序步编号。程序步编号简称步序，是用户程序中语句的序号，一般由编程器自动依次给出，只有当用户需要改变语句时，才通过插入键或删除键进行增删调整。由于用户程序总是依次存放在用户程序存储器内，故程序步也可以看作语句在用户程序存储器内的地址代码。

2）指令助记符。指令助记符是指 PLC 指令系统中的指令代码。如“LD”表示“取”、“OR”表示“或”、“ANI”表示“与非”、“OUT”表示“输出”等。它用来说明要执行的功能，告诉 CPU 该进行什么操作。例如，逻辑运算的与、或、非，算术运算的加、减、乘、除，时间或条件控制中的定时、计数、移位等功能。

3）操作数。操作数一般由标识符和参数组成。标识符表示操作数类别，例如输入继电器、定时器和计数器等。参数表示操作数地址或预定值。

值得注意的是，某些基本指令仅由程序步编号和指令助记符组成，如程序结束指令“END”、空操作指令“NOP”等。

综上所述，一条语句就是给 CPU 的一条指令，规定其对谁（操作数）做什么工作（指令助记符）。一个控制动作由一条或多条语句组成的应用程序来实现。PLC 循环扫描用指令语句表编写的用户程序，即从第一条开始至最后一条结束，周而复始。

【任务实施】

1.2.4 认识实训室的三菱 FX 系列 PLC

在实训室管理员指导下参观 PLC 实训室，了解三菱 FX 系列 PLC 硬件配置以及软元件资源，并按照要求填写信息登记表，见表 1-10。

表 1-10 三菱 FX 系列 PLC 信息登记表

PLC 型号	通信接口型号	输入端子数量及编号	输出端子数量及编号	状态指示灯名称以及含义

1.2.5 连接三菱 FX_{3U} 系列 PLC 输入、输出电路

按照图 1-14 所示 PLC 控制系统硬件接线图，将按钮、接触器和灯泡进行 I/O 分配，正确接线，熟悉常闭、常开触点的使用。

下面以输入端子为例介绍连接是否正确的验证方法，先将 PLC[S/S]端接电源+24 V，然后按步骤完成以下操作。

1）将按钮 SB1 的常开触点接到 PLC 的输入口 X1，查看按下按钮时 X1 端口输入指示灯是否点亮。

2）将按钮 SB2 的常开触点接到 PLC 的输入口 X2，查看按下按钮时 X2 端口输入指示灯是否点亮。

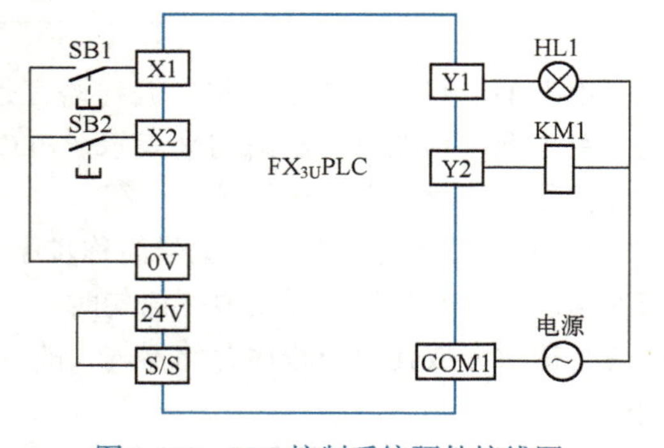

图 1-14 PLC 控制系统硬件接线图

若按下按钮时对应输入指示灯点亮，说明连接正确；反之则说明连接不正确。值得说明的是，图 1-14 中输出端子由于 PLC 中无执行用户程序，接触器 KM1 与指示灯 HL1 不工作。

研讨与训练

1.1　简述 PLC 的定义。

1.2　简述 PLC 的基本结构与工作原理。

1.3　简述三菱 FX_{3U} 系列 PLC 控制面板功能。

1.4　PLC 有哪些输出方式？分别适应什么类型的负载？

1.5　三菱 FX_{3U} 系列 PLC 有哪些内部软元件？

1.6　小型三菱 FX_{3U} 系列 PLC 有哪几种编程语言？

1.7　资料搜集：登录三菱电机自动化（中国）有限公司网站（www.mitsubishielectric-fa.cn），收集、学习如下资料。

1）GX-Works2 操作手册。

2）GX-Works2 教程视频。

项目 2

三相异步电动机典型控制系统设计

三相异步电动机是一种将电能转化为机械能的电力拖动装置。它主要由定子、转子构成，定子绕组连接三相电源后，产生旋转磁场并切割转子，获得转矩，从而驱动转子旋转。三相异步电动机具有结构简单、运行可靠、价格便宜、过载能力强及使用、安装、维护方便等优点，广泛应用于各个领域。掌握三相异步电动机典型控制系统 PLC 软、硬件设计已成为工控技术人员基本技能之一。

学习本项目，可了解以三相异步电动机为 PLC 控制对象，进行控制系统软、硬件设计及调试，完成电动机的起保停控制、正反转控制、Y-△减压控制和绕线转子异步电动机串电阻减压起动控制的典型控制功能。

任务 2.1　起保停控制系统设计

[知识目标]

1. 掌握起保停电气控制图控制原理。
2. 了解 PLC 控制系统及其设计方法。
3. 掌握三菱 FX_{3U} 系列 PLC 关联基本指令应用技巧。

[能力目标]

1. 能够进行起保停控制系统硬件设计。
2. 能够利用 GX-Works2 编程软件进行梯形图程序设计，会仿真调试。
3. 能够进行起保停控制系统输入、输出接线，并利用实训装置进行联机调试。

【任务描述】

某机加工设备采用起保停控制，其电气控制图如图 2-1 所示。当按下起动按钮 SB1，电动机起动运转；按下停止按钮 SB2 时，电动机停止转动。此外该控制图具有短路保护和过载保护等必要保护措施。使用 FX_{3U} 系列 PLC 实现此控制功能，完成 PLC 程序的设计与仿真调试，硬件的接线与联机调试。

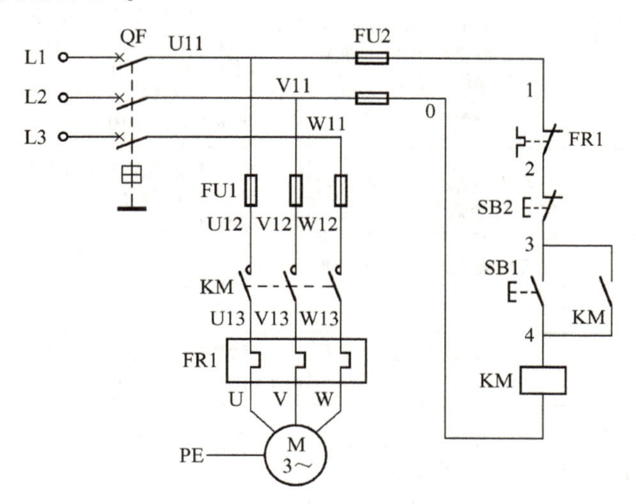

图 2-1　三相异步电动机起保停电气控制图

[任务要求]

1. 安装 GX-Works2 编程软件。
2. 利用 GX-Works2 设计起保停梯形图程序。
3. 正确连接编程电缆，下载程序至 PLC。
4. 正确连接输入按钮和输出负载（交流接触器）。
5. 仿真、联机调试。

[任务环境]

1. 两人一组，根据工作任务进行合理分工。

2. 每组配备 FX_{3U} 系列 PLC 实训装置一套。

3. 每组配备若干导线、工具等。

[考核评价标准]

1. 说明

1）本评价标准根据中国人力资源和社会保障部职业技能鉴定中心《电工国家职业技能标准》编制。

2）任务考核评价由指导教师组织实施，指导教师可自行制定具体任务评分细则。

3）任务考核评价可根据任务实施情况，引入学生互评。

2. 考核评价标准

项目考核评价标准见表 2-1。

表 2-1　项目考核评价标准

评价内容	序号	项目配分	考核要求	评分细则	扣分	得分
职业素养与操作规范（50分）	1	工作前准备（5分）	清点工具、仪表等	未清点工具、仪表等每项扣 1 分		
	2	安装与接线（15分）	按 PLC 控制系统硬件接线图在模拟配线板上正确安装、操作规范	① 未关闭电源开关，用手触摸带电线路或带电进行线路连接或改接，本项记 0 分 ② 线路布置不整齐、不合理，每处扣 2 分 ③ 损坏元件扣 5 分 ④ 接线不规范造成导线损坏，每根扣 5 分 ⑤ 不按 I/O 接线图接线，每处扣 2 分		
	3	程序输入与调试（20分）	熟练操作编程软件，将所编写的程序输入 PLC；按照被控设备的动作要求进行仿真调试，达到控制要求	① 不会熟练操作软件输入程序，扣 10 分 ② 不会进行程序删除、插入和修改等操作，每项扣 2 分 ③ 不会联机下载调试程序扣 10 分 ④ 调试时造成元件损坏或者熔断器熔断，每次扣 10 分		
	4	清洁（5分）	工具摆放整洁；工作台面清洁	乱摆放工具、仪表，乱丢杂物，完成任务后不清理工位扣 5 分		
	5	安全生产（5分）	安全着装；按维修电工操作规程进行操作	① 没有安全着装，扣 5 分 ② 出现人员受伤、设备损坏事故，考试成绩为 0 分		
操作（50分）	6	功能分析（10分）	能正确分析控制系统电路功能	能正确分析控制系统电路功能，功能分析不正确，每处扣 2 分		
	7	I/O 分配表（5分）	正确完成 I/O 地址分配表	I/O 地址遗漏，每处扣 2 分		
	8	硬件接线图（5分）	绘制 I/O 接线图	① 接线图绘制错误，每处扣 2 分 ② 接线图绘制不规范，每处扣 1 分		
	9	梯形图（15分）	梯形图正确、规范	① 梯形图功能不正确，每处扣 3 分 ② 梯形图画法不规范，每处扣 1 分		
	10	功能实现（15分）	根据控制要求，准确完成系统的安装调试	不能达到控制要求，每处扣 5 分		
评分人：			核分人：		总分	

【关联知识】

2.1.1　LD、LDI、OUT 指令

2-1　LD、LDI、OUT 指令

LD、LDI、OUT 指令的指令助记符、名称、功能、梯形图、操作元件和程序步长见表 2-2。

表 2-2　LD、LDI、OUT 指令

助记符	名称	功　能	梯　形　图	可用软元件	程序步长
LD	取	常开触点和左母线连接	(Y000)	X、Y、M、S、T、C	1
LDI	取反	常闭触点和左母线连接	(Y000)	X、Y、M、S、T、C	1
OUT	输出	线圈驱动	(Y000)	Y、M、S、T、C	Y、M：1。特殊 M：2。T：3。C：3~5

1. 指令功能

1）LD（Load）指令。取指令，将常开触点接到左母线上。此外，在分支电路接点处也可使用。

2）LDI（Load Inverse）指令。取反指令，与 LD 指令的应用技巧相同，只是 LDI 用于常闭触点。

3）OUT（Out）指令。输出指令或线圈驱动指令，输出逻辑运算结果，即根据逻辑运算结果驱动一个指定的线圈。

2. 应用实例

LD、LDI 和 OUT 指令应用实例如图 2-2 所示。

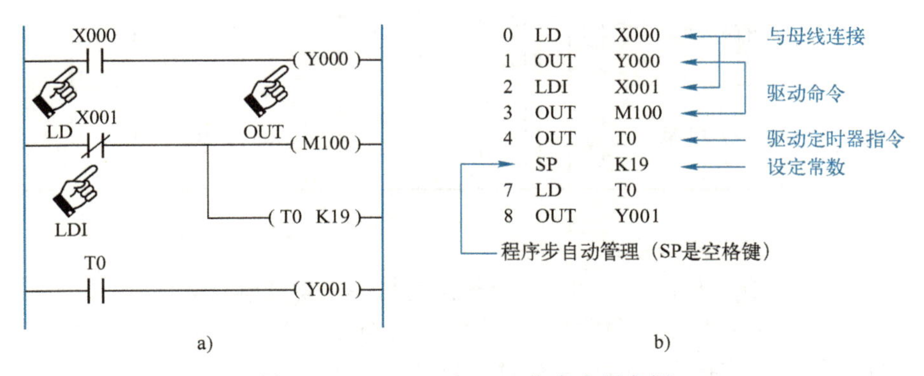

图 2-2　LD、LDI 和 OUT 指令应用实例
a）梯形图　b）指令语句表

图 2-2 中，当输入端口 X000 有信号输入时，输入继电器 X000 的常开触点闭合，输出继电器 Y000 的线圈得电，其主触点闭合驱动输出设备工作。

当输入端口 X001 无信号输入时，输入继电器 X001 的常闭触点保持闭合状态，M100、

T0 的线圈得电，定时器 T0 开始定时，定时结束后，其常开触点闭合，输出继电器 Y001 的线圈得电，其主触点闭合驱动输出设备工作。当输入端口 X001 有信号输入时，输入继电器 X001 的常闭触点分断，辅助继电器 M100、定时器 T0 的线圈失电，定时器 T0 复位。

值得注意的是，OUT 指令用于驱动定时器 T、计数器 C 时，还需要第二个操作数用于设定参数。参数可以是常数 K 或数据寄存器 D。常数 K 的设定范围、定时范围见表 2-3。

表 2-3 定时器/计数器常数设定值范围

定时器/计数器	K 的设定范围	定时时间/计数范围
1 ms 定时器	1~32767	0.001~32.767 s
10 ms 定时器	1~32767	0.01~327.67 s
100 ms 定时器	1~32767	0.1~3276.7 s
16 位计数器	1~32767	同左
32 位计数器	-2147483648~+2147483647	同左

2.1.2 AND、ANI、OR、ORI 指令

2-2 AND、ANI、OR、ORI 指令

AND、ANI、OR、ORI 指令的指令助记符、名称、功能、梯形图及操作元件和程序步长见表 2-4。

表 2-4 AND、ANI、OR、ORI 指令表

助记符	名称	功能	梯形图	可用软元件	程序步长
AND	与	常开触点串联	Y000	X、Y、M、S、T、C	1
ANI	与非	常闭触点串联	Y000	X、Y、M、S、T、C	1
OR	或	常开触点并联	Y000	X、Y、M、S、T、C	1
ORI	或非	常闭触点并联	Y000	X、Y、M、S、T、C	1

1. 指令功能

1）AND(And)指令。与指令，用于一个触点与另一个常开触点的串联。

2）ANI(And Inverse)指令。与非指令，用于一个触点与另一个常闭触点的串联。

3）OR(Or)指令。或指令，用于一个触点与另一个常开触点的并联。

4）ORI(Or Inverse)指令。或非指令，用于一个触点与另一个常闭触点的并联。

2. 应用实例

AND、ANI 指令应用实例如图 2-3 所示。

图 2-3 中，串联常开触点用 AND 指令，串联常闭触点用 ANI 指令。此外，OUT M101 后的 OUT Y002 称为纵接输出或连续输出。一般情况下，纵接输出可重复多次使用。

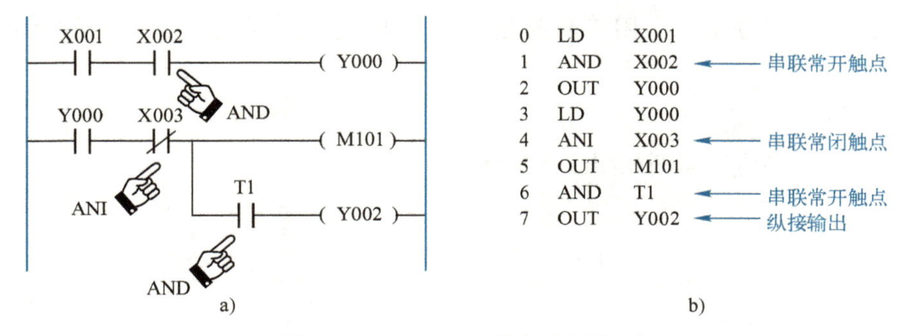

图 2-3　AND、ANI 指令应用实例
a）梯形图　b）指令语句表

OR、ORI 指令应用实例如图 2-4 所示。图中，并联常开触点用 OR 指令，并联常闭触点用 ORI 指令。

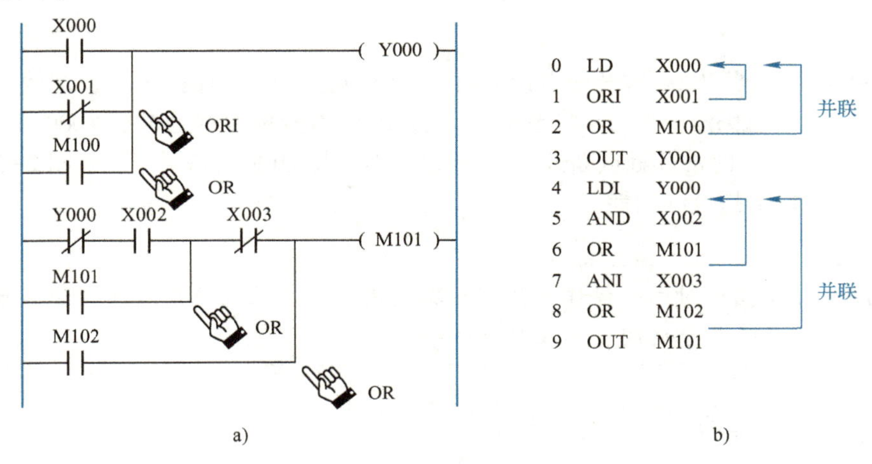

图 2-4　OR、ORI 指令应用实例
a）梯形图　b）指令语句表

2.1.3　SET、RST 指令

SET、RST 指令的指令助记符、名称、功能、梯形图及操作元件和程序步长见表 2-5。

表 2-5　SET、RST 指令表

助记符	名称	功　能	梯 形 图	可用软元件	程 序 步 长
SET	置位	使操作元件保持为 ON	┤├─[SET　Y000]	Y、M、S	Y、M：1 步。 S、特殊 M：2 步。 T、C：2 步。 D、V、Z、特殊 D：3 步
RST	复位	使操作元件保持为 OFF	┤├─[RST　Y000]	Y、M、S、T、C、D、V、Z	

1. 指令功能

1）SET 指令。置位指令，用于将指定的软元件置位，即使被操作的软元件接通并保持。

2）RST 指令。复位指令，用于将指定的软元件复位，即使被操作的软元件断开并保持。

2. 应用实例

SET、RST 指令的应用实例如图 2-5 所示。

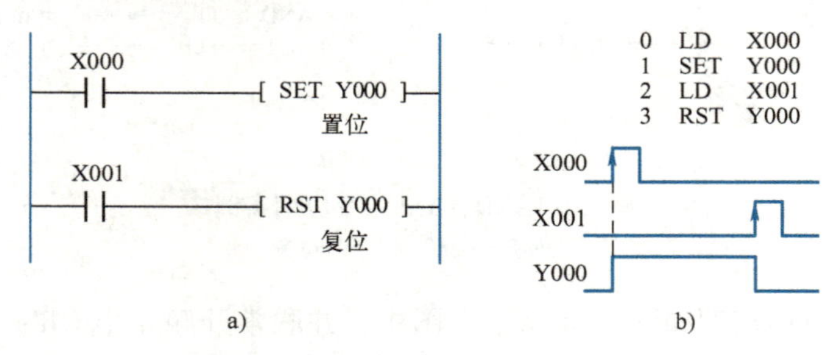

图 2-5 SET、RST 指令应用实例
a）梯形图 b）指令语句表

由图 2-5 可见，当 X000 常开触点接通时，Y000 变为 ON 且保持不变，即使 X000 的常开触点断开，Y000 也仍然保持 ON 状态不变。当 X001 常开触点接通时，Y000 变为 OFF 并保持不变，即使 X001 的常开触点断开，Y000 也仍然保持 OFF 状态不变。如图 2-5b 所示波形图可表明 SET/RST 指令的功能。

应用技巧：

SET、RST 指令对同一操作元件可多次使用，且不限制使用顺序，但最后执行者有效；SET、RST 指令之间可插入其他程序。

2.1.4 END 指令

END 指令的指令助记符、名称、功能、梯形图及操作元件和程序步长见表 2-6。

表 2-6 END 指令表

助记符	名称	功　能	梯 形 图	可用软元件	程 序 步 长
END	结束	程序结束	[END]	无	1

1. 指令功能

END 指令即程序结束指令，程序执行到 END 指令后，END 指令后面的程序则不执行，即直接运行输出处理阶段程序。在调试时，插入 END 指令，可以逐段调试程序，提高程序调试速度。

2. 应用实例

如图 2-2～图 2-5 所示梯形图都不是完整的程序，不能正常运行，必须为其添加 END 程序结束指令，如图 2-6 所示。

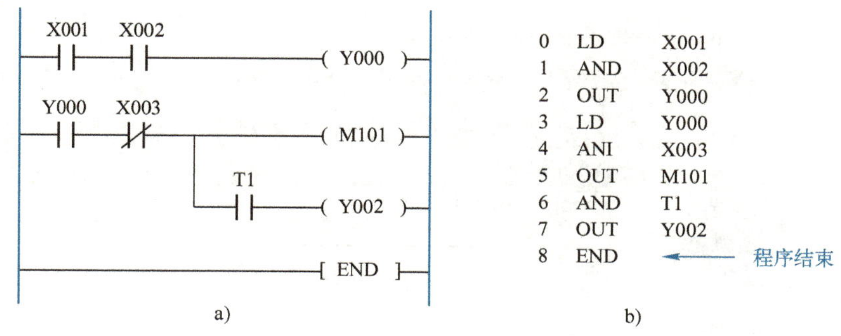

图 2-6 END 指令应用实例
a）梯形图 b）指令语句表

2.1.5 GX-Works2 编程软件

GX-Works2 是三菱电机新一代 PLC 编程软件，具有简单工程（Simple Project）和结构化工程（Structured Project）两种编程方式，支持梯形图、指令表、SFC（顺序功能图）、ST（结构化文本）及结构化梯形图等编程语言，可实现程序编程、参数设定、网络设定、程序监控、调试及在线更改、智能功能模块设置等功能，适用于 Q、QnU、L、FX 等系列 PLC，兼容 GX Developer 软件，支持三菱电机工控产品 iQ Platform 综合管理软件 iQ Works，具有系统标签功能，可实现 PLC 数据与 HMI（人机交互）、运动控制器的数据共享。

可以在三菱电机自动化（中国）有限公司的网站（www.mitsubishielectric-fa.cn）或工控人家园网（http://www.ymmfa.com/index.php）下载 GX-Works2 和用户手册，也可以通过本书的配套资源获取。本书以该软件 V1.591R 版本为例，介绍软件的使用方法。

1. GX-Works2 简单工程界面介绍

单击“开始”→“所有程序”→“MELSOFT 应用程序”→“GX-Works2”或双击实验室计算机桌面 GX-Works2 图标“ ”，即进入 GX-Works2 初始桌面，新建工程并选择相关参数后进入如图 2-7 所示简单工程编程界面。由于篇幅有限，结构化工程编程本书不予介绍，感兴趣的读者可以参照用户手册自行学习。

1）菜单栏。共 11 个下拉菜单，如果选择了所需要的菜单，相应的下拉菜单就会显示，然后可以选择各种功能。若下拉菜单中选项的最右边有“▶”标记，则可以显示该选项的子菜单；当功能名称旁边有“…”标记时，将鼠标移至该项目就会出现设置对话框。

2）快捷工具栏。快捷工具栏又可分为主工具栏、图形编辑工具栏和视图工具栏等。快捷工具栏中的快捷图标仅在相应的操作范围内才可见。此外，在工具栏上的所有按钮都有注释，只要将鼠标移动到按钮上面就能看到其中文注释。

3）梯形图编辑区。在编辑区内对程序注释、注解和参数等进行梯形图编辑，也可转换为 SFC 程序语言进行 SFC 图形编辑。

4）工程栏。以树状结构显示工程的各项内容，如显示程序、软元件注释和 PLC 参数设置等。

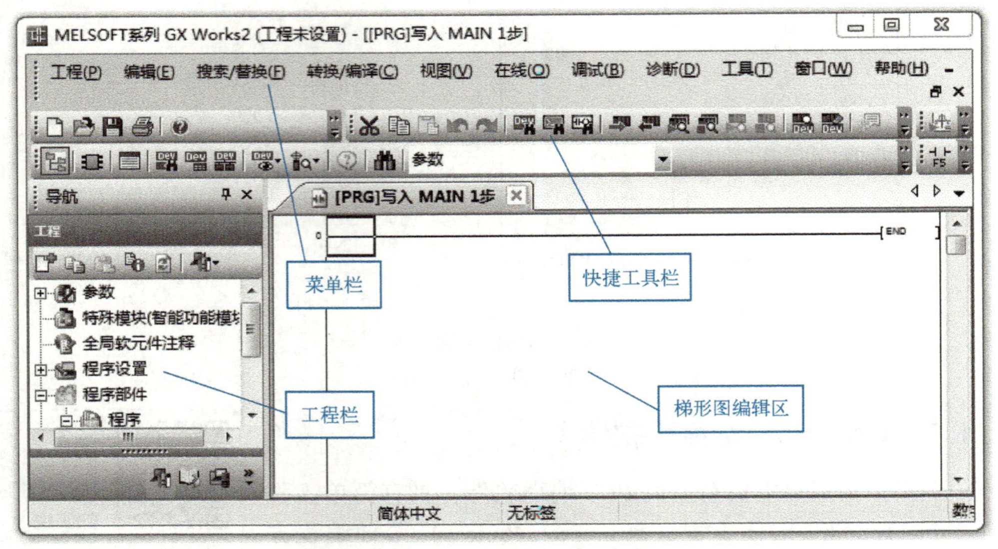

图 2-7 GX-Works2 简单工程编程界面

2. 新建工程

启动 GX-Works2 编程软件后，界面上的工具栏是灰色的，表示未进入编程状态。此时，利用“新建工程”或“打开工程”才能进入编程页面。

单击“工程”菜单选择“新建”命令或选择快捷图标“ ”，如图 2-8 所示。按图中顺序操作，新建工程结束便可进入如图 2-7 所示程序编辑界面。在程序编辑完成并保存后，所新建的工程可以在下次重新启动 GX-Works2 软件后用打开方式进行打开与编辑。

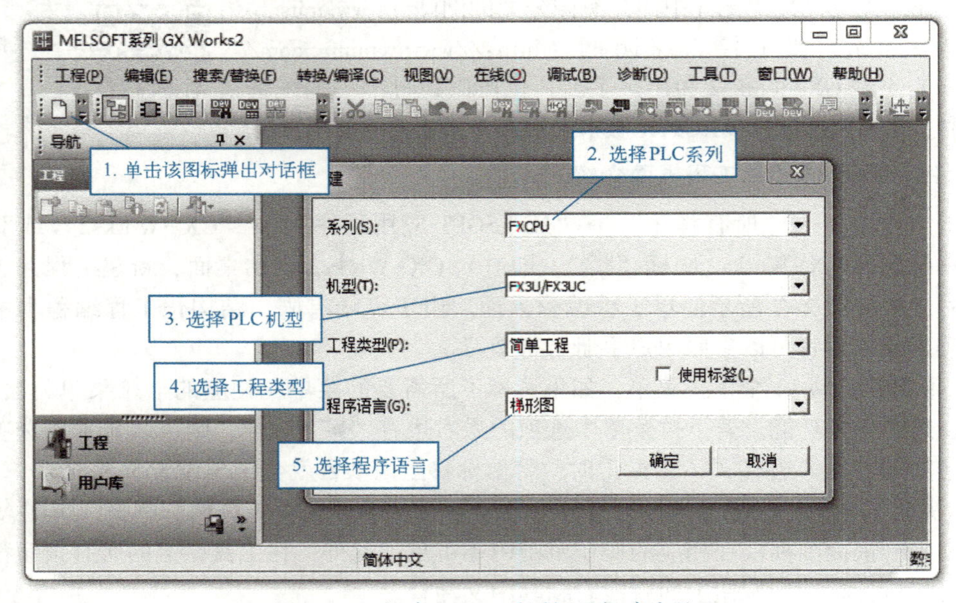

图 2-8 “新建工程”对话框及新建步骤

3. 梯形图编程

GX-Works2 软件提供快捷方式输入、键盘输入和菜单输入三种梯形图输入法。

（1）快捷方式输入法

GX-Works2 软件梯形图符号工具条如图 2-9 所示。

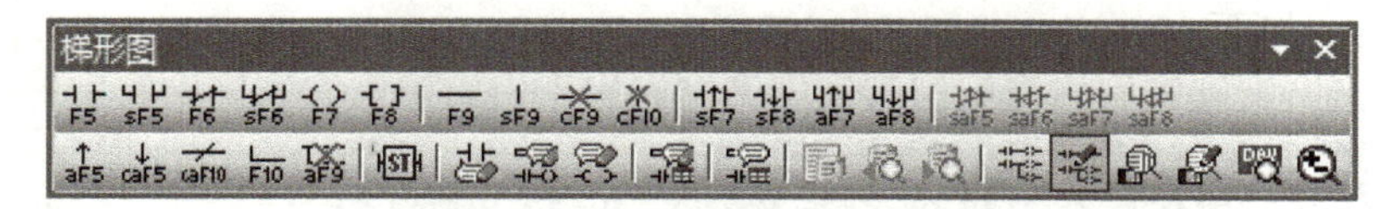

图 2-9　梯形图符号工具条

常用功能说明：〈F5〉常开触点、〈sF5〉并联常开触点、〈F6〉常闭触点、〈sF6〉并联常闭触点、〈F7〉线圈、〈F8〉应用指令、〈F9〉画横线、〈sF9〉画竖线、〈cF9〉横线删除、〈cF10〉竖线删除、〈sF7〉上升沿脉冲、〈sF8〉下降沿脉冲、〈aF7〉并联上升沿脉冲、〈aF8〉并联下降沿脉冲、〈aF5〉运算结果上升沿脉冲化、〈caF5〉运算结果下降沿脉冲化、〈caF10〉运算结果取反、〈F10〉画线输入、〈aF9〉画线删除。

快捷方式操作方式如下：要在某处输入触点、指令、画线和分支等，先要把蓝色光标移动到要编辑梯形图的地方，然后在工具条上单击相应的快捷图标或按一下快捷图标下方所标注的快捷键即可。

例如，要输入 X000 常开触点，单击快捷图标或按快捷键〈F5〉，则出现如图 2-10 所示的对话框。

图 2-10　“梯形图输入”对话框

通过键盘输入 X000，单击“确定”按钮，在梯形图编辑区出现一个标号为 X000 的常开触点，且其所在程序行变成灰色，表示该程序行进入编辑状态，如图 2-11 所示。

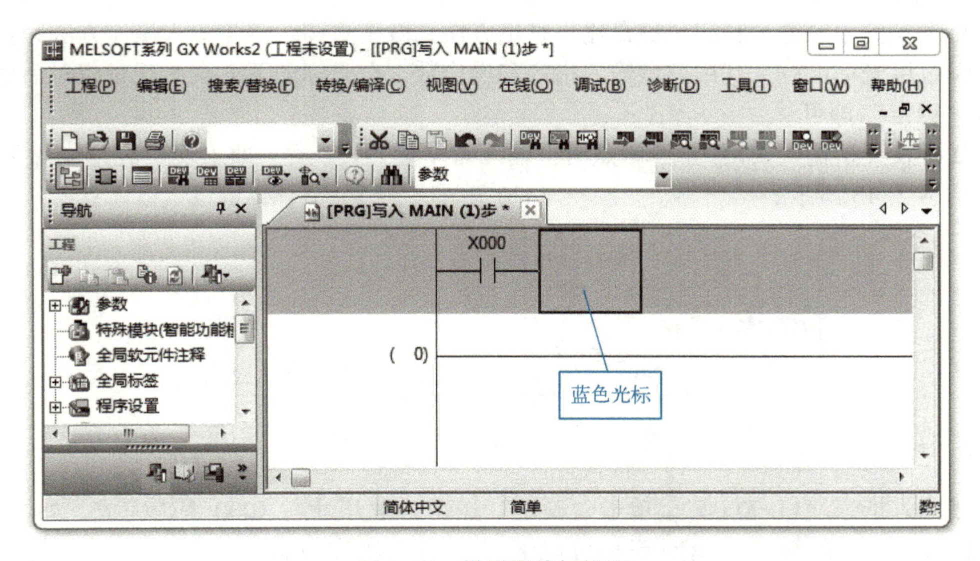

图 2-11　梯形图编辑界面

同理，其他的触点、线圈、指令和画线等都可以通过上述方法完成输入。但唯独“画线输入〈F10〉”图标单击后会呈按下状，再按住鼠标左键进行拖动即形成向下并右拐的分支线，如图 2-12 所示。

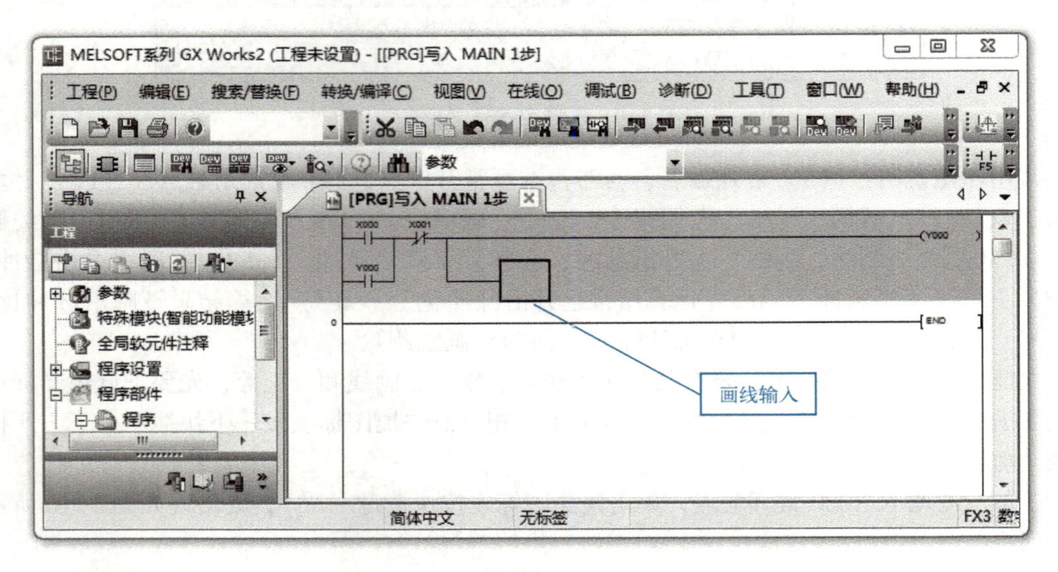

图 2-12 梯形图画线输入

如果要对梯形图进行修改或者删除，也要先把蓝色光标移动到需要修改或删除之处。修改只要重新单击输入即可；删除只要按下键盘上的〈Delete〉键或右击在弹出的快捷菜单中选择“删除”功能即可。但“竖直线”必须单击快捷图标才能删除。

快捷方式输入的优点是工具化、简单快捷。PLC 初学者只要掌握工具条中各个图标的作用，即可完成梯形图输入。

（2）键盘输入法

如果键盘使用熟练，直接从键盘输入则更方便，效率更高。键盘输入操作方法为：在梯形图编辑区用光标定位，利用键盘输入指令和操作数，在光标的下方会出现对应对话框，然后单击“确定”即可。

例如，在开始输入 X000 常开触点时，输入首字母“L”后，即出现“梯形图输入”对话框，如图 2-13 所示。

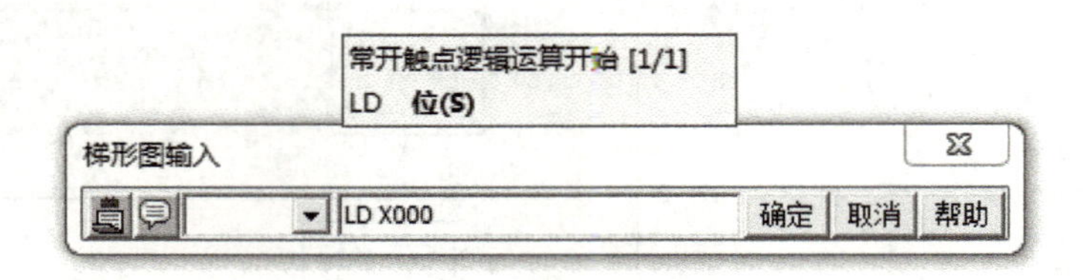

图 2-13 “梯形图输入”对话框

继续输入指令“LD X000”，单击“确定”按钮，常开触点 X000 编辑完成，如图 2-11 所示。同理，其他的触点、线圈等都可以通过上述方法完成输入。需要注意的是，遇到

“画竖线”“画横线”等画线输入时，仍然需要单击对应图标来实现。梯形图的修改、删除和快捷方式相同。

（3）菜单输入法

单击菜单栏中的“编辑”→“梯形图标记”→“常开触点”后，同样出现“梯形图输入”对话框，输入元件号后单击“确认”按钮，常开触点 X000 即编辑完成。

在 GX-Works2 软件中，很多程序都可以使用两种或两种以上操作方式。为了节省篇幅，在后续的讲解中，基本上只用一种方式进行叙述。

4. 梯形图程序编译与保存

（1）梯形图程序的编译

在利用 GX-Works2 软件输入完一段程序后，其颜色是灰色的，若不对其进行编译，则程序无效，不能进行保存、传送和仿真。

GX-Works2 软件可用三种方法进行梯形图程序编译操作：①直接按功能键〈F4〉；②单击“转换/编译”菜单，选择“转换”命令；③单击工具栏程序转换图标“ ”。编译无误后，程序灰色部分变为白色。

若梯形图程序在格式或语法等方面有错误，则进行编译时，系统会提示错误，应修改错误的程序后再编译，直到使灰色程序变成白色。

（2）程序保存

GX-Works2 软件保存操作和其他软件操作一样，单击菜单栏中的“工程”→“保存”或单击保存图标“ ”，出现“工程另存为”对话框。选择“驱动器/路径”，输入“文件名”“标题”，单击“保存”按钮，即可完成程序的保存。

5. 梯形图程序注释

由于程序编制因人而异，故梯形图程序的可读性较差。给程序加上注释，可以增加程序的可读性，方便交流和对程序进行修改。

GX-Works2 软件对梯形图有软元件注释、声明编辑、注解编辑和声明/注解批量编辑等。上述注释方法均有菜单注释和图标注释两种操作方法。本节仅介绍图标注释法。

（1）软元件注释

软元件注释用于对梯形图中的触点和输出线圈添加注释。操作方法为：单击梯形图符号工具条中的注释编辑图标“ ”，梯形图之间的行距被拉开。此时把光标移到待注释的触点或线圈上，双击鼠标，出现如图 2-14 所示的“注释输入”对话框。在对话框内填入注释内容后，单击“确定”按钮，注释文字便出现在待注释触点或线圈下方。

应用技巧：

1）光标移到哪个触点或线圈处，就可以注释哪个触点或线圈。

2）对某一个触点进行注释后，梯形图中所有该触点（常开触点、常闭触点）的下方都会出现注释内容。

3）GX-Works2 软件对输入继电器 X、输出继电器 Y 采用 3 位数字编码，如 X000、Y001 等。为便于阅读理解，本书本项目以及后续内容除 I/O 地址分配表、硬件接线图外，均采用该方法进行标注。

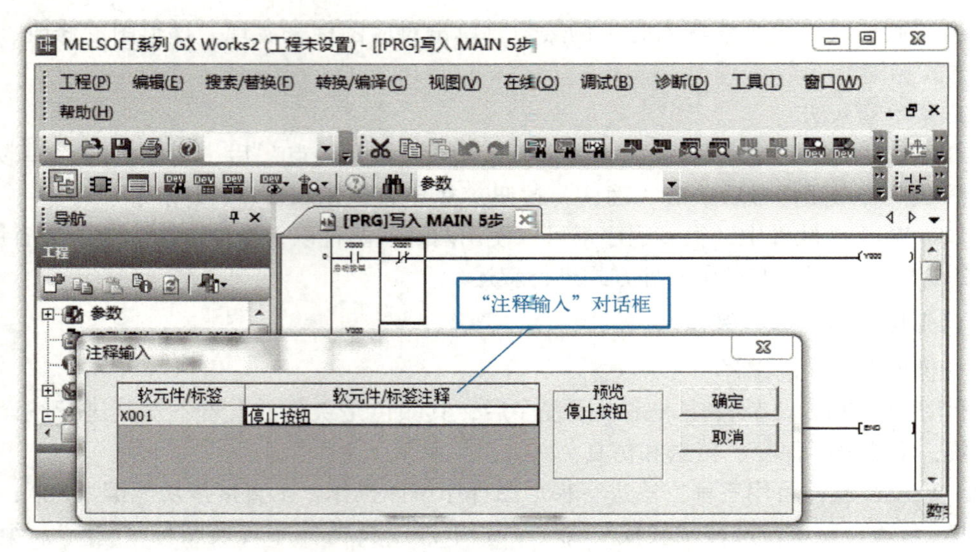

图 2-14 “注释输入”对话框

（2）声明编辑

声明编辑是对梯形图中某一程序行或某一段程序进行说明注释。操作方法为：单击梯形图符号工具条中的声明编辑图标“ ”，将光标移到要编辑程序行的行首，双击鼠标，出现如图 2-15 所示的“行间声明输入”对话框。在对话框内填入声明文字后，单击“确定”按钮，声明文字即可加到相应行的行首。

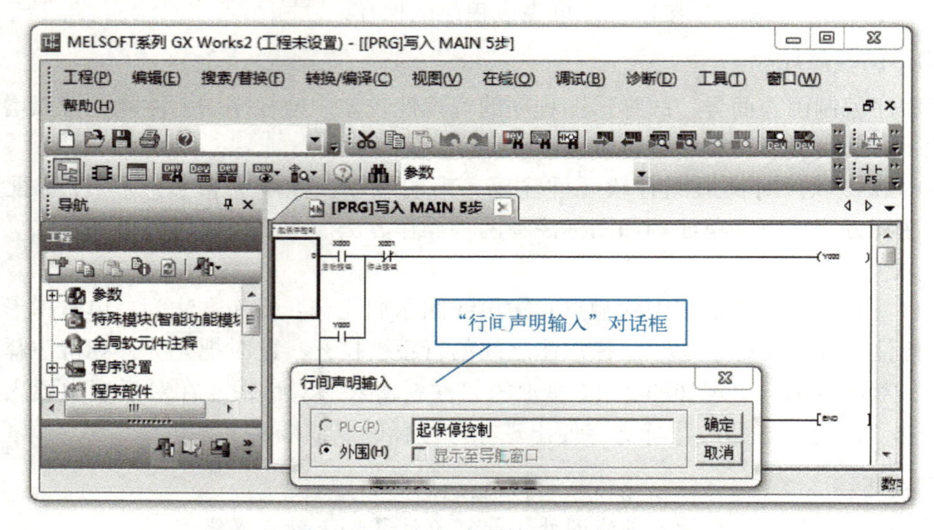

图 2-15 “行间声明输入”对话框

（3）注解编辑

注解编辑是对梯形图中输出线圈或功能指令进行说明注释。操作方法为：单击梯形图符号工具条中的注解编辑图标“ ”，将光标移到待编辑输出线圈或功能指令处，双击鼠标，出现如图 2-16 所示的“注解输入”对话框。在对话框内填入注解文字后，单击“确定”按钮，注解文字即可加到相应的输出线圈或功能指令的左上方。

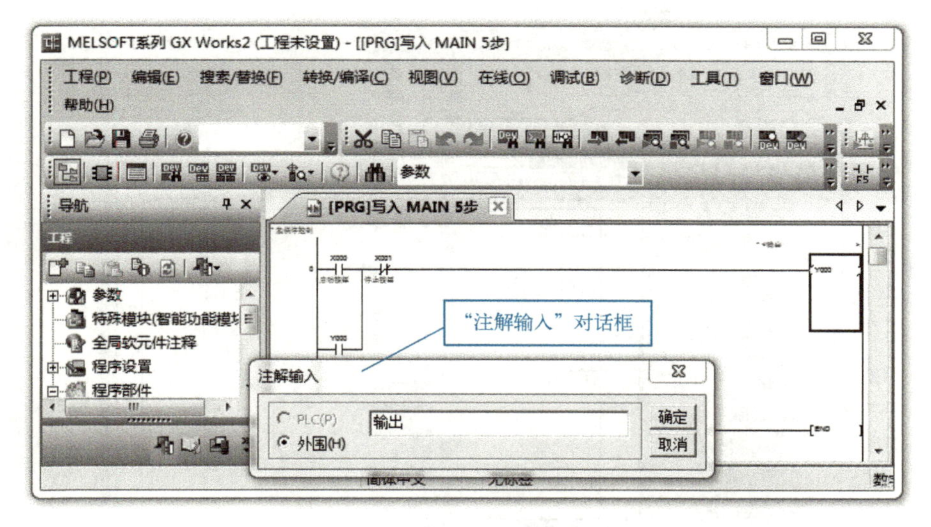

图 2-16　“注解输入”对话框

（4）声明/注解批量编辑

对于声明/注解编辑，GX-Works2 软件还设计了专门的批量编辑，操作方法为：单击梯形图符号工具条中的声明/注解批量编辑图标“ ”，出现如图 2-17 所示的“声明/注解批量编辑”对话框。在对话框内填入声明、注解内容后，单击“确定”按钮，声明、注解文字即可在梯形图相应位置进行显示。

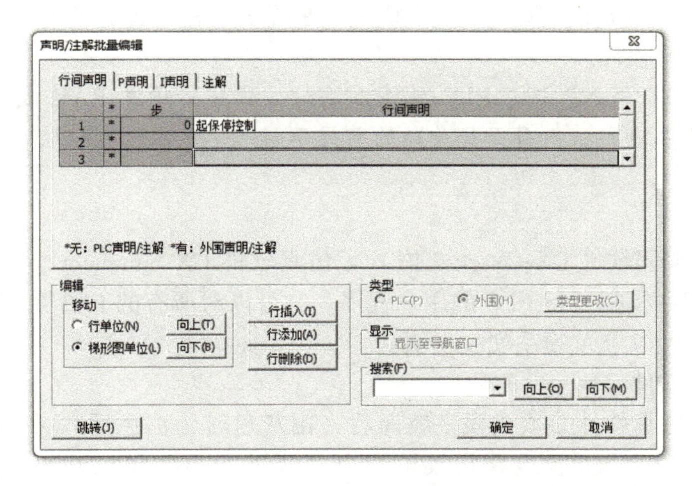

图 2-17　“声明/注解批量编辑”对话框

6. 程序的写入与读取

程序的写入即利用 GX-Works2 软件将编制好的程序输入 PLC，程序的读取即将 PLC 中原有的程序读取到 GX-Works2 软件。GX-Works2 软件程序的写入与读取操作方法如下。

单击“在线”菜单，在下拉菜单中有“PLC 读取”“PLC 写入”等命令，如图 2-18 所示。若要把编制好的程序写入 PLC，则选择“PLC 写入”（或单击快捷图标“ ”）；若要把 PLC 中原有的程序读取到 GX-Works 软件中，则选择“PLC 读取”（或单击快捷图标“ ”）。

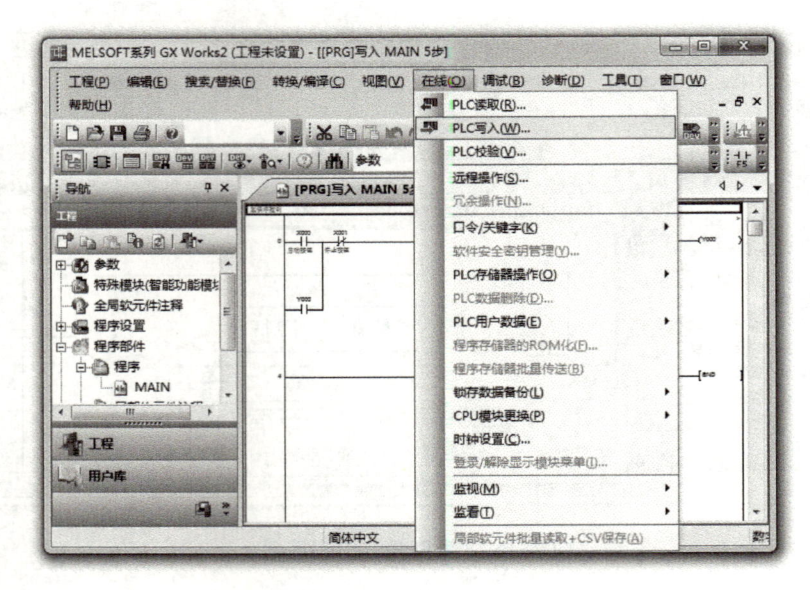

图 2-18 PLC 在线写入/读取选择

应用技巧：

1）计算机的 RS-232C 端口及 PLC 之间必须用指定的缆线及变换器连接，且根据计算机端口分配情况进行连接目标相关参数设置。

2）执行完“PLC 读取”后，计算机原有的程序将被读取的程序替代，PLC 模式改变成被设定的模式。

3）在“PLC 写入”时，PLC 应停止运行，程序必须在 RAM 或 EEPROM（电擦除可编程只读存储器）内存保护关断的前提下写入，然后进行校验。

7. 仿真调试

为便于调试，编程软件 GX-Works2 嵌入了仿真软件 GX Simulator2。不需要 PLC 硬件，用 GX Simulator2 即可模拟运行 PLC 的用户程序。它可以对所有的 FX3 系列 PLC 仿真，还可以对大中型 PLC（Q、L、A 等系列）仿真。

（1）启动仿真软件

GX Simulator2 仿真软件必须在程序编译后（由灰色转为白色后）才能启动。单击工具栏模拟开始/停止图标“ ”，或执行菜单命令“调试”→“模拟开始/停止”。单击后出现如图 2-19 所示的“GX Simulator2”对话框，框中“RUN”和“ERR.”均为灰色。同时出现“PLC 写入”窗口，显示程序写入进度，写入完成后，“PLC 写入”窗口自动关闭，GX Simulator2 仿真软件启动成功，对话框中“RUN”变成绿色，蓝色光标变成蓝色方块。所有定时器显示当前定时时间，计数器则显示当前计数值，梯形图程序自动进入监视模式。

（2）仿真调试操作

软元件的强制操作是指在仿真软件中模拟 PLC 的输入元件动作（强制 ON 或强制 OFF），观察程序运行情况，运行结果是否和设计结果一致。其操作方法有如下三种。

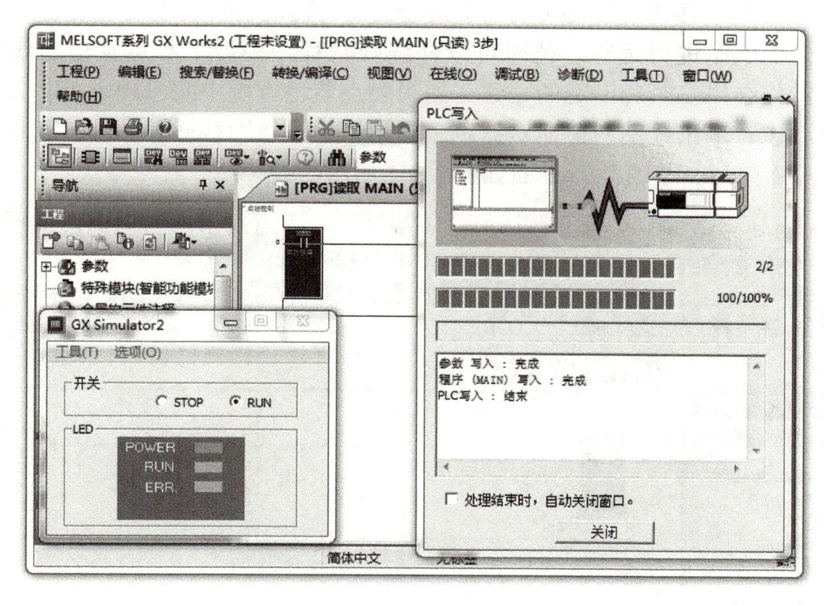

图 2-19　GX Simulator2 仿真软件启动

1）单击菜单栏“调试”→“当前值更改”。

2）单击快捷工具栏当前值更改图标“”。

3）将蓝色方块移动至需强制操作触点处，右击，在弹出的快捷菜单中选择“调试”→“当前值更改”。

进行上述操作后，出现如图 2-20 所示“当前值更改”对话框。

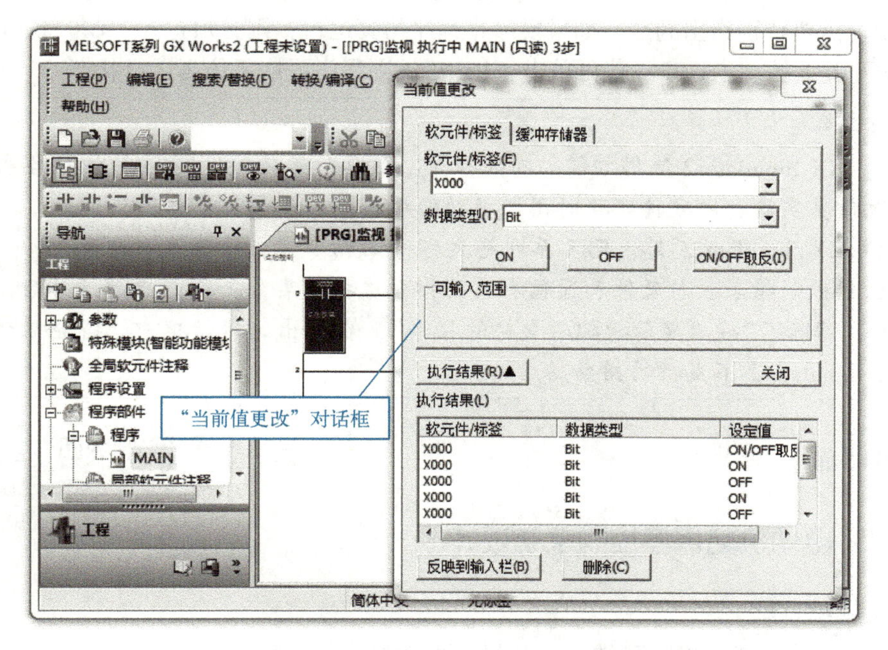

图 2-20　“当前值更改”对话框

在“软元件”中，填入需要强制操作的位元件。例如 X000，单击“ON”，程序会按位元件强制操作后的状态进行运行。此时可以仔细观察程序中各个触点及输出线圈的状态变化，看它们的动作结果是否和设定的一致。如果触点蓝色方块中间出现黄色小方块，表示该触点处于接通状态；输出线圈两边显示蓝色，表示该输出线圈接通。点动控制程序中软元件 X000 设定为“ON”后，仿真运行界面如图 2-21 所示。

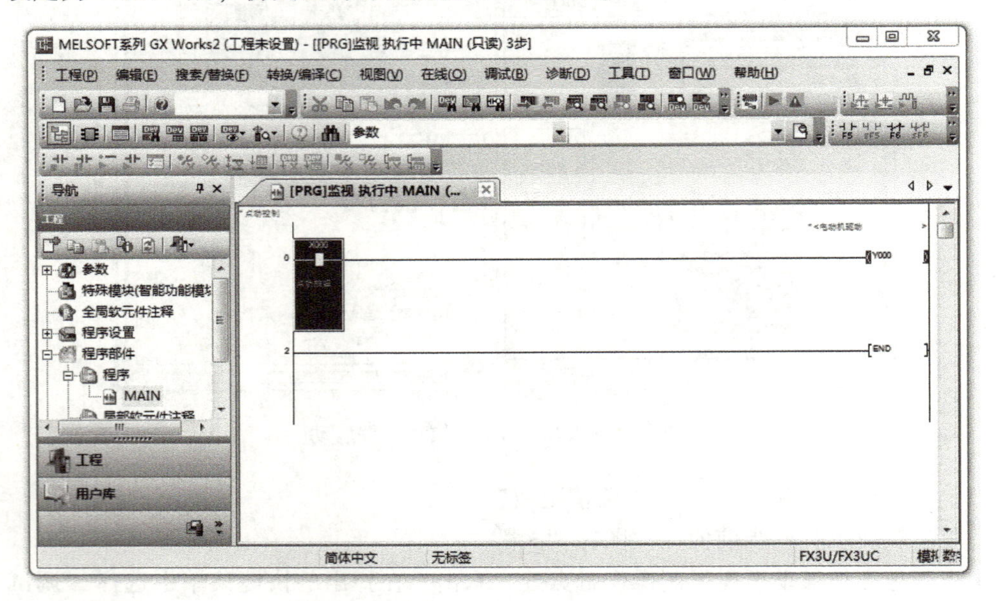

图 2-21　点动控制程序仿真运行界面

如果要停止“ON”，可单击“OFF”。此外，软元件状态更改还可以通过操作“ON/OFF 取反”实现。需要特别指出的是，如果要停止程序仿真运行，则必须打开“GX Simulator2”对话框，单击开关下的“STOP”。若再单击“RUN”，则程序可恢复仿真运行状态。

应用技巧：

1）GX Simulator2 使用方便、功能强大　仿真时可以使用编程软件的各种监控功能，做仿真实验和做硬件实验时用监视功能观察到的现象几乎相同。

2）GX Simulator2 支持 FX3 系列绝大部分的指令，但是不支持中断指令、PID 指令、位置控制指令、与硬件和通信有关的指令。打开某个工程，启动仿真后，执行菜单命令“调试”→“显示模拟不支持的指令”，在弹出的对话框中，将会显示该工程中 GX Simulator2 不支持的指令。

【任务实施】

2-8　电动机起保停控制系统电路设计

2.1.6　电动机起保停控制系统设计

1. I/O 地址分配

根据任务 2.1 的任务描述可知，三相异步电动机起保停控制即单向连续运转控制，其输入分别为起动按钮 SB1、停止按钮 SB2、热继电器触点 FR1；输出为接触器 KM。设定 I/O 地址分配表，见表 2-7。

表 2-7　I/O 地址分配表

输入			输出		
元器件代号	地址号	功能说明	元器件代号	地址号	功能说明
SB1	X1	起动按钮	KM	Y1	电动机控制
SB2	X2	停止按钮			
FR1	X3	过载保护			

2. 硬件接线图设计

根据表 2-7 所示 I/O 地址分配表，在保持主电路不变的前提下，可对硬件接线图进行设计，如图 2-22 所示。

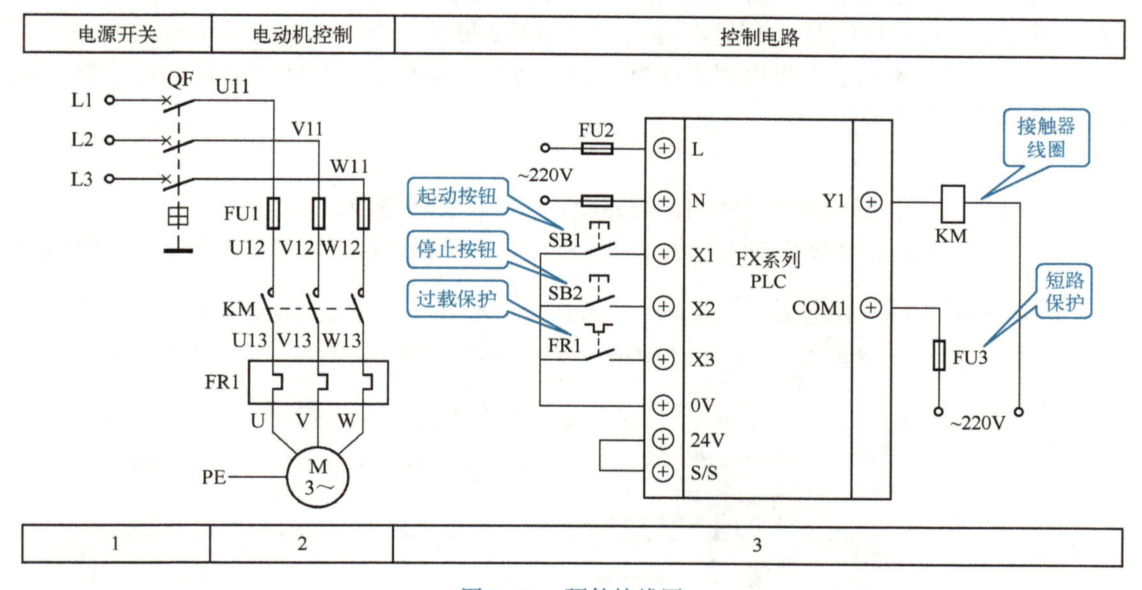

图 2-22　硬件接线图

注意： 1）为了防止在待机状态（或无操作命令）时 PLC 的输入电路长时间通电，从而使能耗增加、PLC 输入单元电路寿命缩短，若无特殊要求一般采用常开触点与 PLC 的输入接线端相连。

2）为了简化外围接线并保持系统稳定，输入端所需的 DC 24 V 可以直接从 PLC 的端子上引用，而输出端的负载交流电源则由用户根据负载容量等参数灵活确定（后续内容类同）。

3. 控制程序设计

根据系统控制要求和 I/O 分配表，设计控制程序梯形图如图 2-23a 所示。其对应的指令语句表如图 2-23b 所示。

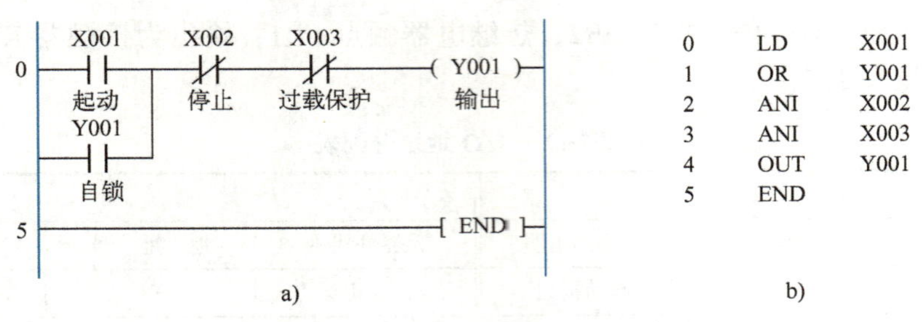

图 2-23　梯形图、指令语句表控制程序

a）梯形图　b）指令语句表

由图 2-22、图 2-23 可知，当按下起动按钮 SB1 时，输入继电器 X001 常开触点闭合，输出继电器 Y001 线圈得电，其主触点闭合，驱动接触器 KM 线圈得电，KM 主触点闭合，电动机 M 起动运转，同时输出继电器 Y001 常开触点闭合实现自锁，电动机连续运转。

当按下停止按钮 SB2 时，输入继电器 X002 常闭触点分断，输出继电器 Y001 线圈失电复位，其主触点分断接触器 KM 线圈电源，KM 主触点断开，电动机 M 停止运转。

当电动机 M 过载时，热继电器 FR1 常开触点闭合，输入继电器 X003 常闭触点分断，从而实现电动机过载保护。

4. 程序调试

1）按照图 2-22 所示硬件接线图接线并检查、确认接线正确。

2）利用 GX-Works2 软件输入、仿真调试程序，分析程序运行结果，如图 2-24 所示。

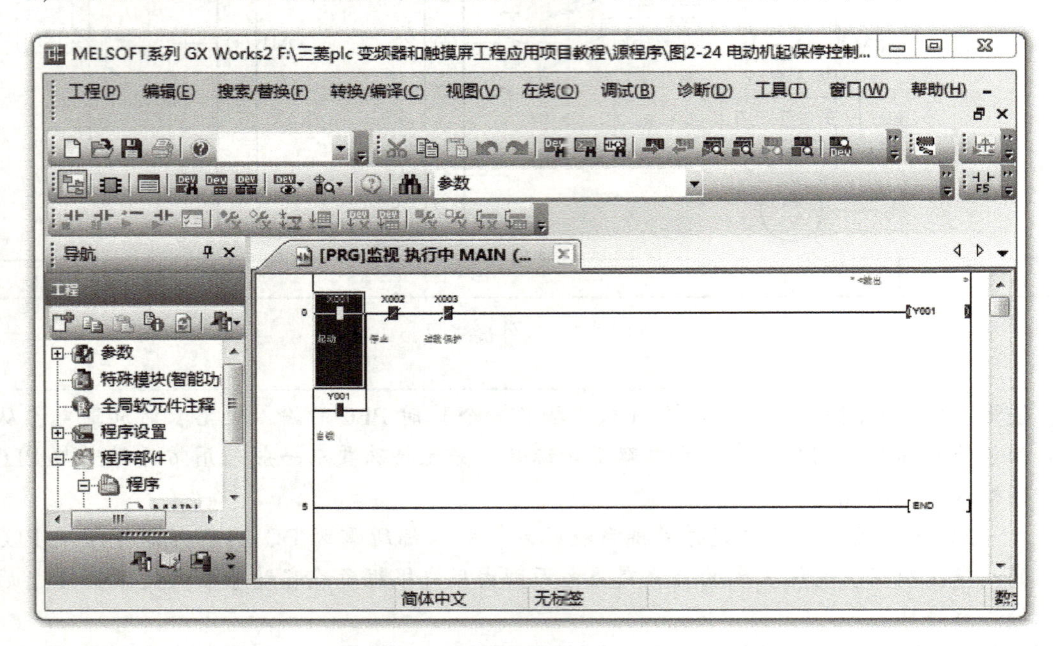

图 2-24　电动机起保停控制程序仿真调试

3）程序符合控制要求后再接通主电路试车，进行系统联机调试，直到最大限度地满足系统控制要求为止。

本任务还可以利用置位指令和复位指令实现控制电路技术改造。其控制程序如图 2-25 所示，与图 2-23 所示控制程序等效（I/O 地址分配表、硬件接线图一致）。

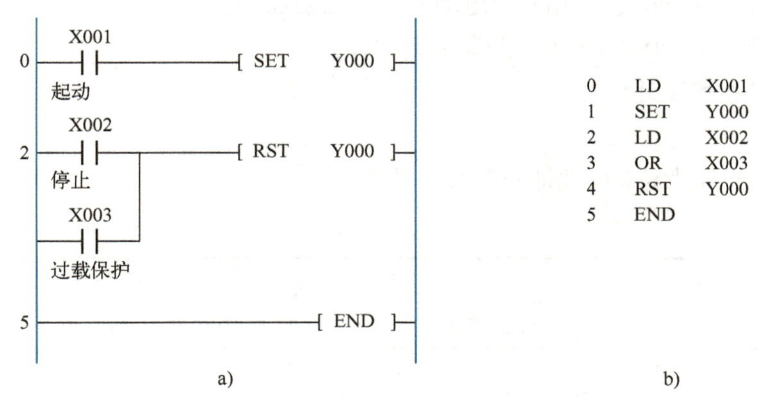

图 2-25　控制电路技术改造后的控制程序
a）梯形图　b）指令语句表

*2.1.7　岗课融通拓展：电动机连续与点动混合控制系统设计

在工程技术中，生产机械除了需要起保停控制，还需要点动控制，如机床调整刀架和对刀、立柱的快速移动、工件位置的调整等。三相异步电动机连续与点动混合电气控制图如图 2-26 所示。分析该电气控制图的控制功能，并用 FX_{3U} 系列 PLC 对该电气控制图进行技术改造。

2-9　电动机连续与点动混合控制系统设计

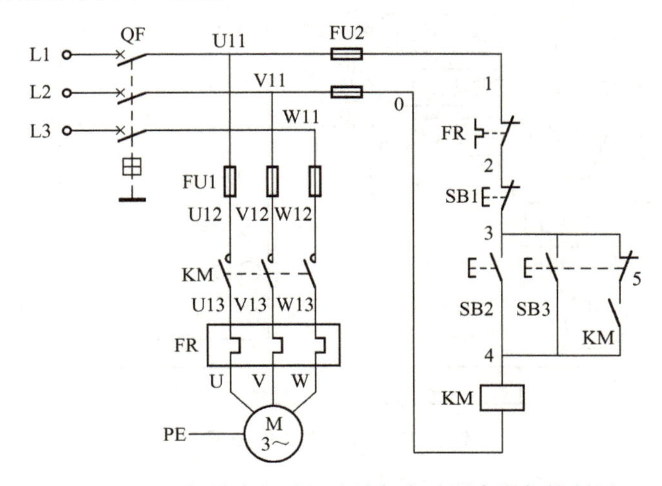

图 2-26　三相异步电动机连续与点动混合电气控制图

1. 控制要求分析

由如图 2-26 所示三相异步电动机连续与点动混合电气控制图工作原理可知，该控制图控制要求如下：

1）按下起动按钮 SB2，三相异步电动机单向连续运行。

2）按下停止按钮 SB1，三相异步电动机停止运转。

3）按住点动按钮 SB3，三相异步电动机实现点动控制。

4）具有短路保护和过载保护等必要保护措施。

2. 控制系统程序设计

（1）I/O 地址分配

根据控制要求，设定 I/O 地址分配表，见表 2-8。

表 2-8　I/O 地址分配表

输入			输出		
元器件代号	地址号	功能说明	元器件代号	地址号	功能说明
SB1	X0	停止按钮	KM	Y0	电动机电源控制
SB2	X1	起动按钮			
SB3	X2	点动控制			

（2）硬件接线图设计

根据表 2-8 所示 I/O 地址分配表，在保持主电路不变的前提下，可对硬件接线图进行设计，如图 2-27 所示。

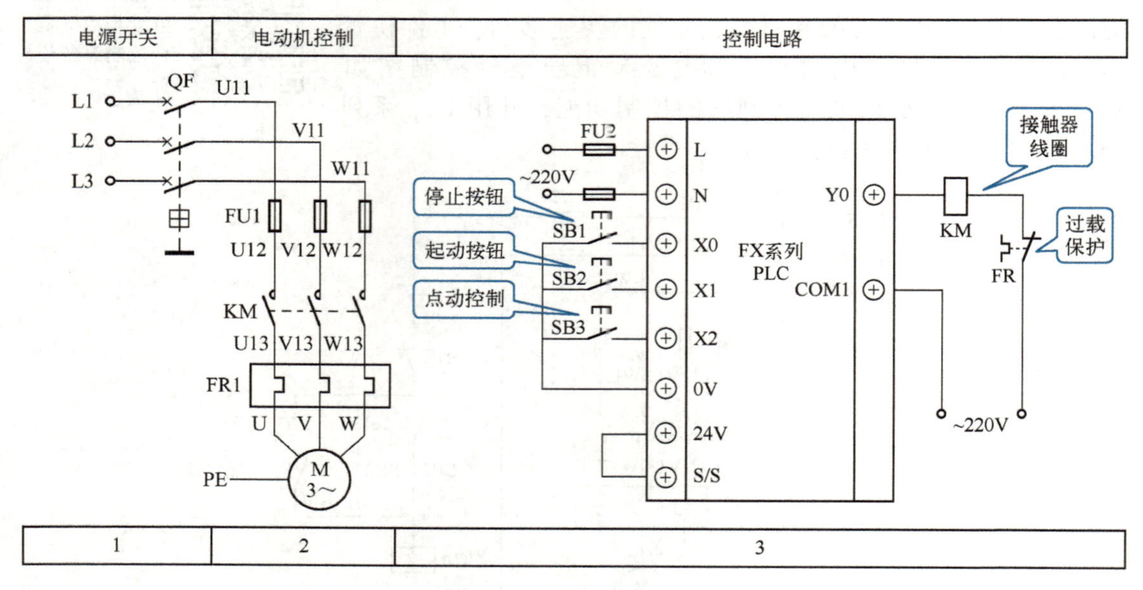

图 2-27　PLC 硬件接线图

（3）控制程序设计

根据控制要求和 I/O 地址分配表，编写控制程序梯形图如图 2-28a 所示，对应的指令语句表如图 2-28b 所示。

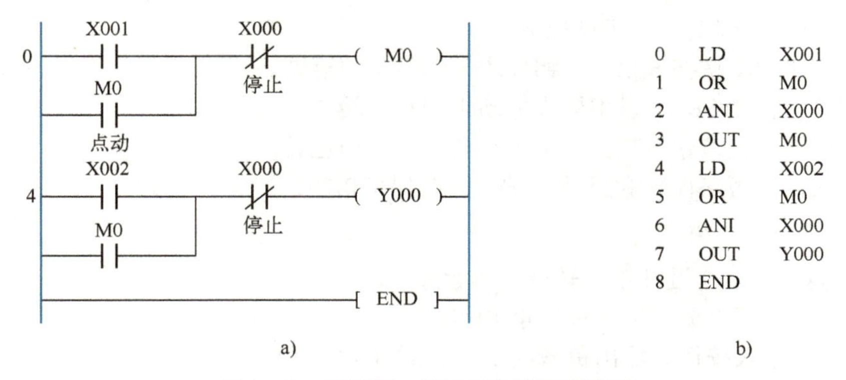

图 2-28　梯形图、指令语句表控制程序

a）梯形图　b）指令语句表

任务 2.2　正反转控制系统设计

[知识目标]

1. 掌握正反转电气控制图控制原理。
2. 掌握三菱 FX_{3U} 系列 PLC 关联基本指令应用技巧。

[能力目标]

1. 能够进行正反转控制系统硬件设计。
2. 能够利用 GX-Works2 编程软件进行正反转梯形图程序设计，并进行仿真调试。
3. 能够进行正反转控制系统输入、输出接线，并利用实训装置进行联机调试。

【任务描述】

某机加工设备采用正反转控制，其电气控制图如图 2-29 所示。用 FX_{3U} 系列 PLC 实现正反转控制功能，完成 PLC 程序的设计与仿真调试、硬件的接线与联机调试。

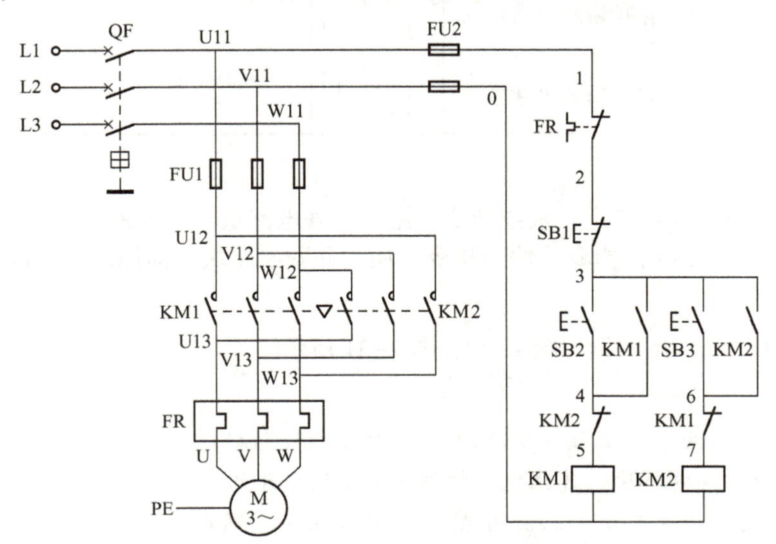

图 2-29　三相异步电动机正反转电气控制图

该正反转电气控制图控制要求如下：

1）按下正转起动按钮 SB2，三相异步电动机正向运转。

2）按下停止按钮 SB1，三相异步电动机停止运转。

3）按下反转起动按钮 SB3，三相异步电动机反向运转。

4）具有联锁、短路保护和过载保护等必要保护措施。

[任务要求]

1. 利用 GX-Works2 设计正反转梯形图程序。
2. 正确连接编程电缆，下载程序至 PLC。
3. 正确连接输入按钮和输出负载（交流接触器）。
4. 仿真、联机调试。

[任务环境]

1. 两人一组，根据工作任务进行合理分工。
2. 每组配备 FX_{3U} 系列 PLC 实训装置一套。
3. 每组配备若干导线、工具等。

[考核评价标准]

任务考核评价标准见表 2-1。

【关联知识】

2.2.1 ORB、ANB 指令

2-10 ORB、ANB 指令

ORB、ANB 指令的指令助记符、名称、功能、梯形图、操作元件和程序步长见表 2-9。

表 2-9 ORB、ANB 指令

助记符	名 称	功 能	梯 形 图	可用软元件	程序步长
ORB	块或	串联电路块的并联	(Y000)	无	1
ANB	块与	并联电路块的串联	(Y000)	无	1

1. 指令功能

1）ORB（Or Block）指令。块或指令，用于串联电路块与上面的触点或电路块并联。

2）ANB（And Block）指令。块与指令，用于并联电路块与前面的触点或电路块串联。

2. 应用实例

ORB、ANB 指令应用实例如图 2-30、图 2-31 所示。

应用技巧：

1）两个或两个以上触点串联的电路称为串联电路块，两个或两个以上触点并联的电路称为并联电路块。建立电路块用 LD 或 LDI 开始。

2）若对每个电路块分别使用 ANB、ORB 指令，则串联或并联电路块的个数没有限制；也可成批使用 ANB、ORB 指令，但成批使用次数限制在 8 次以下。

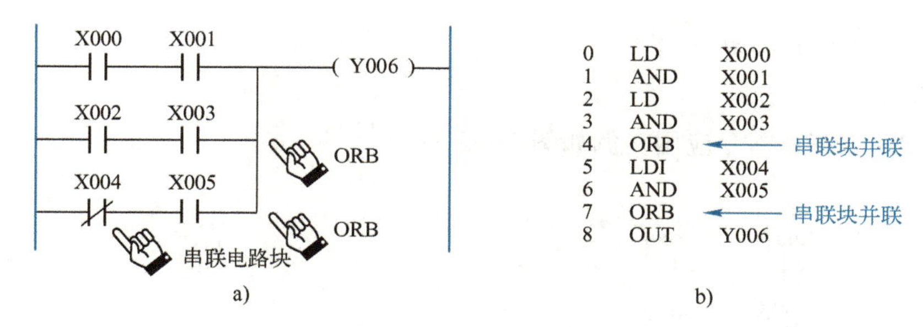

图 2-30　ORB 指令应用实例
a）梯形图　b）指令语句表

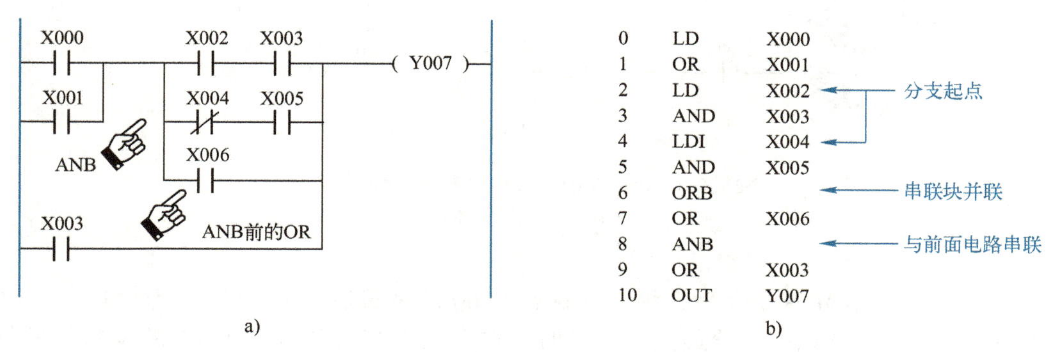

图 2-31　ANB 指令应用实例
a）梯形图　b）指令语句表

2.2.2　MPS、MRD、MPP 指令

多重输出指令 MPS、MRD、MPP 的指令助记符、名称、功能、梯形图及操作元件和程序步长见表 2-10。

表 2-10　MPS、MRD、MPP 指令

助记符	名　称	功　能	梯　形　图	可用软元件	程序步长
MPS	入栈	将运算结果压入堆栈存储器	MPS (Y0)	无	1
MRD	读栈	将堆栈存储器的最上层内容读出来	MRD (Y1)	无	1
MPP	出栈	将堆栈存储器的最上层内容弹出来	MPP (Y2)	无	1

1. 指令功能

1）MPS（Push）指令。入栈指令，将该时刻的运算结果压入堆栈存储器的最上层，堆栈存储器原来存储的数据依次向下自动移一层。

2）MRD（Read）指令。读栈指令，将堆栈存储器中最上层的数据读出。执行 MRD 指令后，堆栈存储器中的数据不发生任何变化。

3）MPP（Pop）指令。出栈指令，将堆栈存储器中最上层的数据取出，堆栈存储器原

来存储的数据依次向上自动移一层。

2. 应用实例

MPS、MRD、MPP 指令应用实例如图 2-32 所示。

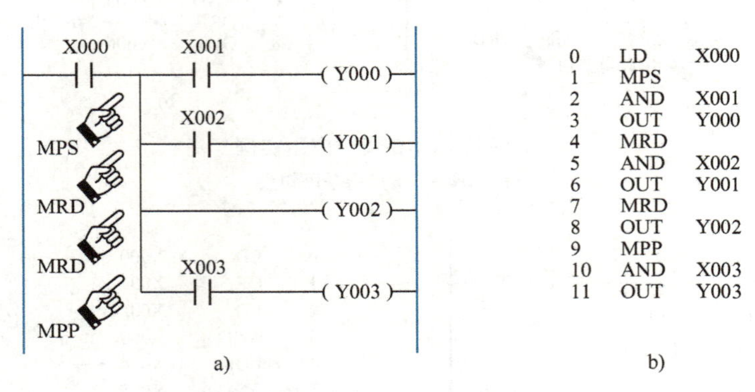

图 2-32 MPS、MRD、MPP 指令应用实例
a）梯形图 b）指令语句表

图 2-32 中，使用 MPS 指令后，将常开触点 X000 的逻辑值（X000 闭合为“1”，X000 分断为“0”）存入到堆栈存储器最上层。同时，这个结果与常开触点 X001 的逻辑值进行“与”逻辑运算，运算结果为“1”时，输出继电器 Y000 被驱动。

第一次执行 MRD 指令时，堆栈存储器最上层内容被读出，与多重输出中第二个逻辑行中触点 X002 的逻辑值进行“与”逻辑运算，其运算结果如果为“1”，输出继电器 Y001 被驱动。第二次执行 MRD 指令时，堆栈存储器第一层内容若为“1”，则直接驱动输出继电器 Y002。

执行 MPP 指令后，将堆栈存储器中第一层内容取出，与多重输出最后一个逻辑行中的触点 X003 的逻辑值进行“与”逻辑运算，如果运算结果为“1”，则驱动输出继电器 Y003。执行这一条指令后，堆栈存储器中数据会向上推移。

应用技巧：

1）编程时，MPS 与 MPP 必须成对出现使用，且连续使用次数最多不能超过 11 次。MRD 指令可根据实际情况决定是否使用。

2）MPS、MRD、MPP 指令只对堆栈存储器的数据进行操作，因此，默认操作元件为堆栈存储器，在使用时无须指定操作元件。

3）在 MPS、MRD、MPP 指令之后若有单个常开（或常闭）触点串联，应使用 AND（或 ANI）指令。

2.2.3 MC、MCR 指令

2-12 MC、MCR 指令

MC、MCR 的指令助记符、名称、功能、梯形图及操作元件和程序步长见表 2-11。

表 2-11　MC、MCR 指令

助记符	名　称	功　能	梯　形　图	可用软元件	程序步长
MC	主控	主控电路块起点	[MC N Y或M]	嵌套级数 N；Y、M	3
MCR	主控复位	主控电路块终点	[MCR N]	嵌套级数 N	2

1. 指令功能

1）MC 指令。主控指令，用于表示主控区的开始，MC 指令只能用于 Y 和 M（不包括特殊辅助继电器）。即执行 MC 指令后，左侧母线（LD 点）移动至主控触点下面。

2）MCR 指令。主控复位指令，用于表示主控区的结束。即执行 MCR 指令后，左侧母线返回至原来的位置。

2. 应用实例

MC、MCR 指令应用实例如图 2-33 所示。其中公共触点 X000 下有两个分支电路：第 2 逻辑行和第 3 逻辑行。其等效电路如图 2-34 所示。

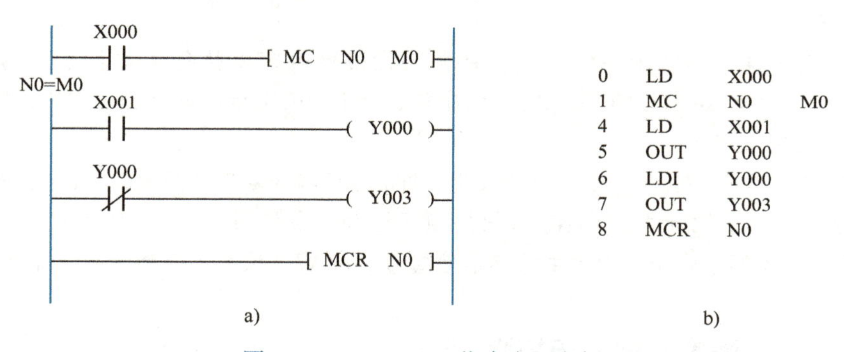

图 2-33　MC、MCR 指令应用实例
a）梯形图　b）指令语句表

图 2-34　等效电路图

图 2-33 中，当公共触点 X000 闭合时，嵌套级数为 N0 的主控指令执行，辅助继电器 M0 常开触点闭合（此时常开触点 M0 称为主控触点，规定主控触点只能画在垂直方向，使它有别于规定只能画在水平方向的普通触点），接入主控电路块。当 PLC 逐行对主控电路块所有逻辑行进行扫描，执行到 MCR N0 指令时，嵌套级数为 N0 的主控指令结束。若公共触点 X000 断开，则主控电路块这一段程序不执行，直接执行 MCR 后面的指令。

图 2-35 所示为利用 MC、MCR 指令构成的二级嵌套主控指令程序。该程序嵌套级数 N 的编号依次顺序增大（N0→N1），返回时用 MCR 指令，从大的嵌套级数开始解除（N1→N0）。

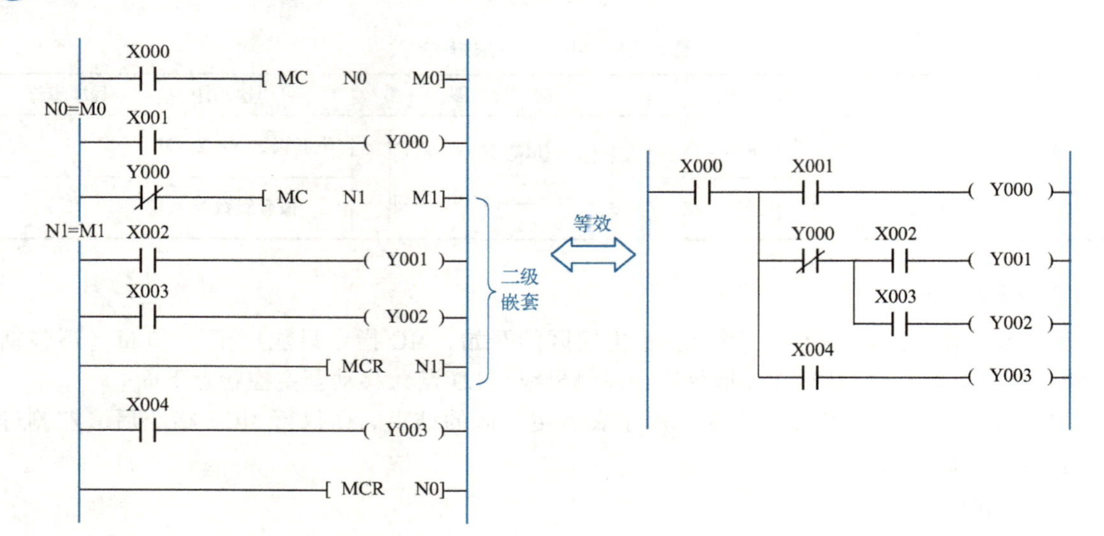

图 2-35 二级嵌套主控指令

应用技巧：

1）主控指令相当于条件分支，符合主控条件时可以执行主控指令后的程序，否则不予执行，直接跳过 MC 和 MCR 程序段，执行 MCR 后面的指令。MCR 指令必须与 MC 指令成对使用。

2）MC 指令与 MCR 指令可嵌套使用，即在 MC 指令后不使用 MCR 指令，而再次使用 MC 指令，此时主控标志 N0~N7 必须按顺序增加，当使用 MCR 指令返回时，主控标志 N0~N7 必须按顺序减小。由于主控标志范围为 N0~N7，故主控嵌套使用不得超过 8 层。

2.2.4 PLC 程序优化技巧初探

在工程技术中，为了简化程序，进行 PLC 程序设计时一般遵循两个优化原则："左重右轻"和"上重下轻"优化原则。所谓的"轻"和"重"是指触点的多少，触点少称为"轻"，触点多称为"重"。

1. "左重右轻"原则

"左重右轻"原则又称为"先并后串"原则，即在有几个并联回路串联时，应将触点最多的支路放在梯形图的最左侧，如图 2-36 所示。

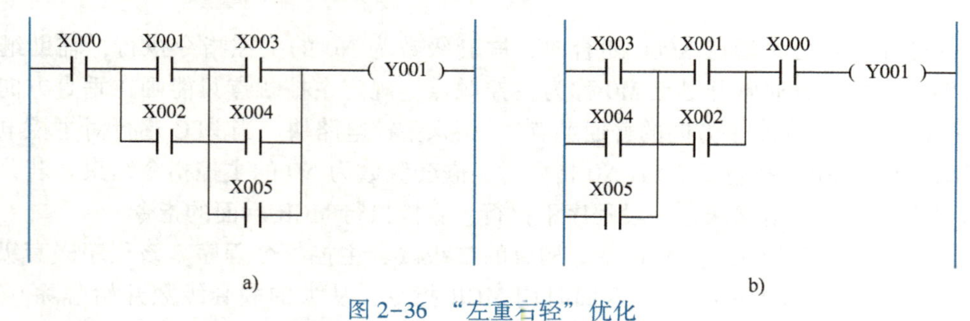

图 2-36 "左重右轻"优化

a）优化前的梯形图 b）优化后的梯形图

2. “上重下轻”原则

“上重下轻”原则又称为“先串后并”原则，即在有几个串联回路并联时，应将触点最多的支路放在梯形图的最上方，如图 2-37 所示。

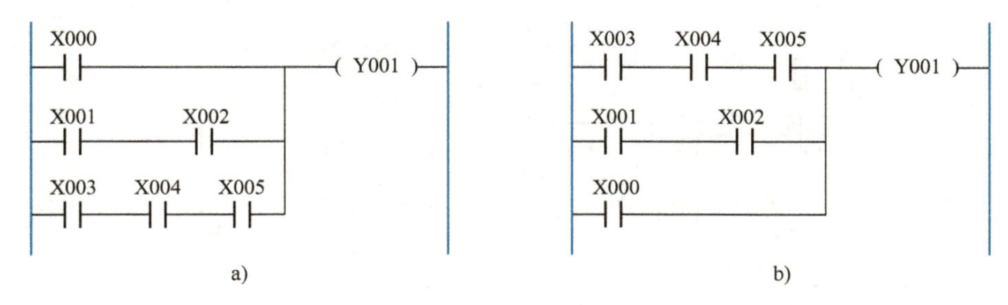

图 2-37 “上重下轻”优化

a）优化前的梯形图　b）优化后的梯形图

【任务实施】

2.2.5　电动机正反转控制系统设计

1. I/O 地址分配

根据任务 2.2 的任务描述可知，三相异步电动机正反转控制输入为正反转起动按钮 SB2、SB3，停止按钮 SB1；输出为接触器 KM1、KM2。设定 I/O 地址分配表，见表 2-12。

表 2-12　I/O 地址分配表

输入			输出		
元器件代号	地址号	功能说明	元器件代号	地址号	功能说明
SB1	X0	停止按钮	KM1	Y0	正转电源控制
SB2	X1	正转起动按钮	KM2	Y1	反转电源控制
SB3	X2	反转起动按钮			

2. 硬件接线图设计

根据表 2-12 所示 I/O 地址分配表，在保持主电路不变的前提下，可对硬件接线图进行设计，如图 2-38 所示。

注意： 1）进行硬件接线图设计时，若输入点数不够，可将热继电器 FR 的常闭触点设置在 PLC 外部的硬件电路中。

2）该项目采用“双重”联锁保护措施，即采用 PLC 外部的硬件联锁电路和梯形图联锁相结合的方式，从而可避免接触器 KM1、KM2 主触点同时闭合而形成严重短路故障。

3. 控制程序设计

根据系统控制要求和 I/O 地址分配表，设计控制程序梯形图如图 2-39a 所示。其对应的指令语句表如图 2-39b 所示。

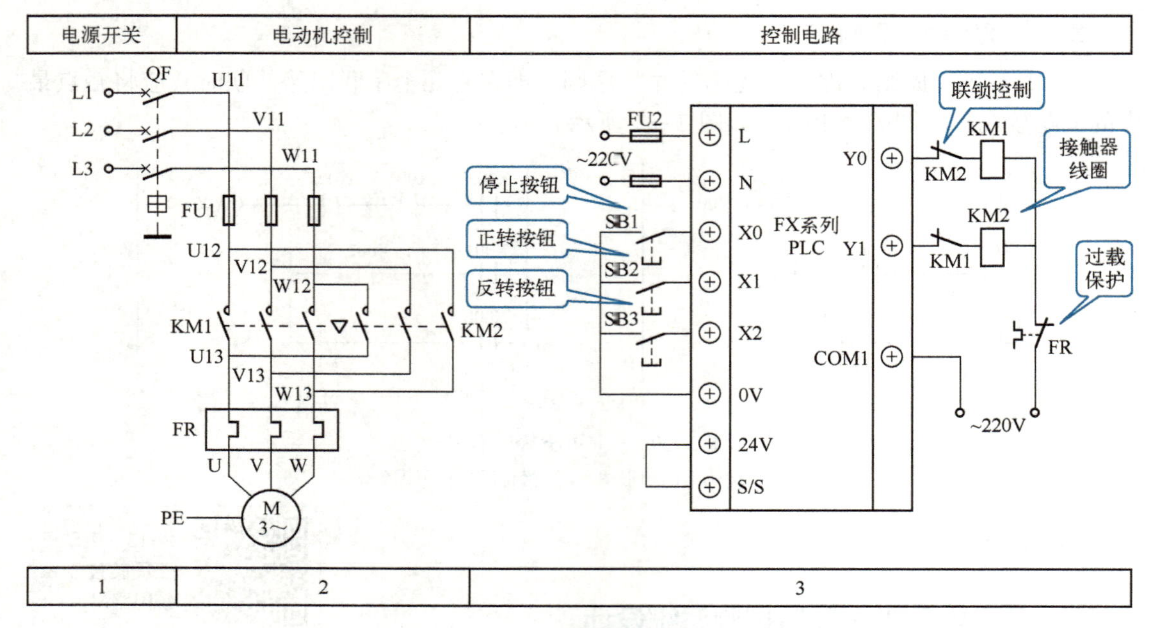

图 2-38　硬件接线图

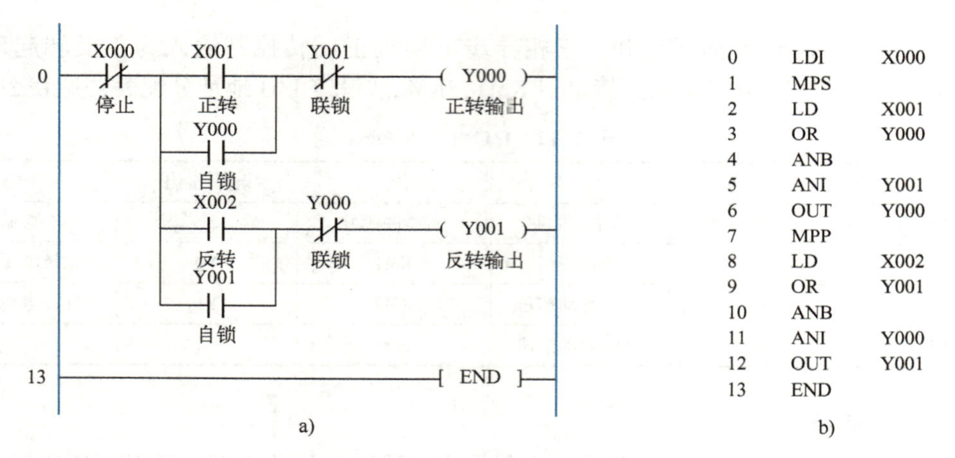


```
0	LDI	X000
1	MPS
2	LD	X001
3	OR	Y000
4	ANB
5	ANI	Y001
6	OUT	Y000
7	MPP
8	LD	X002
9	OR	Y001
10	ANB
11	ANI	Y000
12	OUT	Y001
13	END
```

图 2-39　梯形图、指令语句表控制程序
a）梯形图　b）指令语句表

由图 2-38、图 2-39 可知，当按下按钮 SB2 时，输入继电器 X001 常开触点闭合，输出继电器 Y000 线圈得电，其常开主触点闭合，驱动接触器 KM1 线圈得电，KM1 主触点闭合，电动机 M 正向起动运转，同时输出继电器 Y000 常开触点闭合实现自锁，电动机 M 连续正向运转。

按下按钮 SB1，输入继电器 X000 常闭触点分断，输出继电器 Y000（或 Y001）均复位，外接接触器 KM1（或 KM2）随之复位，电动机停止运转。

按下按钮 SB3，输入继电器 X002 常开触点闭合，输出继电器 Y001 线圈得电，其常开触点闭合实现输出驱动和自锁功能，KM1 主触点闭合，电动机 M 反向起动运转。

当电动机 M 过载时，热继电器 FR 常闭触点分断，外接接触器 KM1（或 KM2）失电复位，可实现过载保护功能。

值得注意的是，为了实现“双重”联锁，除了在程序中引入联锁触点以外，还在 PLC 硬件接线图中引入 KM1、KM2 联锁触点，以保证在电动机运转时，接触器 KM1、KM2 不会同时通电工作。

此外，编写梯形图时如果遵循“左重右轻”“上重下轻”这两个优化原则，那么本任务的梯形图可以不涉及多重输出指令，即将图 2-39a 按“左重右轻”原则优化即可得到不含多重输出指令的梯形图，如图 2-40a 所示。不难发现，如图 2-40b 所示的指令语句表可以看出程序占的步数减少。

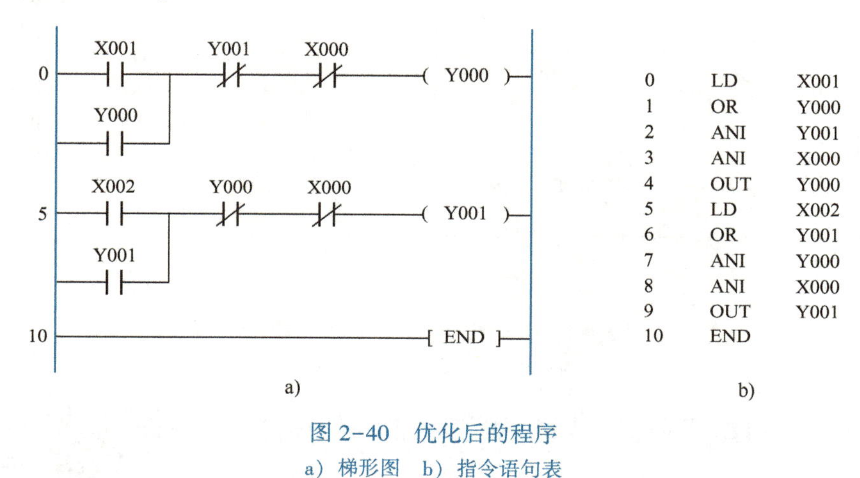

图 2-40　优化后的程序

a）梯形图　b）指令语句表

4. 程序调试

1）按照图 2-38 所示硬件接线图接线并检查、确认接线正确。

2）利用 GX-Works2 软件输入、仿真调试程序，分析程序运行结果，如图 2-41 所示。

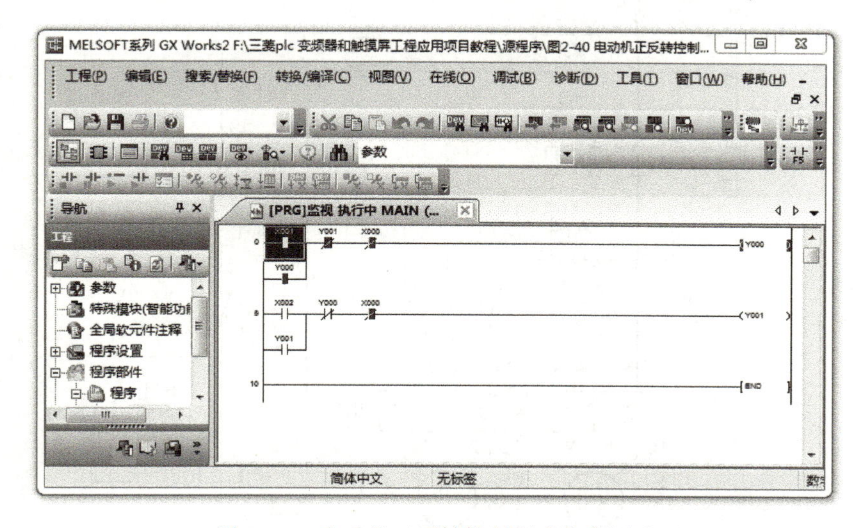

图 2-41　电动机正反转控制程序仿真调试

3）程序符合控制要求后再接通主电路试车，进行系统联机调试，直到最大限度地满足系统控制要求为止。

本任务还可以利用 MC、MCR 指令实现控制巳路技术改造。其控制程序如图 2-42 所示，与图 2-39 所示控制程序等效（I/O 地址分配表、硬件接线图一致）。

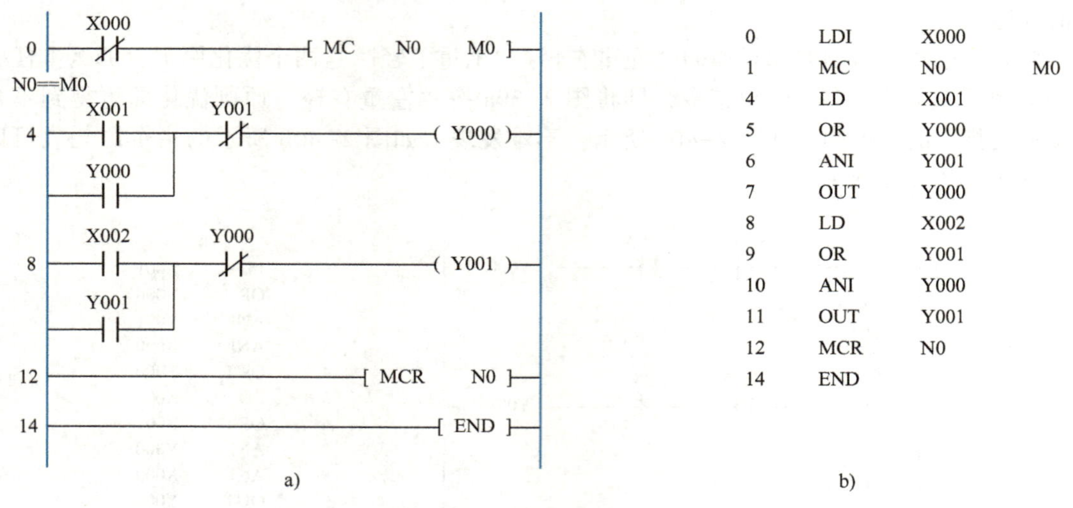

图 2-42　梯形图、指令语句表控制程序

a）梯形图　b）指令语句表

*2.2.6　课证融通拓展：电动机顺序控制系统设计

2-14　电动机顺序控制系统电路设计

在工程技术中，生产机械除了需要单向控制、正反转控制等外，还需要顺序控制。三相异步电动机典型顺序电气控制图如图 2-43 所示。分析该电气控制图的控制功能，并用 FX_{3U} 系列 PLC 对该电气控制图进行技术改造。

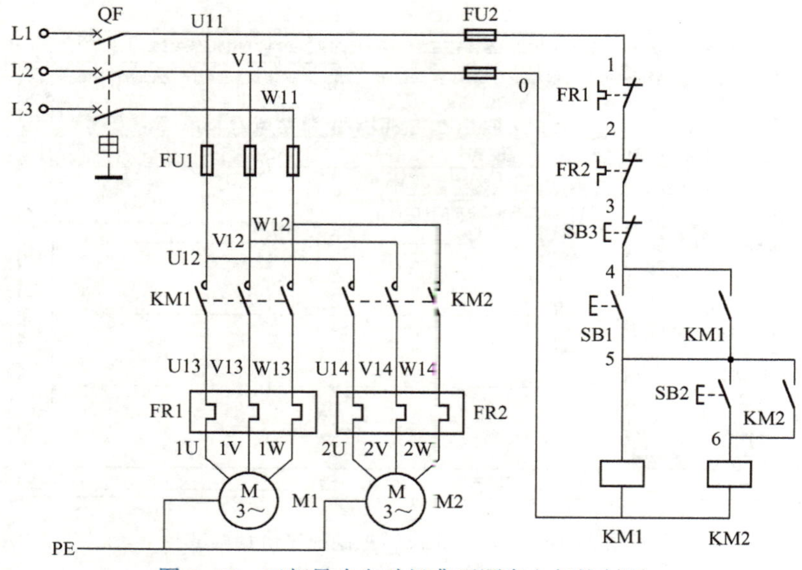

图 2-43　三相异步电动机典型顺序电气控制图

1. 控制要求分析

由如图 2-43 所示三相异步电动机典型顺序电气控制图工作原理可知，该电气控制图控制要求如下。

1）按 M1→M2 顺序起动，即按下起动按钮 SB1，M1 起动后，才能按下起动按钮 SB2，再起动 M2。

2）按下停止按钮 SB3，三相异步电动机 M1、M2 同时停止运转。

3）具有短路保护和过载保护等必要保护措施。

2. 控制系统程序设计

（1）I/O 地址分配

根据控制要求，设定 I/O 地址分配表，见表 2-13。

表 2-13　I/O 地址分配表

输入			输出		
元器件代号	地址号	功能说明	元器件代号	地址号	功能说明
FR1、FR2	X0	过载保护	KM1	Y0	M1 控制
SB1	X1	M1 起动按钮	KM2	Y1	M2 控制
SB2	X2	M2 起动控制			
SB3	X3	停止按钮			

（2）硬件接线图设计

根据表 2-13 所示 I/O 地址分配表，在保持主电路不变的前提下，可对硬件接线图进行设计，如图 2-44 所示。

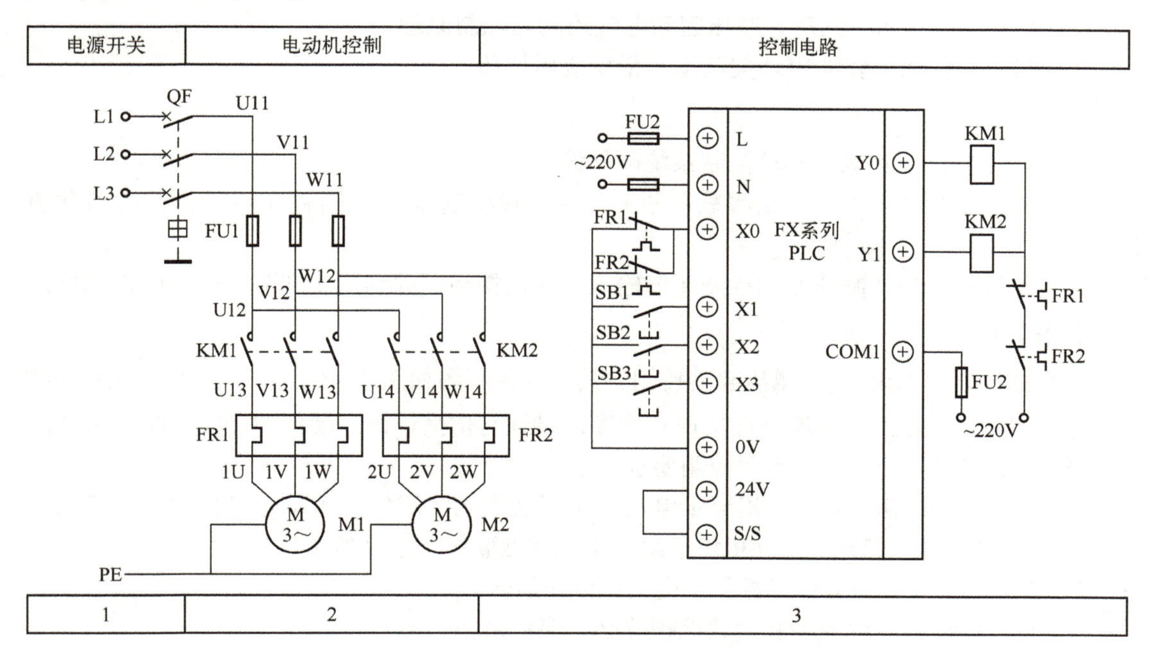

图 2-44　硬件接线图

（3）控制程序设计

根据系统控制要求和 I/O 地址分配表，利用主控指令设计控制程序梯形图如图 2-45a 所示。利用其他基本指令设计的控制梯形图程序如图 2-45b 所示。

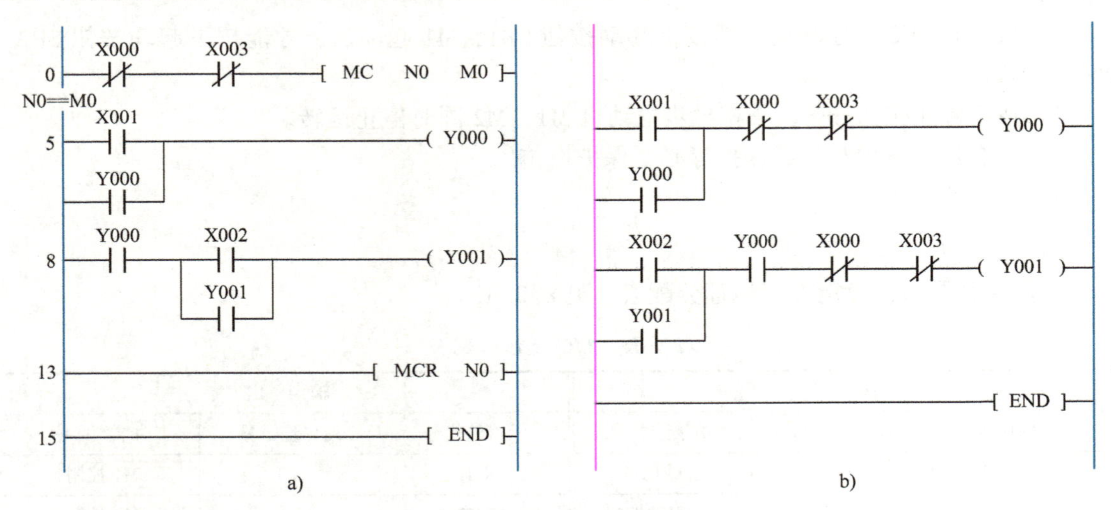

图 2-45　梯形图控制程序

a）方案 1　b）方案 2

任务 2.3　Y-△减压起动控制系统设计

[知识目标]

1. 掌握Y-△（星-三角）减压起动电气控制图控制原理。
2. 掌握三菱 FX_{3U} 系列 PLC 关联基本指令应用技巧。

[能力目标]

1. 能够进行Y-△减压起动控制系统硬件设计。
2. 能够利用 GX-Works2 编程软件进行Y-△减压起动梯形图程序设计，并进行仿真调试。
3. 能够进行Y-△减压起动控制系统输入、输出接线，并利用实训装置进行联机调试。

【任务描述】

某机加工设备采用Y-△减压起动控制，其电气控制图如图 2-46 所示。用 FX_{3U} 系列 PLC 实现Y-△减压起动控制功能，完成 PLC 程序的设计与仿真调试，硬件的接线与联机调试。

该Y-△减压起动电气控制图控制要求如下：

1）按下起动按钮 SB1，三相异步电动机定子绕组为Y联结，电动机减压起动；延时一段时间后，自动将三相异步电动机定子绕组换接成△联结，电动机全压运行。

2）按下停止按钮 SB2，三相异步电动机停止运转。

3）具有联锁、短路保护和过载保护等必要保护措施。

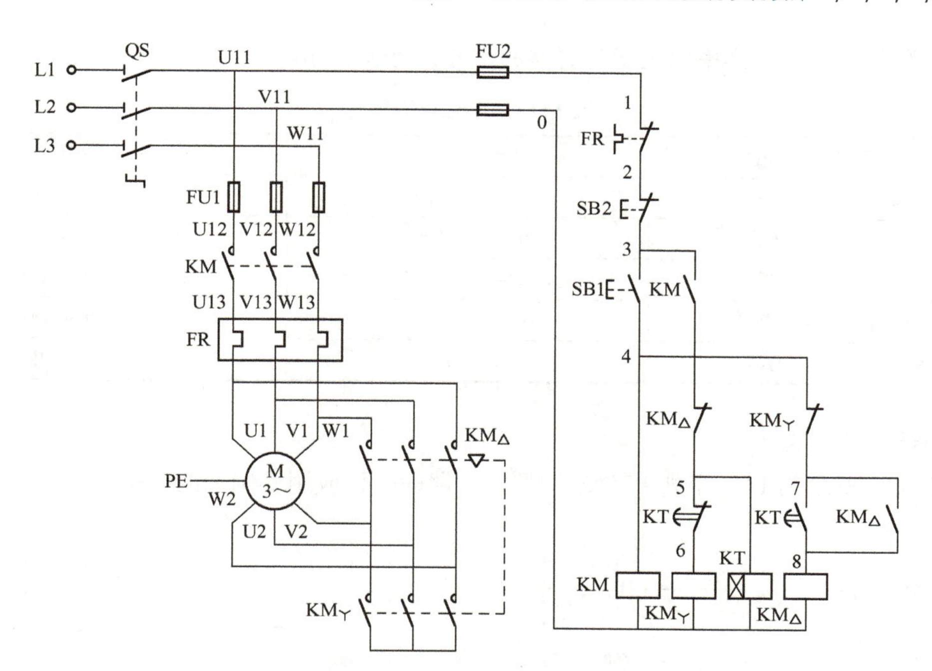

图 2-46　三相异步电动机Y-△减压起动电气控制图

[任务要求]

1. 利用 GX-Works2 设计Y-△减压起动梯形图程序。
2. 正确连接编程电缆，下载程序至 PLC。
3. 正确连接输入按钮和输出负载（交流接触器）。
4. 仿真、联机调试。

[任务环境]

1. 两人一组，根据工作任务进行合理分工。
2. 每组配备 FX_{3U}系列 PLC 实训装置一套。
3. 每组配备若干导线、工具等。

[考核评价标准]

任务考核评价标准见表 2-1。

【关联知识】

2.3.1　定时器（T）

在继电-接触器控制系统中，常用时间继电器实现延时功能，在 PLC 控制系统中则不需要时间继电器，而使用内部软元件定时器（Timer，简称 T）来实现延时功能。定时器就是用加法计算 PLC 中的 1 ms 、10 ms 和 100 ms 等的时间脉冲，当计算结果达到所指定的设定值时，输出触点就动作的软元件。

1. 定时器的分类及分辨率

FX_{3U}系列 PLC 提供了 512 个定时器，定时器编号为 T0~T511。定时器有 1 ms、10 ms 和

100 ms 三种分辨率，分辨率取决于定时器的编号，见表 2-14。

表 2-14 定时器的分类

定时器类型	定时范围/s	定时器编号
100 ms 通用型定时器	0.1~3276.7	200 点，T0~T199
10 ms 通用型定时器	0.01~327.67	46 点，T200~T245
1 ms 通用型定时器	0.001~32.767	256 点，T256~T511
1 ms 累计型定时器	0.001~32.767	4 点，T246~T249
100 ms 累计型定时器	0.1~3276.7	6 点，T250~T255

2. 通用型定时器应用

图 2-47a 所示为 FX_{3U} 系列 PLC 通用型定时器的一种应用实例和波形图。

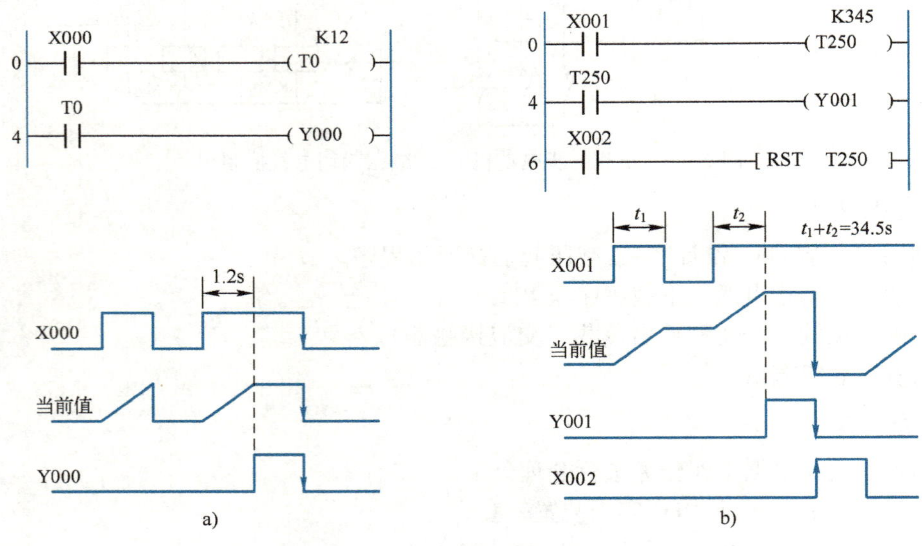

图 2-47 定时器工作原理
a）通用型定时器 b）累计型定时器

图 2-47a 中，当 X000 接通时，T0 的当前值计数器对 100 ms 的时钟脉冲进行累积计数。当该值与设定值 K12 相等时，定时器的输出触点动作，即输出触点是在其线圈被驱动后的 12×100 ms = 1200 ms = 1.2 s 时才动作，当 T0 触点闭合后，Y000 就有输出。当 X000 断开或断电时，定时器 T0 复位，输出触点也复位。

3. 累计型定时器应用

图 2-47b 所示为 FX_{3U} 系列 PLC 累计型定时器的一种应用实例和波形图。

图 2-47b 中，当 X001 接通时，T250 的当前值计数器对 100 ms 的时钟脉冲进行累加计数。当计数过程中 X001 断开或系统断电时，当前值保持。X001 再接通或复电时，计数在原有值的基础上继续进行。当累积时间为 t_1+t_2 = 345×100 ms = 34500 ms = 34.5 s 时，T250 的输出触点动作，驱动 Y001 输出。当 X002 接通时，定时器 T250 复位，其输出触点也复位。

应用技巧：

1）通用型定时器没有断电保持功能，如果想在其线圈通电时能保持一直计数，则需在定时器驱动继电器两端并联一个辅助继电器常开触点，利用辅助继电器的常开触点实现自锁。

2）FX 系列 PLC 没有专门的定时器指令，而是用 OUT 指令实现定时器指令功能，其格式为“OUT T0 K12”。

2.3.2　计数器（C）

2-16　计数器

计数器（Counter，简称 C）用来对 PLC 内部映像寄存器（X、Y、M 和 S）提供的信号计数，计数信号为 ON 或 OFF 的持续时间应大于 PLC 的扫描周期，其响应速度通常小于数十赫兹。FX_{3U}系列 PLC 提供了 235 个计数器，编号为 C0～C234。计数器的类型与软元件号的关系见表 2-15。

表 2-15　计数器的类型与软元件号的关系

计数器类型	计数范围/s	计数器编号
通用型 16 位加计数器	1～32767	100 点，C0～C99
断电保持型 16 位加计数器		100 点，C100～C199
通用型 32 位加/减计数器	-2147483648～+2147483647	20 点，C200～C219
断电保持型 32 位加/减计数器		15 点，C220～C234

1. 16 位加计数器应用

图 2-48a 所示为 FX_{3U}系列 PLC 16 位加计数器的一种应用实例和波形图。

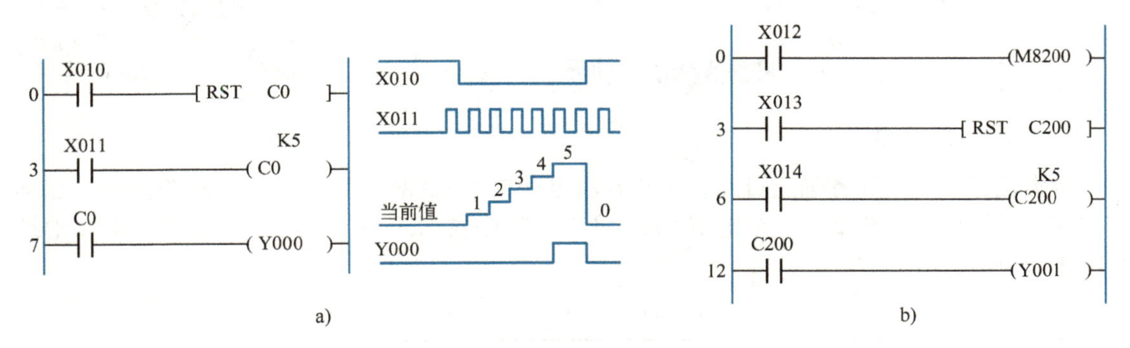

图 2-48　计数器工作原理
a）16 位加计数器　b）32 位加/减计数器

图 2-48a 中，X011 用来提供计数输入信号，当 16 位加计数器的复位输入信号断开，计数输入信号由断开变为接通时（即计数脉冲的上升沿），C0 的当前值加 1。在 5 个计数脉冲之后，C0 的当前值等于设定值 5，其常开触点接通，驱动 Y000 输出。再次计数时其当前值保持不变。16 位加计数器也可以通过数据寄存器来指定设定值。

当 X010 的常开触点接通时，C0 被复位，其常开触点断开，常闭触点接通，计数器的当前值被清零。

2. 32 位加/减计数器应用

32 位加/减计数器 C200~C234 可以用特殊辅助继电器 M8200~M8234 来设定它们的加/减计数方式。即对应特殊辅助继电器为 ON 时，为减计数，反之为加计数，如图 2-48b 所示。

当 32 位加/减计数器的当前值大于或等于设定值 5 时，C200 的常开触点接通，驱动 Y001 输出。同理，利用 RST 指令可对 32 位加/减计数器的当前值进行清零。

32 位加/减计数器的设定值除了可以由常数 K 设定外，还可以用数据寄存器设定，如果指定的是 D0，则设定值存放在 32 位数据寄存器（D1、D0）中。

32 位加/减计数器的当前值在最大值 + 2147483647 时再加 1，将变为最小值 -2147483648。同样，在最小值-2147483648 时再减 1，将变为最大值+2147483647。这种计数器又称为“环形计数器”。

应用技巧：

1）在电源中断或进入 STOP 模式时，计数器停止计数。通用型计数器当前值清零，断电保持型计数器保持当前值不变。电源再次接通或进入 RUN 模式后，断电保持型计数器在保持的当前值基础上连续计数。如果断电或进入 STOP 模式时当前值等于设定值，断电保持型计数器的常开触点接通，重新上电后触点的状态保持不变。

2）FX 系列 PLC 没有专门的计数器指令，而是用 OUT 指令实现计数器指令功能，其格式为“OUT C0 K5”。

3）FX 系列 PLC 除了具有表 2-15 所示 235 个内部信号计数器外，还具有 21 个高速计数器，地址编号为 C235~C255，共用 PLC 的 8 个高速计数器输入端 X0~X7，主要用于对内部信号计数器无能为力的外部高速脉冲进行计数。由于篇幅有限，本书不予介绍。

【任务实施】

2-17 电动机星-三角减压起动控制系统电路设计

2.3.3 电动机Y-△减压起动控制系统设计

1. I/O 地址分配

根据任务 2.3 的任务描述可知，三相异步电动机Y-△减压起动电气控制图输入为起动按钮 SB1、停止按钮 SB2 和热继电器 FR；输出为接触器 KM、KM_{Y}和 $KM_{\triangle}$。设定 I/O 地址分配表，见表 2-16。

表 2-16 I/O 地址分配表

输入			输出		
元器件代号	地址号	功能说明	元器件代号	地址号	功能说明
SB1	X1	起动按钮	KM	Y1	电源控制
SB2	X2	停止按钮	KM_{Y}	Y2	Y联结
FR	X3	过载保护	$KM_{\triangle}$	Y3	△联结

2. 硬件接线图设计

根据表 2-16 所示 I/O 地址分配表，在保持主电路不变的前提下，可对硬件接线图进行设计，如图 2-49 所示。

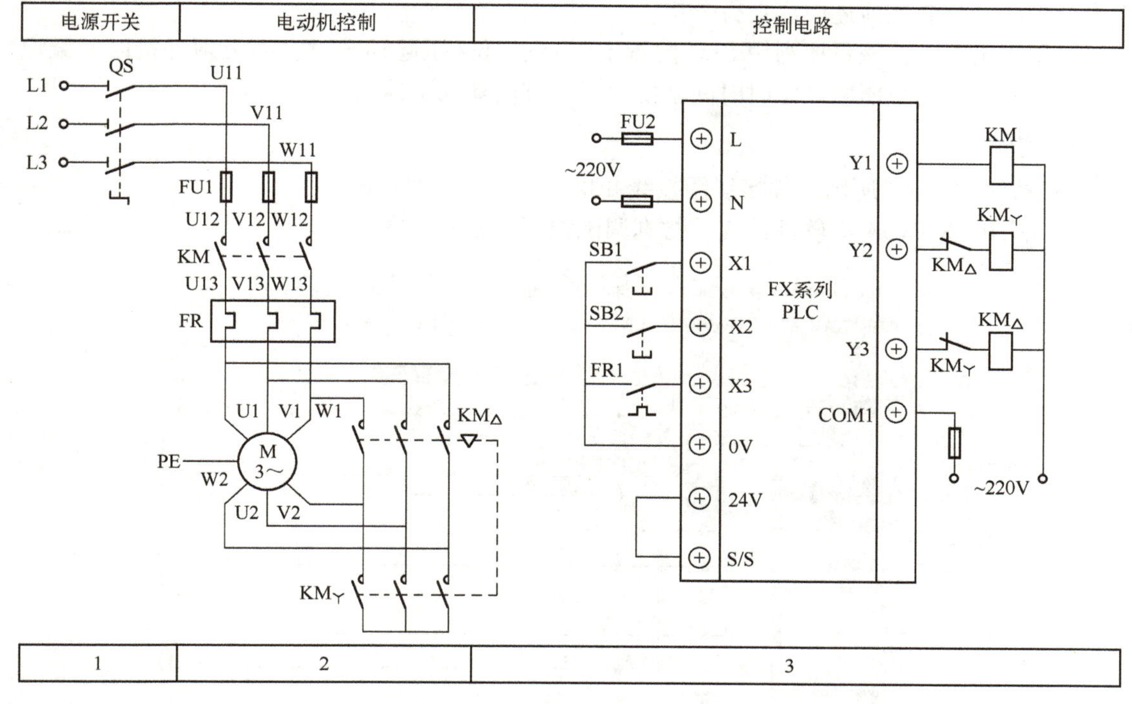

图 2-49　硬件接线图

3. 控制程序设计

根据系统控制要求和 I/O 地址分配表，设计控制程序梯形图如图 2-50a 所示。其对应的指令语句表如图 2-50b 所示。

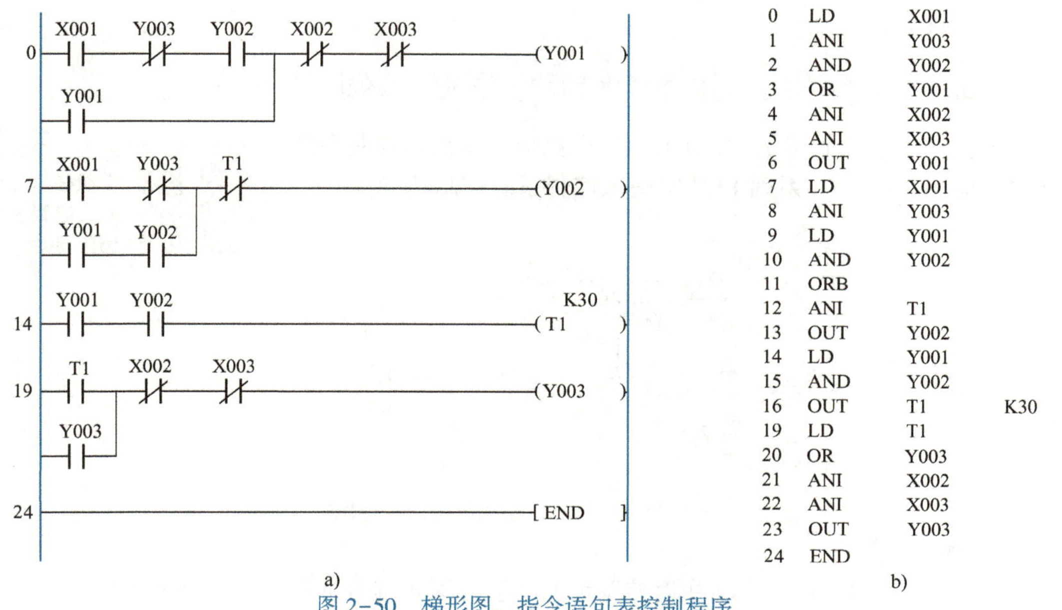

图 2-50　梯形图、指令语句表控制程序

a）梯形图　b）指令语句表

由图 2-49、图 2-50 可知，该程序能实现三相异步电动机Y-△减压起动控制功能，其工作原理读者可参照前述内容自行分析。

需要指出的是，该程序利用 PLC 内置定时器进行减压起动定时，而无须外接时间继电器，一方面可提高减压起动定时时间精度，另一方面降低了控制系统成本。

4. 程序调试

1）按照图 2-49 所示硬件接线图接线并检查、确认接线正确。

2）利用 GX-Works2 软件输入、仿真调试程序，分析程序运行结果，如图 2-51 所示。

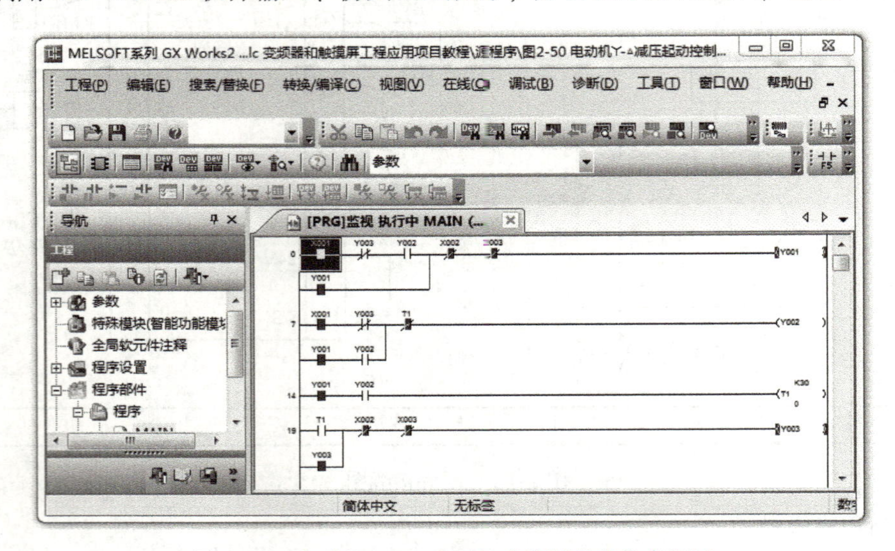

图 2-51　电动机Y-△减压起动控制程序仿真调试

3）程序符合控制要求后再接通主电路试车，进行系统联机调试，直到最大限度地满足系统控制要求为止。

*2.3.4　岗课融通拓展：工作台自动往返控制系统设计

在工程技术中，如图 2-52 所示的生产机械自动往返控制系统得到广泛应用。用 FX_{3U} 系列 PLC 实现该控制系统控制功能。

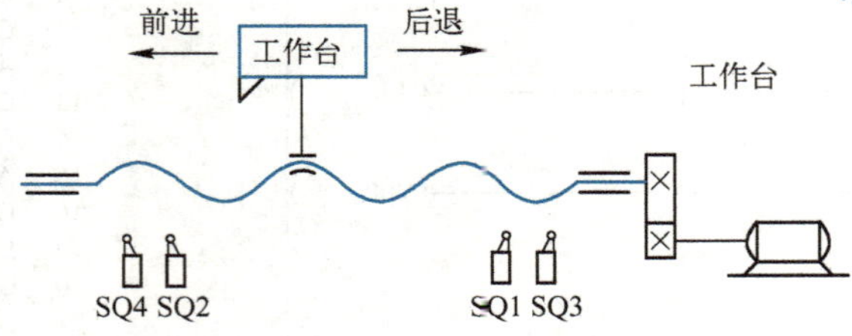

图 2-52　工作台自动往返控制示意图

1. 控制要求分析

对图 2-52 所示工作台自动往返控制示意图进行深入调研可知，其控制要求如下。

1）工作台工作方式有点动控制（供调试用）和自动连续控制两种方式。

2）工作台有单循环与连续循环两种工作状态。工作于单循环状态时，工作台前进、后退一次循环后停在原位；工作于连续循环状态时，工作台由前进变为后退并使撞块压合 SQ1 为一次工作循环，循环 8 次后自动停止在原位。

3）具有短路保护和电动机过载保护等必要的保护措施。

2. 控制系统程序设计

（1）I/O 地址分配

根据控制要求，设定 I/O 地址分配表，见表 2-17。

表 2-17　I/O 地址分配表

输入			输出		
元器件代号	地址号	功能说明	元器件代号	地址号	功能说明
SA1	X0	点动/自动选择开关	KM1	Y0	交流接触器（控制正转）
SB1	X1	停止按钮	KM2	Y1	交流接触器（控制反转）
SB2	X2	正转起动按钮			
SB3	X3	反转起动按钮			
SA2	X4	单循环/连续循环选择开关			
SQ1	X5	行程开关			
SQ2	X6	行程开关			
SQ3	X7	行程开关			
SQ4	X10	行程开关			

（2）硬件接线图设计

根据表 2-17 所示 I/O 地址分配表，可对控制系统硬件接线图进行设计，如图 2-53 所示。

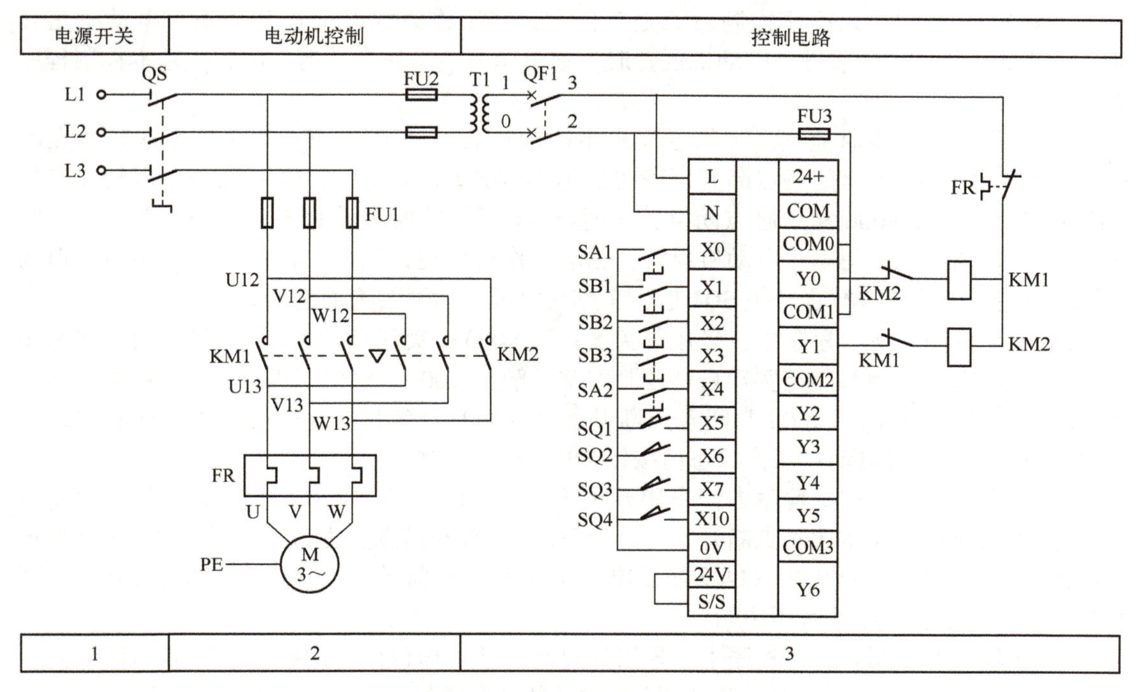

图 2-53　硬件接线图

（3）控制程序设计

根据系统控制要求和 I/O 地址分配表，设计控制程序梯形图如图 2-54a 所示。其对应的指令语句表如图 2-54b 所示。

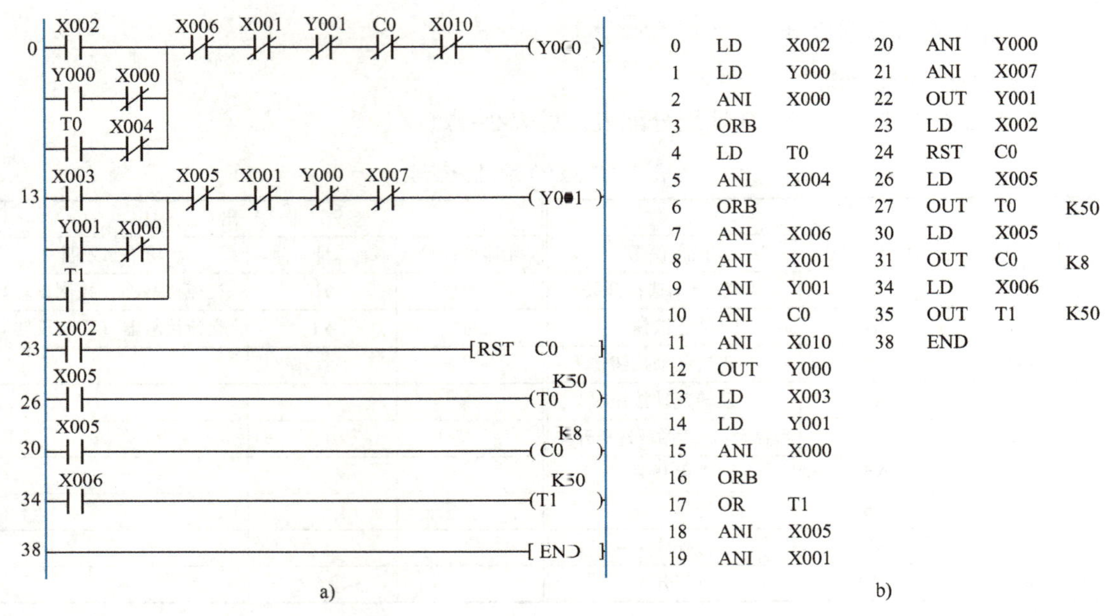

步	指令	操作数		步	指令	操作数	
0	LD	X002		20	ANI	Y000	
1	LD	Y000		21	ANI	X007	
2	ANI	X000		22	OUT	Y001	
3	ORB			23	LD	X002	
4	LD	T0		24	RST	C0	
5	ANI	X004		26	LD	X005	
6	ORB			27	OUT	T0	K50
7	ANI	X006		30	LD	X005	
8	ANI	X001		31	OUT	C0	K8
9	ANI	Y001		34	LD	X006	
10	ANI	C0		35	OUT	T1	K50
11	ANI	X010		38	END		
12	OUT	Y000					
13	LD	X003					
14	LD	Y001					
15	ANI	X000					
16	ORB						
17	OR	T1					
18	ANI	X005					
19	ANI	X001					

图 2-54 梯形图、指令语句表控制程序
a）梯形图 b）指令语句表

由图 2-54 可知，该程序控制对象是工作台，其工作方式有前进和后退。电动机正转时，通过丝杠使工作台前进；电动机反转时，通过丝杠使工作台后退。因此，基本控制程序是正反转控制程序。

1）工作台自动往返控制。工作台前进中撞块压合行程开关 SQ2 后，SQ2 常开触点闭合，输入继电器 X006 常闭触点断开，输出继电器 Y000 失电复位，电动机停止运转，工作台停止前进。同时 X006 常开触点闭合，定时器 T1 开始计时，计时 5 s 后，T1 常开触点闭合，输出继电器 Y001 得电，电动机反转，驱动工作台后退，完成工作台由前进转为后退的动作。同理，撞块压合行程开关 SQ1 后，工作台完成由后退转为前进的动作。

2）点动控制。在本程序中，采用开关 SA1（X000）实现点动/自动控制转换，即利用输入继电器 X000 常闭触点与实现自锁控制的常开触点 Y000、Y001 串联，实现点动/自动控制的选择。SA1 闭合时，X000 常闭触点断开，使 Y000、Y001 失去自锁功能，从而实现系统的点动控制。此时电动机工作状态由按钮 SB2、SB3 控制。

3）单循环控制。在本程序中，采用开关 SA2（X004）实现单循环控制。当 SA2 闭合时，输入继电器 X004 常闭触点断开，与其串联的 T0 常开触点失去作用，即在 T0 常开触点闭合后，输出继电器 Y000 线圈也不能得电，工作台不能前进。当 SA2 断开时，X004 常闭触点复位，程序实现连续循环功能。

4）循环计数控制。在本程序中，采用计数器累计工作台循环次数，计数器的计数输入信号由 X005（SQ1）提供。梯形图中 X002 为计数器驱动输入条件，X002 闭合时计数器 C0

清零，为计数循环次数做准备。SQ1 被压合 8 次后，X005 就通断 8 次，则 C0 就有 8 个计数脉冲输入，其常闭触点断开，输出继电器 Y000 线圈失电，工作台停在原位。

5）保护环节控制。工作台自动往返控制必须设置限位保护，SQ3、SQ4 分别为后退和前进方向的限位保护极限开关。当 SQ4 被压合后，X010 常闭触点断开，Y000 常开触点复位断开，工作台停止前进，实现限位保护功能。同理，压合 SQ3 后可实现后退限位保护功能。

任务 2.4 绕线转子异步电动机串转子电阻减压起动控制系统设计

[知识目标]

1. 掌握绕线转子异步电动机串转子电阻减压起动电气控制图控制原理。
2. 掌握三菱 FX_{3U} 系列 PLC 关联基本指令应用技巧。

[能力目标]

1. 能够进行绕线转子异步电动机串转子电阻减压起动控制系统硬件设计。
2. 能够利用 GX-Works2 编程软件进行绕线转子异步电动机串转子电阻减压起动梯形图程序设计，并进行仿真调试。
3. 能够进行绕线转子异步电动机串转子电阻减压起动控制系统输入、输出接线，并利用实训装置进行联机调试。

【任务描述】

某机加工设备采用绕线转子异步电动机进行驱动，由于功率较大，需要采取串转子电阻减压起动，其电气控制图如图 2-55 所示。用 FX_{3U} 系列 PLC 实现串转子电阻减压起动控制功能，完成 PLC 程序的设计与仿真调试，硬件的接线与联机调试。

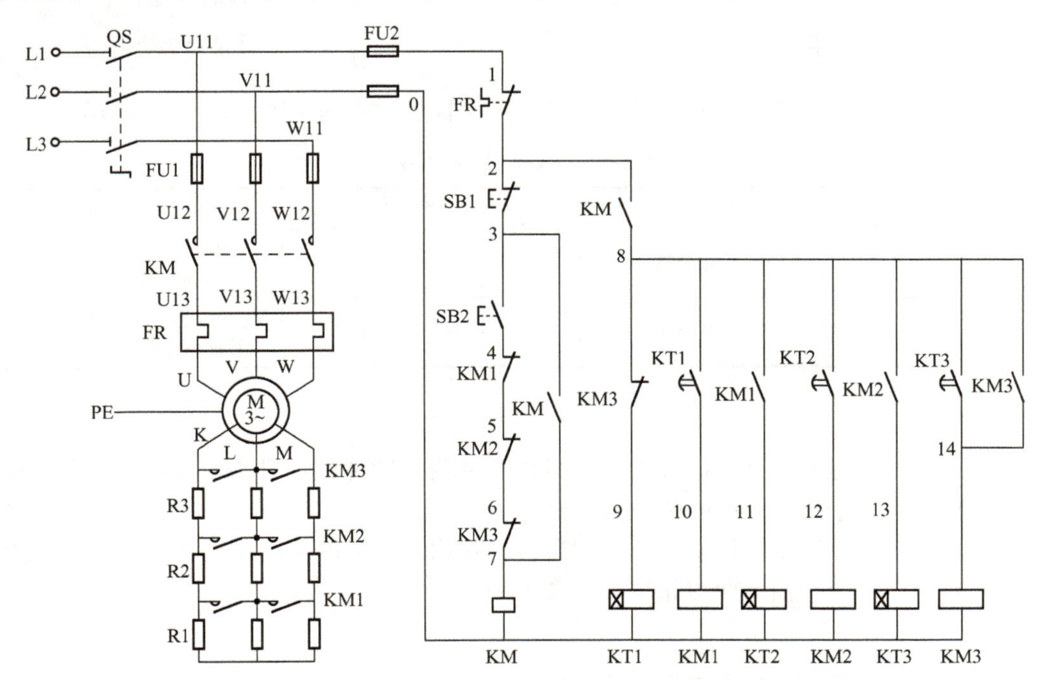

图 2-55　绕线转子异步电动机串转子电阻减压起动电气控制图

该串转子电阻减压起动电气控制图控制要求如下：

1）按下起动按钮 SB2，绕线转子异步电动机 M 串联电阻器 R1、R2、R3 减压起动运转。

2）经过时间 T1，接触器 KM1 得电工作，切除电阻器 R1，电动机转速加快；经过时间 T2，接触器 KM2 得电工作，切除电阻器 R2，电动机转速进一步加快；经过时间 T3，接触器 KM3 得电工作，切除电阻器 R3，电动机按额定转速运转，完成串电阻起动过程。

3）按下停止按钮 SB1，绕线转子异步电动机停止运转。

4）具有短路保护和过载保护等必要保护措施。

[任务要求]

1. 利用 GX-Works2 设计绕线转子异步电动机串转子电阻减压起动梯形图程序。
2. 正确连接编程电缆，下载程序至 PLC。
3. 正确连接输入按钮和输出负载（交流接触器）。
4. 仿真、联机调试。

[任务环境]

1. 两人一组，根据工作任务进行合理分工。
2. 每组配备 FX_{3U}系列 PLC 实训装置一套。
3. 每组配备若干导线、工具等。

[考核评价标准]

任务考核评价标准见表 2-1。

【关联知识】

2-19 PLS、PLF 指令

2.4.1 PLS、PLF 指令

PLS、PLF 指令助记符、名称、功能、梯形图及操作元件和程序步长见表 2-18。

表 2-18 PLS、PLF 指令

助记符	名　称	功　能	梯　形　图	可用软元件	程序步长
PLS	上升沿微分	上升沿微分输出	─┤├──[PLS M0]	Y、M（不含特殊辅助继电器）	2
PLF	下降沿微分	下降沿微分输出	─┤├──[PLF M1]	Y、M（不含特殊辅助继电器）	2

1. 指令功能

1）PLS 指令。脉冲上升沿微分指令，当检测到输入脉冲的上升沿时，PLS 指令的操作元件 Y 或 M 产生一个扫描周期的脉冲信号输出。

2）PLF 指令。脉冲下降沿微分指令，当检测到输入脉冲的下降沿时，PLF 指令的操作元件 Y 或 M 产生一个扫描周期的脉冲信号输出。

2. 应用实例

PLS、PLF 指令的应用实例如图 2-56 所示。

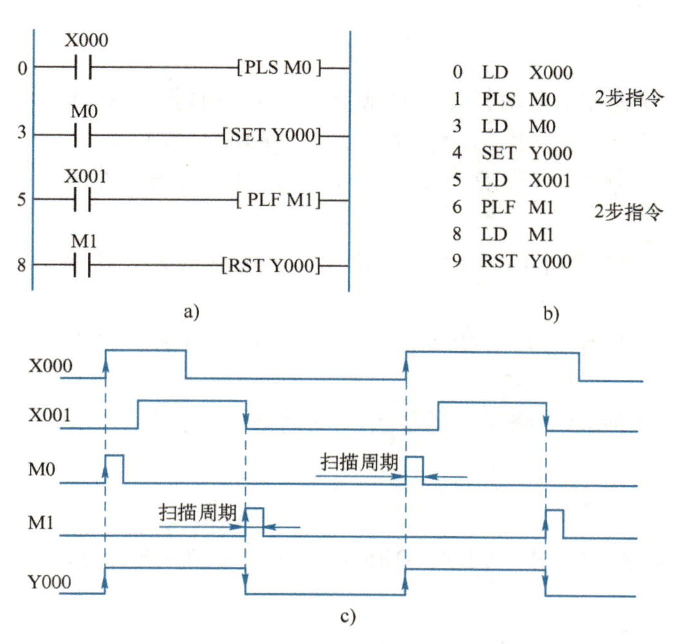

图 2-56　PLS、PLF 指令应用实例

a）梯形图　b）指令语句表　c）波形图

由图2-56可见，PLS在输入信号X000的上升沿产生一个扫描周期的脉冲输出，PLF在输入信号X001的下降沿产生一个扫描周期的脉冲输出。当X000由OFF→ON时，M0闭合一个扫描周期，通过SET指令使Y000线圈通电，其主触点闭合，即使X000断开，因为SET指令置位作用，Y000仍然保持通电状态。当X001闭合时，M1并不通电。只有X001由ON→OFF时，此时PLF指令使M1闭合一个扫描周期，M1的常开触点闭合，通过RST指令使Y000复位，即Y000断电，其主触点断开。

2.4.2　LDP、LDF、ANDP、ANDF、ORP、ORF 指令

2-20　LDP、LDF、ANDP、ANDF、ORP、ORF 指令

脉冲式触点指令LDP、LDF、ANDP、ANDF、ORP、ORF的助记符、名称、功能、梯形图及操作元件和程序步长见表2-19。

表 2-19　LDP、LDF、ANDP、ANDF、ORP、ORF 指令

助记符	名　称	功　能	梯　形　图	可用软元件	程序步长
LDP	取脉冲上升沿	脉冲上升沿逻辑运算开始	(Y0)	X、Y、M、S、T、C	2
LDF	取脉冲下降沿	脉冲下降沿逻辑运算开始	(Y0)	X、Y、M、S、T、C	2
ANDP	与脉冲上升沿	脉冲上升沿串联	(Y0)	X、Y、M、S、T、C	2
ANDF	与脉冲下降沿	脉冲下降沿串联	(Y0)	X、Y、M、S、T、C	2
ORP	或脉冲上升沿	脉冲上升沿并联	(Y0)	X、Y、M、S、T、C	2
ORF	或脉冲下降沿	脉冲下降沿并联	(Y0)	X、Y、M、S、T、C	2

1. 指令功能

1）LDP 指令。取脉冲上升沿指令，将触点（上升沿有效）接到左母线上。

2）LDF 指令。取脉冲下降沿指令，将触点（下降沿有效）接到左母线上。

3）ANDP 指令。与脉冲上升沿指令，用于一个触点与另一个触点（上升沿有效）的串联。

4）ANDF 指令。与脉冲下降沿指令，用于一个触点与另一个触点（下降沿有效）的串联。

5）ORP 指令。或脉冲上升沿指令，用于一个触点与另一个触点（上升沿有效）的并联。

6）ORF 指令。或脉冲下降沿指令，用于一个触点与另一个触点（下降沿有效）的并联。

2. 应用实例

LDP、LDF、ANDP、ANDF、ORP、ORF 指令应用实例如图 2-57 所示。

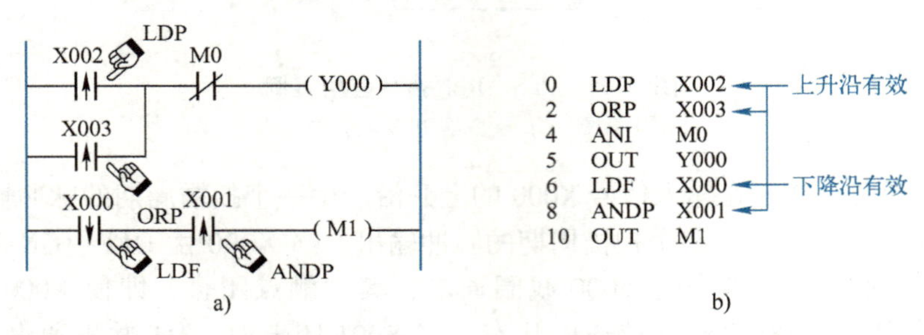

图 2-57 LDP、LDF、ANDP、ANDF、ORP、ORF 指令应用实例
a）梯形图 b）指令语句表

图 2-57 中，在 X002 或 X003 的上升沿，Y000 有输出，且接通一个扫描周期。对于 M1 输出，仅当 X000 的下降沿和 X001 的上升沿同时到达时，M1 输出一个扫描周期。

必须指出的是，图中的一个扫描周期是为了分析问题而被放大了的，实际工作中几乎看不到，是一个极其短暂的瞬间。

应用技巧：

1）LDP、ANDP、ORP 指令用来进行上升沿检测，仅在指定位软元件的上升沿时（OFF→ON），输出软元件得电一个扫描周期 T 之后失电，又称为上升沿微分指令。

2）LDF、ANDF、ORF 指令用来进行下降沿检测，仅在指定位软元件的下降沿时（ON→OFF），输出软元件得电一个扫描周期 T 之后失电，又称为下降沿微分指令。

3）FX_{3U} 系列 PLC 共有 27 条基本指令，除本书重点介绍的常用指令以外，尚有 NOP（空操作）、INV（取反）等不常用指令，读者可自行学习。

【任务实施】

2.4.3　减压起动控制系统设计

1. I/O 地址分配

根据任务 2.4 的任务描述可知，绕线转子异步电动机串转子电阻减压起动控制系统输入为起动按钮 SB2、停止按钮 SB1 和热继电器 FR；输出为接触器 KM、KM1～KM3。设定 I/O 地址分配表，见表 2-20。

表 2-20　I/O 地址分配表

输　入			输　出		
元器件代号	地　址　号	功能说明	元器件代号	地　址　号	功能说明
FR	X1	过载保护	KM	Y1	电源控制
SB1	X2	停止按钮	KM1	Y2	切除电阻器 R1 接触器
SB2	X3	起动按钮	KM2	Y3	切除电阻器 R2 接触器
			KM3	Y4	切除电阻器 R3 接触器

2. 硬件接线图设计

根据表 2-20 所示 I/O 地址分配表，在保持主电路不变的前提下，可对硬件接线图进行设计，如图 2-58 所示。

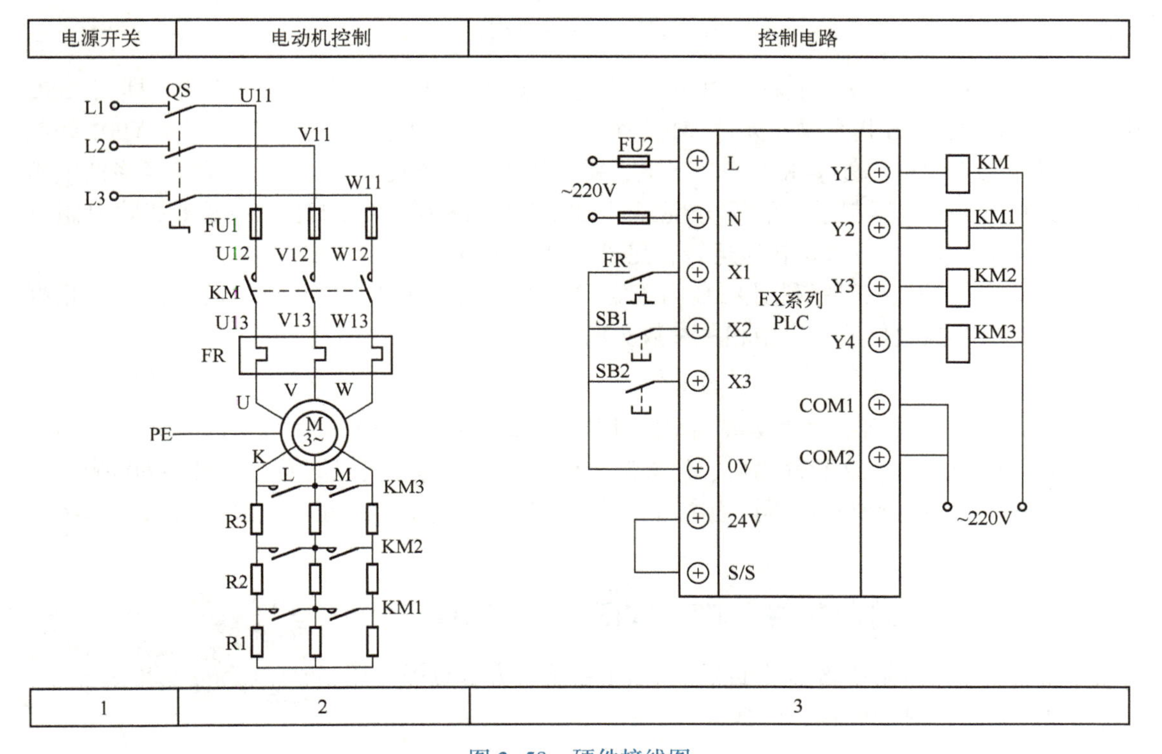

图 2-58　硬件接线图

3. 控制程序设计

根据系统控制要求和 I/O 地址分配表，设计控制程序梯形图如图 2-59a 所示。其对应的指令语句表如图 2-59b 所示。

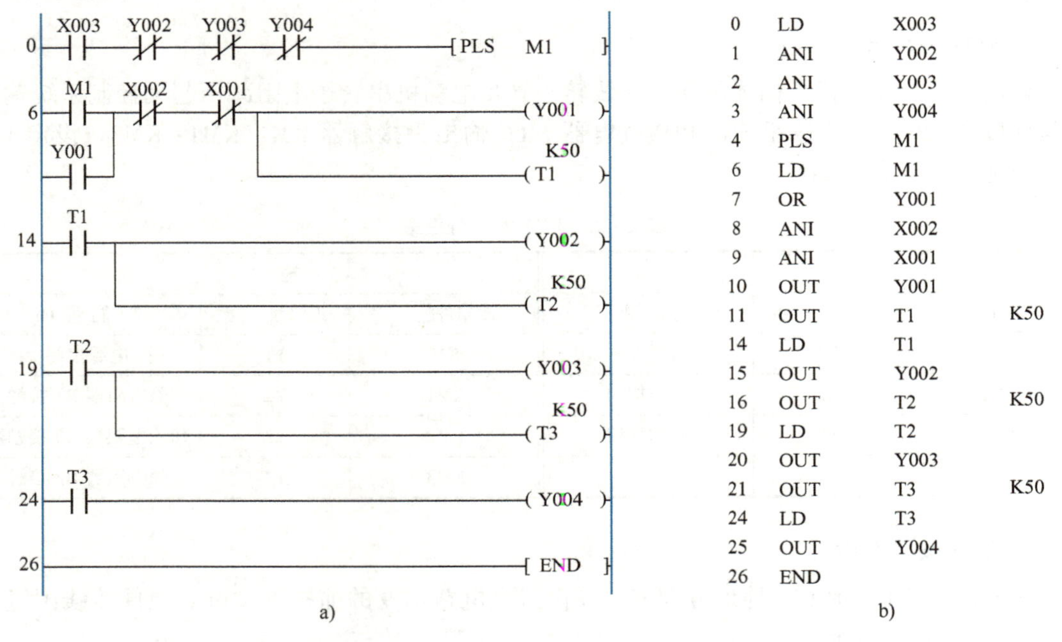

图 2-59 梯形图、指令语句表控制程序
a）梯形图 b）指令语句表

由图 2-59 可见，该程序采用 PLS 指令对输入脉冲 X003 的上升沿进行检测，即当 X003 由 OFF→ON 时，PLS 指令操作元件 M1 产生一个扫描周期的脉冲信号输出，驱动 Y001 线圈通电，其主触点闭合使外接 KM 线圈得电，KM 主触点闭合使电动机 M 串联三级降低电阻 R1、R2、R3 实现减压起动，然后分别经过 T1、T2、T3 设定时间延时，逐步切除电阻器 R1、R2、R3，电动机按额定转速运转，完成串电阻起动过程。

需要指出的是，该程序利用 PLC 内置定时器进行减压起动计时，计时时间调整可根据电动机功率大小通过修改程序中相关参数实现。

4. 程序调试

1）按照图 2-58 所示硬件接线图接线并检查、确认接线正确。

2）利用 GX-Works2 软件输入、仿真调试程序，分析程序运行结果，如图 2-60 所示。

3）程序符合控制要求后再接通主电路试车，进行系统联机调试，直到最大限度地满足系统控制要求为止。

*2.4.4 课赛融通拓展：车库自动开关门控制系统设计

2-22 车库自动开关门控制器设计

图 2-61 所示为某小区车库自动开关门控制系统示意图。用 FX_{3U} 系列 PLC 对该控制器进行设计。

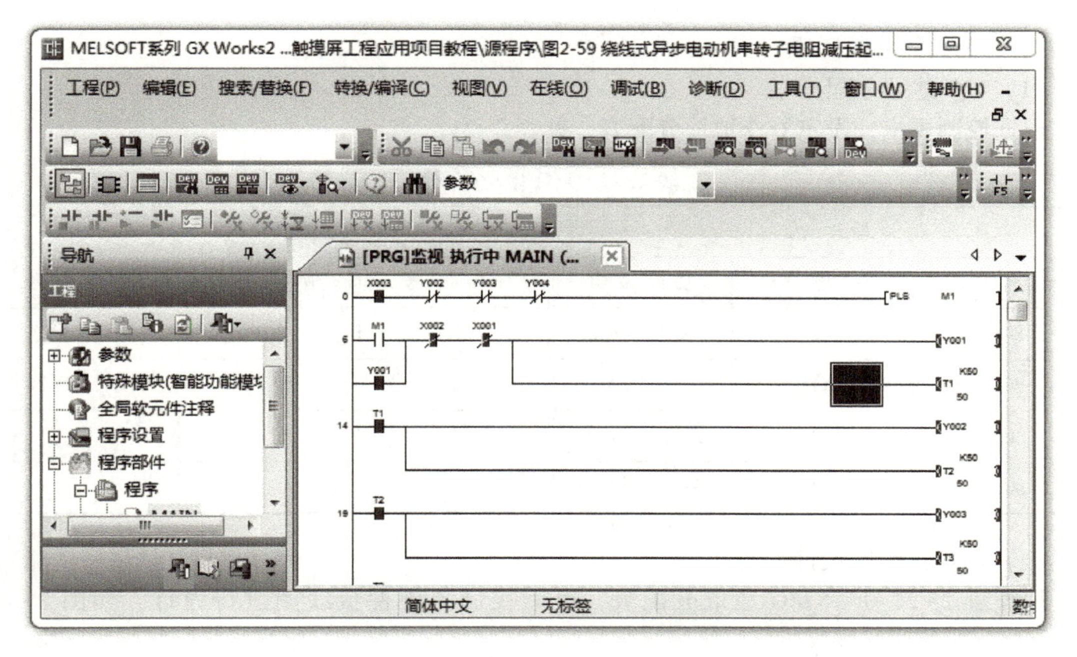

图 2-60　绕线转子异步电动机串转子电阻减压起动控制程序仿真调试

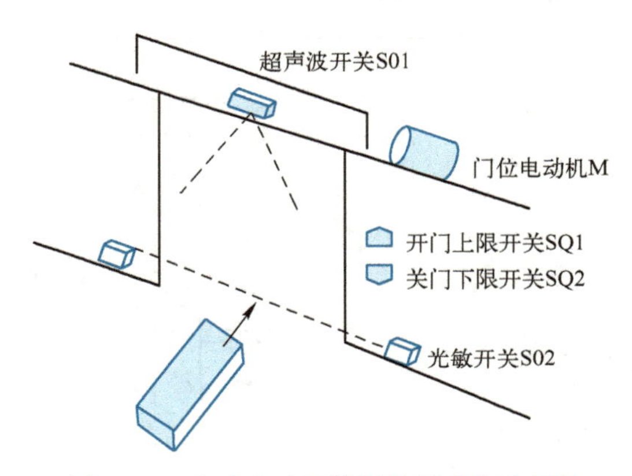

图 2-61　车库自动开关门控制系统示意图

1. 控制要求分析

如图 2-61 所示车库自动开关门控制系统示意图通过深入调研可知，其控制要求如下。

1）当行人（车）进入超声波发射范围内，开关便检测出超声回波，从而产生输出电信号（S01=ON），由该信号驱动接触器 KM1，电动机 M 正转使卷帘上升开门。

2）在装置的下方装设一套光敏开关 S02，用以检测是否有物体穿过库门。当行人（车）遮断了光束，光敏开关 S02 便检测到这一物体，产生电脉冲，当该信号消失后，起动接触器 KM2，使电动机 M 反转，从而使卷帘开始下降关门。

3）利用行程开关 SQ1 和 SQ2 检测库门的开门上限和关门下限，以停止电动机的转动。

4）具有短路保护和联锁保护等必要保护措施。

2. 控制系统程序设计

（1）I/O 地址分配

根据控制要求，设定 I/O 地址分配表，见表 2-21。

表 2-21 I/O 地址分配表

输入			输出		
元器件代号	地址号	功能说明	元器件代号	地址号	功能说明
S01	X0	超声波开关	KM1	Y0	正转接触器
S02	X1	光敏开关	KM2	Y1	反转接触器
SQ1	X2	开门上限开关			
SQ2	X3	关门下限开关			

（2）硬件接线图设计

根据表 2-21 所示 I/O 地址分配表，可对控制器硬件接线图进行设计，如图 2-62 所示。

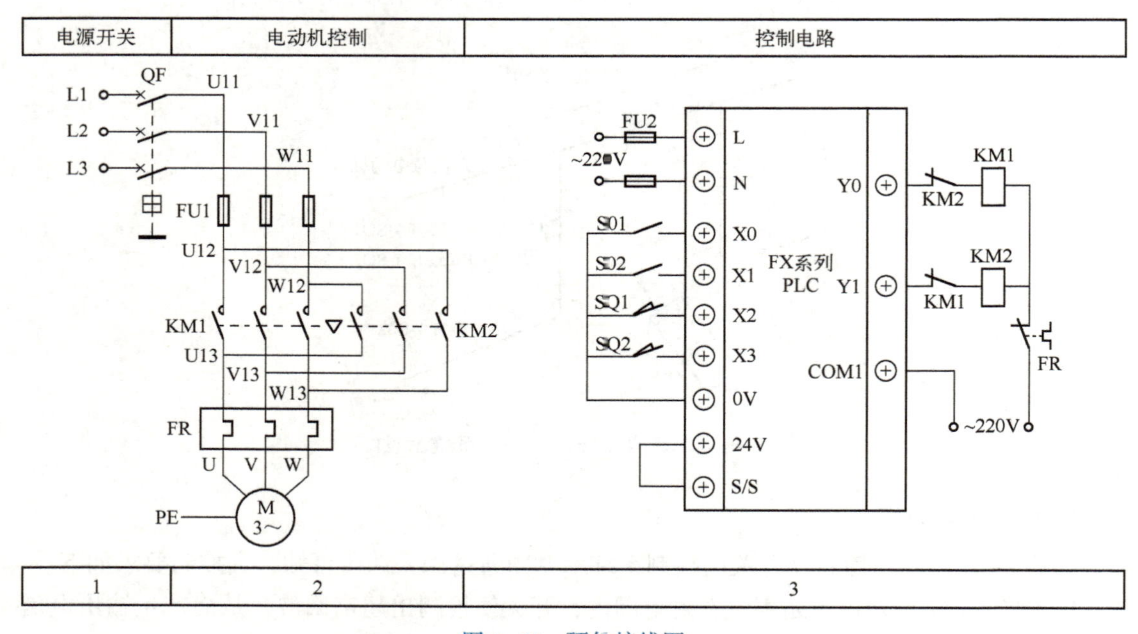

图 2-62 硬件接线图

（3）控制程序设计

根据系统控制要求和 I/O 地址分配表，设计控制程序梯形图如图 2-63a 所示。其对应的指令语句表如图 2-63b 所示。

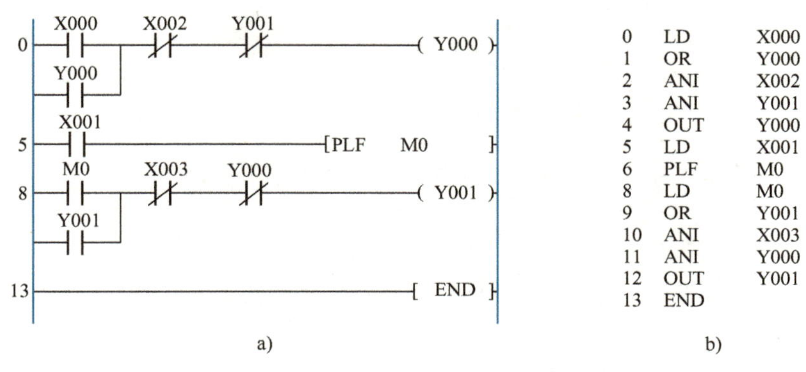

图 2-63　梯形图、指令语句表控制程序

a）梯形图　b）指令语句表

研讨与训练

2.1　简述 AND 指令与 ANB 指令、OR 指令与 ORB 指令之间的区别。

2.2　使用置位、复位指令，编写对两台电动机的控制程序，两台电动机控制程序要求如下：

（1）起动时，电动机 M1 先起动，才能起动电动机 M2；停止时，电动机 M1 先停止，才能停止电动机 M2。

（2）起动时，电动机 M1、M2 同时起动；停止时，电动机 M2 先停止，才能停止电动机 M1。

2.3　编写实现红、黄、蓝 3 种颜色信号灯循环显示程序（要求循环时间间隔为 1 s），按照考核要求给出 I/O 地址分配、硬件接线图和控制程序。

2.4　使用基本指令编写高层建筑消防排烟系统控制程序，控制程序要求如下：

（1）当烟雾传感器检测到有烟雾时发出报警声，同时自动起动排烟系统进行排烟。

（2）排烟过程：烟雾传感器对 PLC 发出传感信号，PLC 接到信号后起动排风扇 M1，同时排风扇运转指示灯亮；经过 1 s 后，送风机 M2 起动，同时送风机指示灯亮。此时接通报警扬声器报警。当烟雾排尽后，系统手动停机。

（3）排风扇 M1 及送风机 M2 除可以自动起动外，还可由手动控制起动、停止。

项目 3

顺序控制系统设计

在工业控制中，除了模拟量控制系统外，大部分的控制都属于顺序控制。为了方便顺序控制系统的梯形图程序设计，各种品牌的PLC 都开发了与顺控程序有关的指令。在这类指令中，三菱 FX 系列 PLC 的步进指令 STL、RET 具有易于理解学习、便于实际应用等特色。本项目介绍的顺序控制设计法是利用步进指令 STL、RET，以 SFC 为载体的顺序控制系统设计中常用的程序设计方法。以解决设计顺控程序时利用经验设计法存在的程序复杂、可读性差等问题。

学习本项目，可了解以典型工程案例为 PLC 控制对象，利用步进指令 STL、RET 进行顺序控制系统软硬件设计、调试，实现自动混料罐及大、小球分拣传送机等典型顺序控制功能。

任务 3.1 自动混料罐控制系统设计

[知识目标]

1. 了解 SFC 的组成以及基本要素。
2. 了解 PLC 顺序控制系统及其设计方法。
3. 掌握三菱 FX_{3U} 系列 PLC 步进指令应用技巧。

[能力目标]

1. 能够进行自动混料罐控制系统硬件设计。
2. 能够利用 GX-Works2 编程软件进行梯形图程序设计，会仿真调试。
3. 能够进行自动混料罐控制系统输入、输出接线，并利用实训装置进行联机调试。

【任务描述】

某企业采用自动混料罐实现 A、B 两种不同液体混料功能，其控制系统示意图如图 3-1 所示。图中 YV1、YV2 为进料电磁阀，其功能为控制两种液料的进入。YV3 为出料电磁阀，其功能为控制混合液输出。SQ1、SQ2、SQ3 分别为高、中、低液位检测开关，当液面淹没时分别输出罐内液位高、中、低的检测信号。此外，操作面板上设有起动按钮 SB1、停止按钮 SB2 和混料配方选择开关 S01，其中 S01 用于选择配方 1 或配方 2。使用 FX_{3U} 系列 PLC 实现此控制功能，完成 PLC 程序的编写与仿真调试，硬件的接线与联机调试。

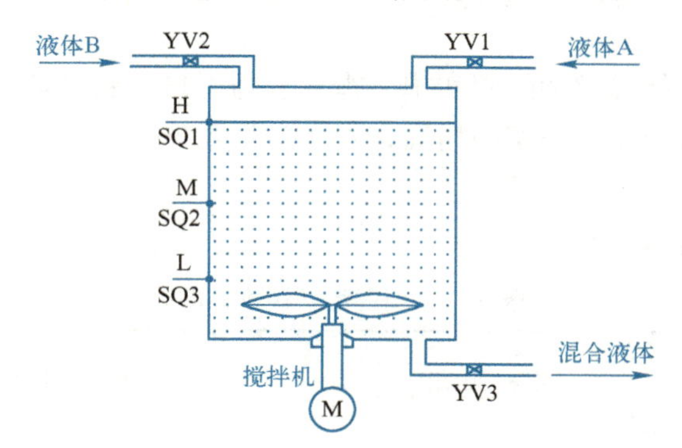

图 3-1 自动混料罐控制系统示意图

该自动混料罐控制系统控制要求如下：

1）在初始状态时，混料罐为空容器，电磁阀 YV1、YV2、YV3 均为关闭状态；液位检测开关 SQ1、SQ2、SQ3 均处于“OFF”状态；混料泵 M 处于停止运转状态。

2）当按起动按钮 SB1 后，混料罐按图 3-2 所示的工艺流程开始运行，连续循环运行 3 次后自动停止，中途按停止按钮 SB2，混料罐完成一次循环后才能停止。

[任务要求]

1. 利用 GX-Works2 设计自动混料罐控制系统梯形图程序。
2. 正确连接编程电缆，下载程序至 PLC。
3. 正确连接输入按钮和输出负载（交流接触器、电磁阀）。

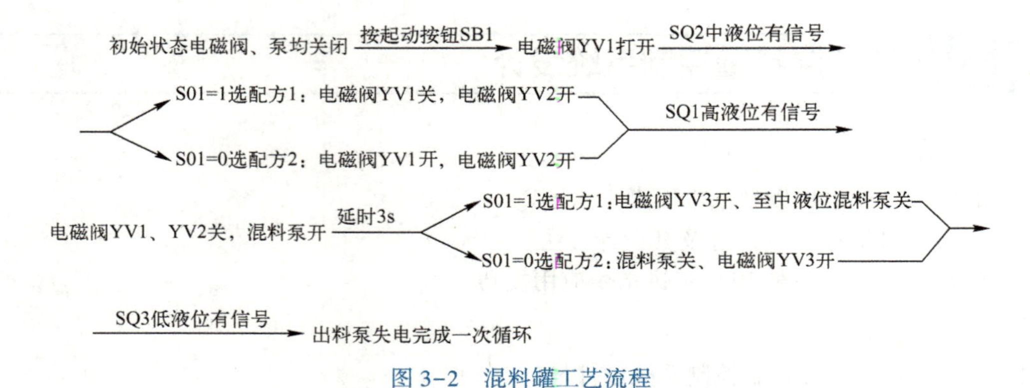

图 3-2 混料罐工艺流程

4. 仿真、联机调试。

[任务环境]

1. 两人一组，根据工作任务进行合理分工。
2. 每组配备 FX_{3U} 系列 PLC 实训装置一套。
3. 每组配备若干导线、工具等。

[考核评价标准]

1. 说明

1）本评价标准根据中国人力资源和社会保障部职业技能鉴定中心的《电工国家职业技能标准》编制。

2）任务考核评价由指导教师组织实施，指导教师可自行制定具体任务评分细则。

3）任务考核评价可根据任务实施情况，引入学生互评。

2. 考核评价标准

项目考核评价标准见表 3-1。

表 3-1 项目考核评价标准

评价内容	序号	项目配分	考核要求	评分细则	扣分	得分
职业素养与操作规范（50分）	1	工作前准备（5分）	清点工具、仪表等	未清点工具、仪表等每项扣 1 分		
	2	安装与接线（15分）	按 PLC 控制系统硬件接线图在模拟配线板上正确安装、操作规范	① 未关闭电源开关，用手触摸带电线路或带电进行线路连接或改接，本项记 0 分 ② 线路布置不整齐、不合理，每处扣 2 分 ③ 损坏元件扣 5 分 ④ 接线不规范造成导线损坏，每根扣 5 分 ⑤ 不按 I/O 接线图接线，每处扣 2 分		
	3	程序输入与调试（20分）	熟练操作编程软件，将所编写的程序输入 PLC；按照被控设备的动作要求进行模拟调试，达到控制要求	① 不会熟练操作软件输入程序，扣 10 分 ② 不会进行程序删除、插入和修改等操作，每项扣 2 分 ③ 不会联机下载调试程序扣 10 分 ④ 调试时造成元件损坏或者熔断器熔断每次扣 10 分		

（续）

评价内容	序号	项目配分	考核要求	评分细则	扣分	得分
职业素养与操作规范（50 分）	4	清洁（5 分）	工具摆放整洁；工作台面清洁	乱摆放工具、仪表，乱丢杂物，完成任务后不清理工位扣 5 分		
	5	安全生产（5 分）	安全着装；按维修电工操作规程进行操作	① 没有安全着装，扣 5 分 ② 出现人员受伤、设备损坏事故，考试成绩为 0 分		
操作（50 分）	6	功能分析（10 分）	能正确分析控制系统功能	功能分析不正确，每处扣 2 分		
	7	I/O 分配表（5 分）	正确完成 I/O 地址分配表	I/O 地址遗漏，每处扣 2 分		
	8	硬件接线图（5 分）	绘制 I/O 接线图	① 接线图绘制错误，每处扣 2 分 ② 接线图绘制不规范，每处扣 1 分		
	9	梯形图（15 分）	梯形图正确、规范	① 梯形图功能不正确，每处扣 3 分 ② 梯形图画法不规范，每处扣 1 分		
	10	功能实现（15 分）	根据控制要求，准确完成系统的安装调试	不能达到控制要求，每处扣 5 分		
评分人：			核分人：		总分	

【关联知识】

3-1 SFC 的组成

3.1.1 认识顺序功能图（SFC）

顺序功能图（Sequential Function Chart，SFC）又称状态转移图或功能表图，它是描述控制系统的控制流程功能和特性的一种图形语言，已被 IEC 于 1994 年 5 月公布的可编程序控制器标准 IEC 1131 确定为 PLC 居首位的编程语言。SFC 虽然是居首位的 PLC 编程语言，但目前仅仅作为组织编程的工具使用，不能为 PLC 所直接执行。因此，还需要其他编程语言（主要是梯形图）将其转换成 PLC 可执行的程序。在这方面，三菱 FX 系列 PLC 的步进指令 STL 是典型的设计，利用 STL 指令可以非常方便地把 SFC 转换成梯形图程序。

1. SFC 的组成

SFC 是用状态元件描述工步状态的工艺流程图，通常由基本要素步（状态）、有向连线、转移条件以及命令和动作组成，如图 3-3 所示。

（1）步（状态）

SFC 中的步是指控制系统的一个工作状态。在三菱 FX 系列 PLC 中，将“步”称为“状态”，下面均以“状态”术语代替“步”进行分析。

状态分为“初始状态”和“一般状态”。在 SFC 中，初始状态用双线矩形框表示，一般状态用单线矩形框表示。状态框中都有一个表示该状态的状态继电器编号，称为“状态元件”。FX_{3U}系列 PLC 内部状态继电器的分类、编号、数量及用途已在项目 1 中进行介绍，此处不再赘述。图 3-3 中，S0 为初始状态，S21、S22、S41、S42、S50 均为一般状态。

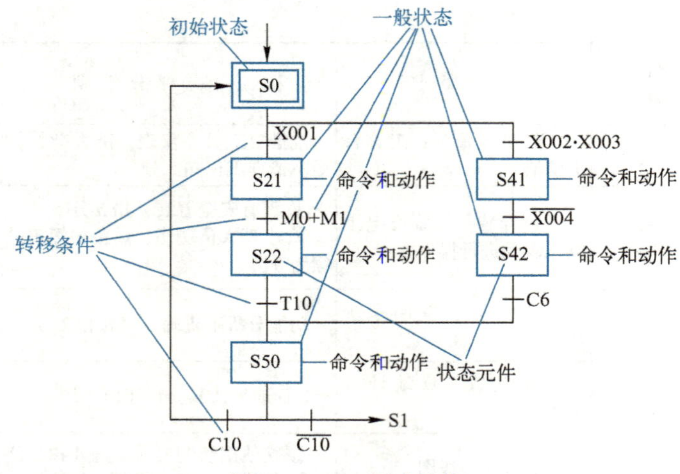

图 3-3 SFC 组成结构

在 SFC 中，如果某一个状态被激活，则这个状态称为激活状态，又称活动步。状态被激活的含义是：该状态的所有命令与动作均会得到执行，而未被激活的状态命令与动作均不能得到执行；当下一个状态被激活时，前一个状态自动转移为非激活状态。

（2）有向连线

有向连线是状态与状态之间的连接线。它表示了 SFC 中的状态转移方向，如图 3-3 中状态矩形框之间的连接直线。一般激活状态的进展方向是从上到下，因此，这两个方向上有向连线箭头可以省略。如果不是上述方向，例如，发生跳转、循环等，则必须用带箭头的有向线段表示转移方向。此外，当顺序控制系统太复杂时，会产生中断的有向连线，此时必须在中断处注明其转移方向。

（3）转移条件

在 SFC 中，与有向连线相垂直的短画线和它旁边标注的文字符号或逻辑表达式表示转移与状态转移条件。只有转移条件满足时，SFC 中的状态才能进行转移。例如，图 3-3 中，X001、X002 · X003 分别为初始状态 S0 转移至状态 S21、S41 的转移条件，当 X001 为 ON 时，状态 S21 被激活；当 X002 · X003 为 ON 时，S41 被激活。

（4）命令和动作

“命令”是指控制要求，“动作”是指完成控制要求的程序。与状态对应则是指每一个状态中所发生的命令和动作。在 SFC 中，命令与动作是用相应的文字和符号（包括梯形图程序行）写在状态矩形框的旁边，并用直线与状态矩形框相连。

需要特别指出的是，状态内的动作存在两种情况。一种称为非保持型，其动作仅在本状态内有效，没有连续性，当本状态变为非激活状态时，动作全部为 OFF；另一种称为保持型，其动作存在连续性，它会把动作结果延续到后面的状态中去。例如，“起动电动机运转并保持”则为保持型命令和动作，它要求在该状态中起动电动机，并把这种结果延续到后面的状态中去。而“起动电动机”可以认为是非保持型命令和动作，它仅仅指在该状态中起动电动机，如果该状态转移为非激活状态，则电动机也会停止运转。命令和动作的说明中应对这种区分有清楚的描述。

2. 顺序控制设计法简介

顺序控制设计法是针对以往在设计顺序控制程序时采用经验设计法的诸多不足而产生的。使用顺序控制设计法编程的一种有力的工具是 SFC。下面介绍 SFC 设计方法的一般步骤。

（1） 确定 SFC 的工步

每一个工步都是描述顺序控制系统中对应的一个相对稳定的状态。在整个控制过程中，执行元件的状态变化决定了工步数。工步的符号如图 3-3 所示的初始状态、一般状态符号。即初始工步对应于初始状态，是顺序控制系统运行的起点。一个顺序控制系统至少有一个初始工步。一般工步对应于一般状态，指顺序控制系统正常运行的某个状态。

（2） 设置命令和动作

确定好 SFC 的工步后，即可设置每一个工步的命令和动作，也就是明确每一个状态的负载驱动和功能。命令和动作写在对应工步的右边，如图 3-3 所示。

（3） 设置状态转移

状态转移说明了从一个工步到另一个工步的变化，转移符号用与有向连线相垂直的短画线表示，如图 3-3 所示。转移需要满足转移条件，可以用文字语言或逻辑表达式等方式把转移条件表示在转移符号旁。

3. SFC 设计注意事项

一般情况下，进行 SFC 设计时应注意如下事项：

1） SFC 中两个状态之间必须用转移条件隔开，不允许两个状态直接相连。

2） SFC 中的初始状态一般对应于控制系统等待启动的状态，初始状态是必不可少的。

3） 顺序控制系统一般要求多次重复执行同一工艺过程，因此在 SFC 中一般应有由状态和有向连线组成的闭环，即在完成一次工艺过程的全部操作之后，应从最后状态返回初始状态，系统停留在初始状态。

4） SFC 中，只有当某一状态的前级状态处于激活状态时，该状态才有可能变成激活状态。如果用没有断电保持功能的编程元件代表各状态，进入 RUN 工作方式时，它们均处于 OFF 状态，必须用初始化脉冲辅助继电器 M8002 的常开触点作为转换条件，将初始状态预置为激活状态，否则由于 SFC 中无激活状态，系统将无法工作。

5） SFC 主要用来描述自动工作过程，如果系统有自动、手动两种工作方式，则还应在系统由手动工作方式进入自动工作方式时，用一个适当的信号将初始状态置为激活状态。

3.1.2 STL、RET 指令

3-2 STL、RET 指令

STL、RET 指令的指令助记符、名称、功能、梯形图、操作元件和程序步长见表 3-2。

表 3-2 STL、RET 指令

助记符	名称	功能	梯形图	可用软元件	程序步长
STL	步进开始	步进梯形图开始	[STL S21]	S	1
RET	步进结束	步进梯形图结束	[RET]	无	1

1. 指令功能

1）STL 指令。步进梯形图开始指令，步进触点接通需要使用 SET 指令进行置位。步进触点接通时，其作用如同主控触点一样，将左母线移至步进触点右边，相当于子母线。这时，步进触点下方的逻辑行开始执行，即可实现负载的驱动处理和指定转换目标等功能。

2）RET 指令。步进梯形图结束指令，使 STL 指令所形成的副母线复位。STL 和 RET 是一对指令，但是在每条 STL 指令后面，不必都加一条 RET 指令，只需在一系列 STL 指令的最后设置一条 RET 指令即可，但必须有 RET 指令。

2. 应用实例

STL、RET 指令应用实例如图 3-4 所示。

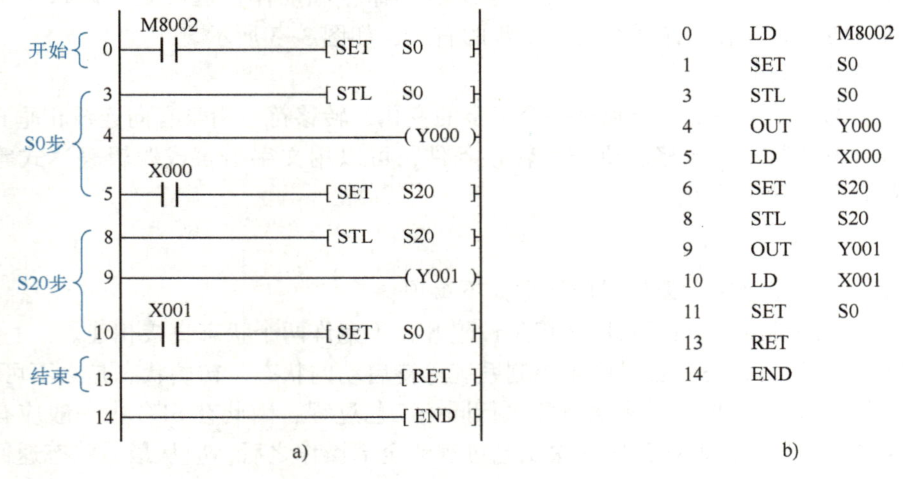

图 3-4 STL、RET 指令应用实例
a）梯形图 b）指令语句表

由图 3-4 可见，STL 指令一般使用初始化脉冲辅助继电器 M8002 将初始状态 S0 预置为激活状态。此外，步进触点只有常开触点，没有常闭触点，步进触点接通，需要用 SET 指令进行置位。

PLC 由 STOP→RUN 时，M8002 输出初始化脉冲，执行 SET 指令使初始状态 S0 激活。S0 对应命令与动作均得到执行，即 Y000 有输出，当 X000 由 OFF→ON 时，执行 SET 指令使状态 S20 被激活。S20 对应命令与动作均执行，即 Y001 有输出，当 X001 由 OFF→ON 时，执行 SET 指令使状态 S0 再次被激活。需要特别注意的是，当 S20 处于激活状态时，其前级状态 S0 自动转移为非激活状态，S0 对应命令与动作均不能得到执行。

执行 RET 指令后，步进梯形图结束，SFC 程序返回到普通的梯形图指令程序，母线也从状态母线返回到主母线。

应用技巧：

1）在 FX_{3U} 系列 PLC 中可供 STL 指令使用的状态继电器（S）共有 4096 个，其中 S0~S9 共 10 点，一般作为初始状态用；S10~S19 共 10 点，一般作为自动返回原点用；S20~S499 共 480 点，作为一般状态用；S500~S899 共 400 点，作为数据断电保持用（可通过参数设置为断电保持或非保持用）；S900~S999 共 100 点，作为信号报警器用；S1000~S4095 共 3096 点，作为固定保持用。

2）在中断程序与子程序内，不能使用 STL 指令。在 STL 指令内不禁止使用跳转指令，但其动作复杂，一般不要使用。

3）GX-Works2 具有梯形图和 SFC 两种编程语言。其中梯形图语言可以编写任意梯形图程序；SFC 语言有专用的编程界面和编程规则，具体编程方法读者可参照软件用户手册自行学习，本书不予介绍。

3.1.3　SFC 的编程方法

如前所述，SFC 虽然是居首位的 PLC 编程语言，但目前仅仅作为组织编程的工具使用，不能为 PLC 所直接执行。因此，还需要其他编程语言（主要是梯形图）将它转换成 PLC 可执行的程序。根据 SFC 设计梯形图的方法，称为 SFC 的编程方法。

目前，常用的 SFC 的编程方法有三种：一是应用起保停程序进行编程，二是应用 SET/RST 指令进行编程，三是应用 PLC 特有的步进指令进行编程。由于步进指令是顺序控制系统专用指令，具有易学、操作简单等特点，应作为优选编程方法进行学习，对前面两种方法仅做简单介绍。

1. 起保停程序编程法

起保停程序仅仅用于与触点和线圈有关的指令，任何一种 PLC 的指令系统都是这一类指令，因此这是一种通用的 SFC 编程方法，可以用于任意型号的 PLC。

图 3-5a 所示为某顺序控制系统 SFC（局部），S20、S21、S22 代表 SFC 中顺序相连的 3 个状态，X001 是 S21 之前的转移条件。当 S20 为激活状态，即 S20 为 ON，转移条件 X001 满足时，X001 的常开触点闭合。此时可以认为 S20 和 X001 的常开触点组成的串联电路作为转移实现的两个条件，使后续工步 S21 处于激活状态，即 S21 为 ON，同时使 S20 处于非激活状态，即 S20 为 OFF。

X002 是 S21 之后的转移条件，为了使状态 S21 为 ON 后能保持到转移条件 X002 满足，就必须由有保持功能或记忆功能的程序来控制代表工步的辅助继电器，起保停程序就是典型的具有记忆功能的程序。利用起保停程序由 SFC 画出对应梯形图，如图 3-5b 所示。

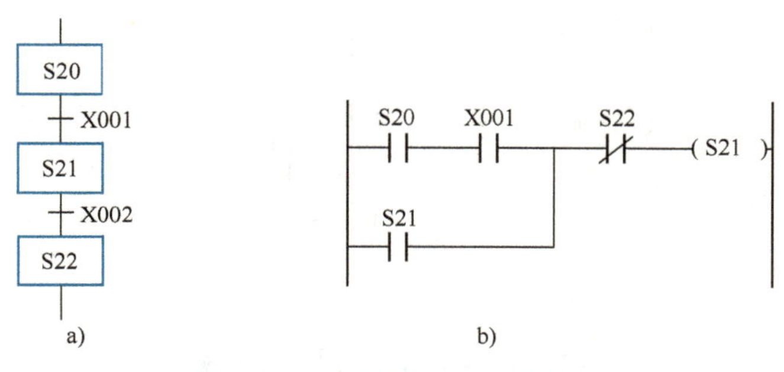

图 3-5　起保停程序 SFC 编程

a）SFC（局部）　b）梯形图程序

2. SET/RST 指令编程法

如果用 SET 指令在激活条件成立时，激活本状态并维持其状态内控制命令和动作的完成，用 RST 指令将前步状态转移为非激活状态，这就是 SET/RST 指令 SFC 编程法。这种编程方法与状态转移之间有着严格的对应关系，在编制复杂 SFC 的梯形图程序时，更能显示其优越性。利用 SET/RST 指令编程法编制的如图 3-5a 所示 SFC（局部）对应梯形图程序如图 3-6 所示。

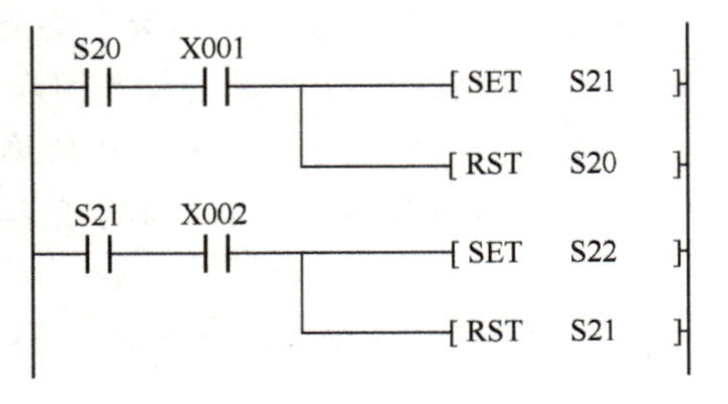

图 3-6 SET/RST 指令 SFC 编程

3. STL/RET 指令编程法

STL/RET 指令是三菱公司专门针对顺序控制而开发的指令，其特点是根据 SFC 可以直接写出对应梯形图程序，利用 STL/RET 指令编制 SFC 梯形图程序可以起到事半功倍的成效。图 3-7 所示为某 SFC 及其对应梯形图程序。

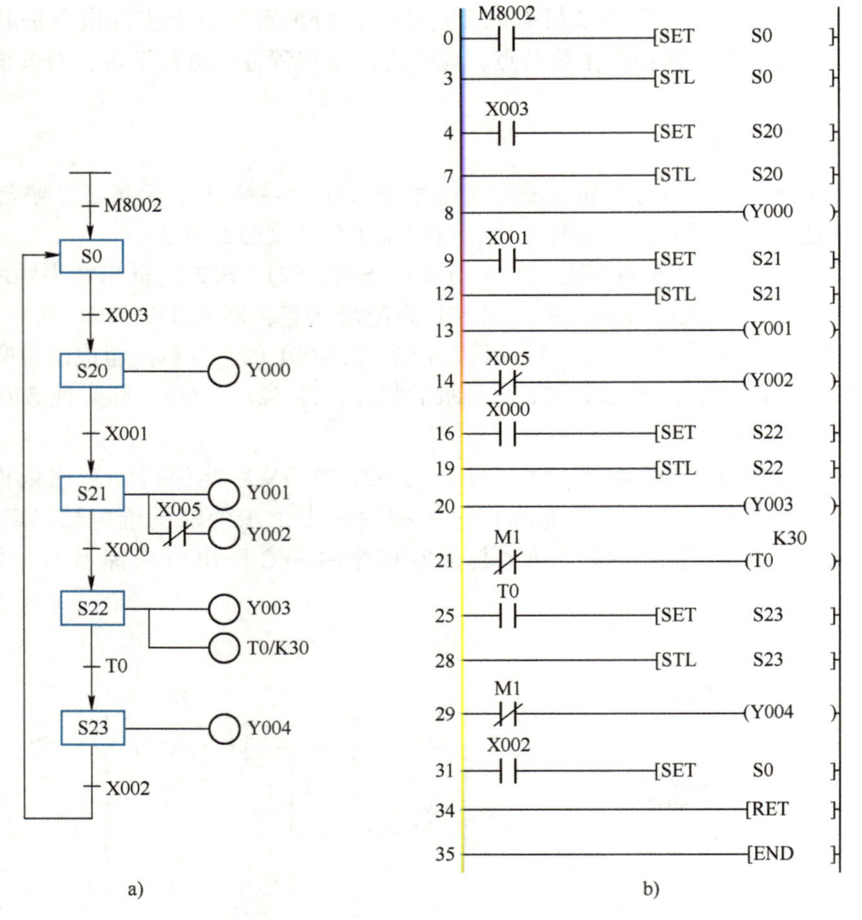

图 3-7 STL/RET 指令 SFC 编程
a）SFC b）梯形图程序

由图 3-7 可见，PLC 上电进入 RUN 状态后，初始化脉冲辅助继电器 M8002 的常开触点闭合一个扫描周期，梯形图中第一行的 SET 指令将初始状态 S0 置为激活状态。

在第二、三行中，S0 的 STL 触点和 X003 常开触点组成的串联电路代表转移实现的两个条件。当初始状态 S0 为激活状态时，且 X003 为 ON 时，转换实现的两个条件同时满足，置位指令 SET S20 被执行，后续步 S20 转移为激活状态，同时，S0 自动复位为非激活状态。

S20 的 STL 触点闭合后，该步的命令与动作被驱动，Y000 线圈通电，其主触点闭合驱动负载工作。当 X001 为 ON 时，转移条件得到满足，下一步的状态继电器 S21 被置位，同时状态继电器 S20 被自动复位。

系统依次工作下去，直到最后返回起始位置。即当 S23 为激活状态，同时 X002 为 ON 时，用 SET S0 指令使 S0 变为 ON 并保持，系统返回并停在初始状态。

应用技巧：

1）图 3-7 中引入 M1 常闭触点是为了解决 GX-Works2 软件对梯形图进行转换/编译时由于编程规则出现的“存在无法转换的梯形图。请修改光标位置的梯形图”的问题。由于该触点在程序中无实质意义，故也可用其他常闭触点代替，不影响程序执行。

2）指令语句表可以通过梯形图转换得到，由于篇幅有限，本书后续程序均不提供指令语句表，读者可根据梯形图自行进行转换。

【任务实施】

3-4 自动混料罐控制系统设计仿真调试

3.1.4 自动混料罐控制系统设计

1. I/O 地址分配

根据任务 3.1 的任务描述可知，自动混料罐控制系统输入分别为起动按钮 SB1、停止按钮 SB2、混料配方选择开关 S01 和高、中、低液位检测开关 SQ1、SQ2、SQ3；输出为 A、B 液体进料电磁阀 YV1、YV2，混料泵控制接触器 KM，混合液体出料电磁阀 YV3。设定 I/O 地址分配表，见表 3-3。

表 3-3 I/O 地址分配表

输入			输出		
元器件代号	地址号	功能说明	元器件代号	地址号	功能说明
SQ1	X0	高液位检测开关	YV1	Y0	A 液体进料电磁阀
SQ2	X1	中液位检测开关	YV2	Y1	B 液体进料电磁阀
SQ3	X2	低液位检测开关	KM	Y2	混料泵控制接触器
SB1	X3	起动按钮	YV3	Y3	混合液体出料电磁阀
SB2	X4	停止按钮			
S01	X5	混料配方选择开关			

2. 硬件接线图设计

根据表 3-3 所示 I/O 地址分配表，可对硬件接线图进行设计，如图 3-8 所示。

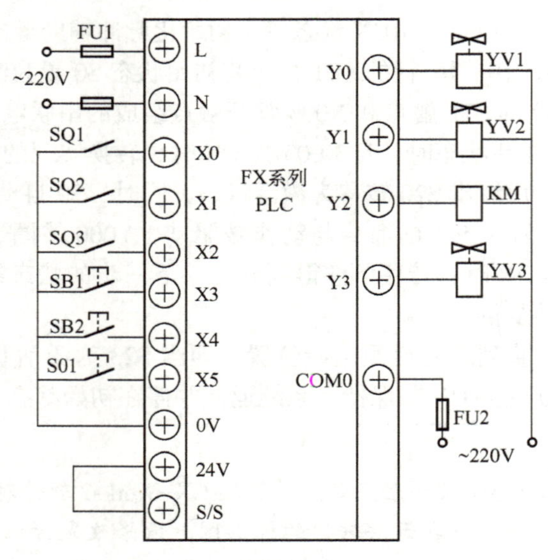

图 3-8　硬件接线图

3. 控制程序设计

（1）SFC 设计

根据任务 3.1 的任务描述可知，自动混料罐控制系统属于典型的顺序控制系统，利用 SFC 进行设计能起到事半功倍的效果。本系统状态元件分配见表 3-4，根据系统控制要求和 I/O 地址分配表，设计 SFC 如图 3-9 所示。

表 3-4　状态元件分配

状态名称	软元件	功能说明
状态 0	S0	初始状态
状态 20	S20	液体 A 进液
状态 21	S21	混料配方选择（A、B 进液）
状态 22	S22	混料泵搅拌
状态 23	S23	混料配方选择（搅拌）
状态 24	S24	混合液体出液

（2）梯形图程序

利用 STL/RET 指令编程法对如图 3-9 所示 SFC 进行编程，其对应梯形图如图 3-10 所示。

4. 程序调试

1）按照图 3-8 所示硬件接线图接线并检查、确认接线正确。

2）利用 GX-Works2 软件输入、仿真调试程序，分析程序运行结果。

3）程序符合控制要求后再接通主电路试车，进行系统联机调试，直到最大限度地满足系统控制要求为止。

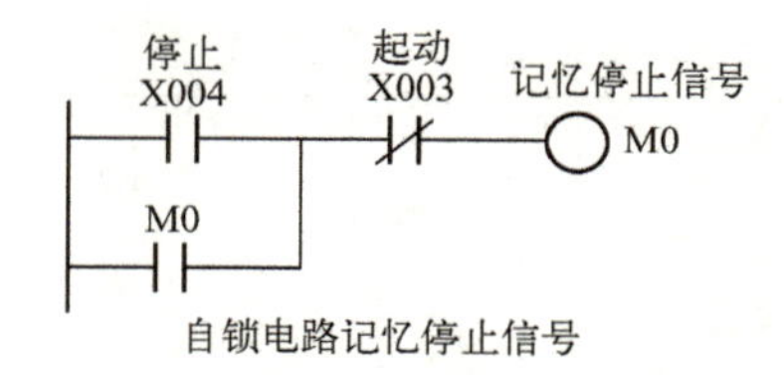

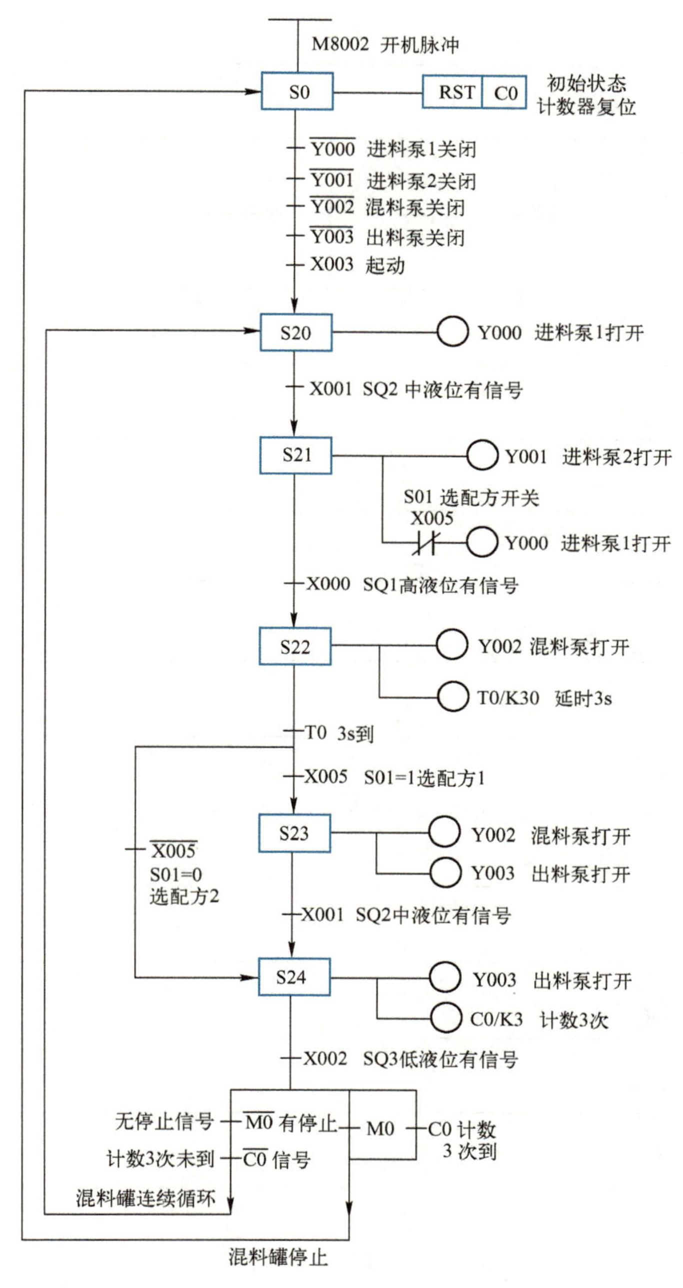

图 3-9　自动混料罐控制系统 SFC

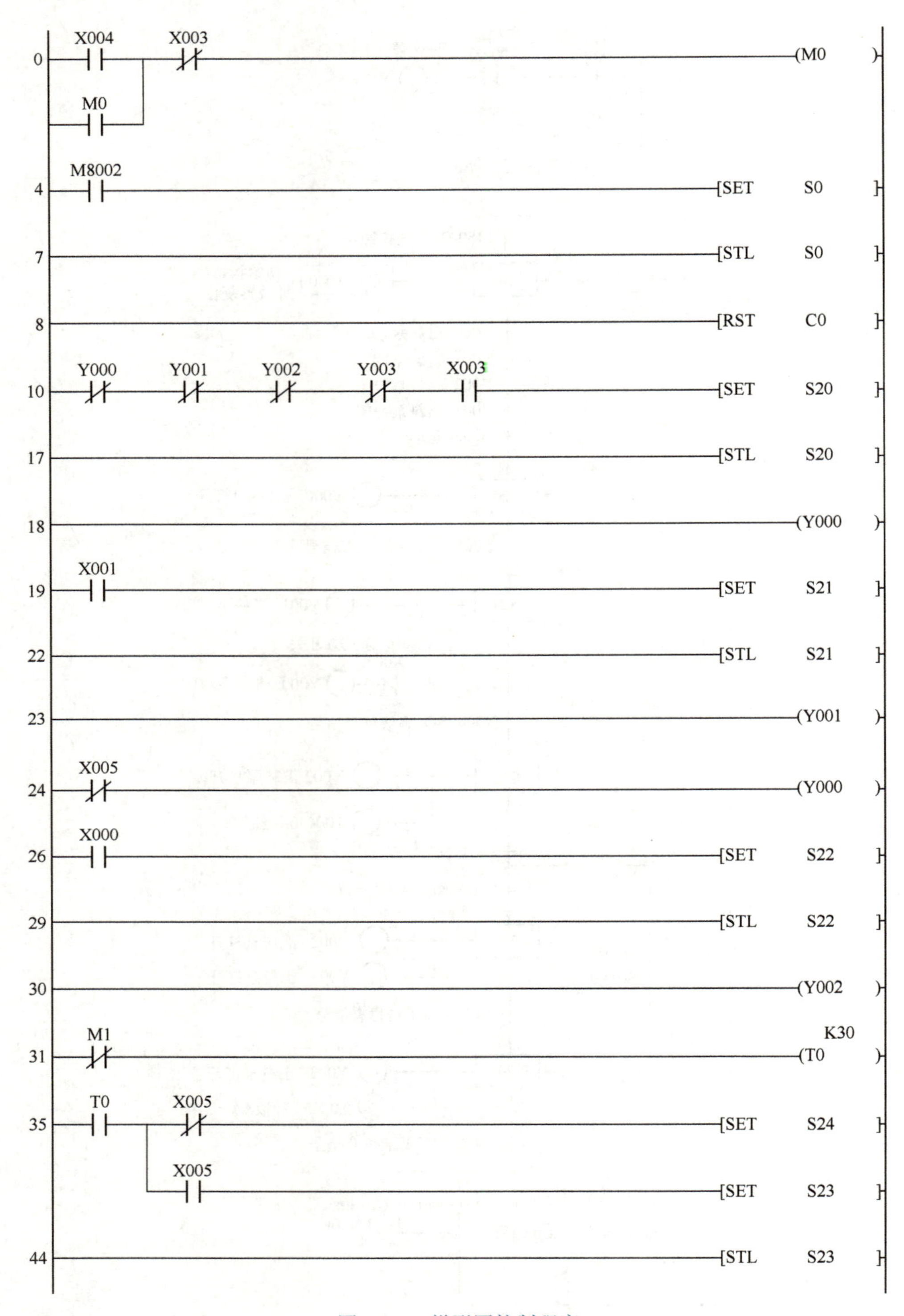

图 3-10　梯形图控制程序

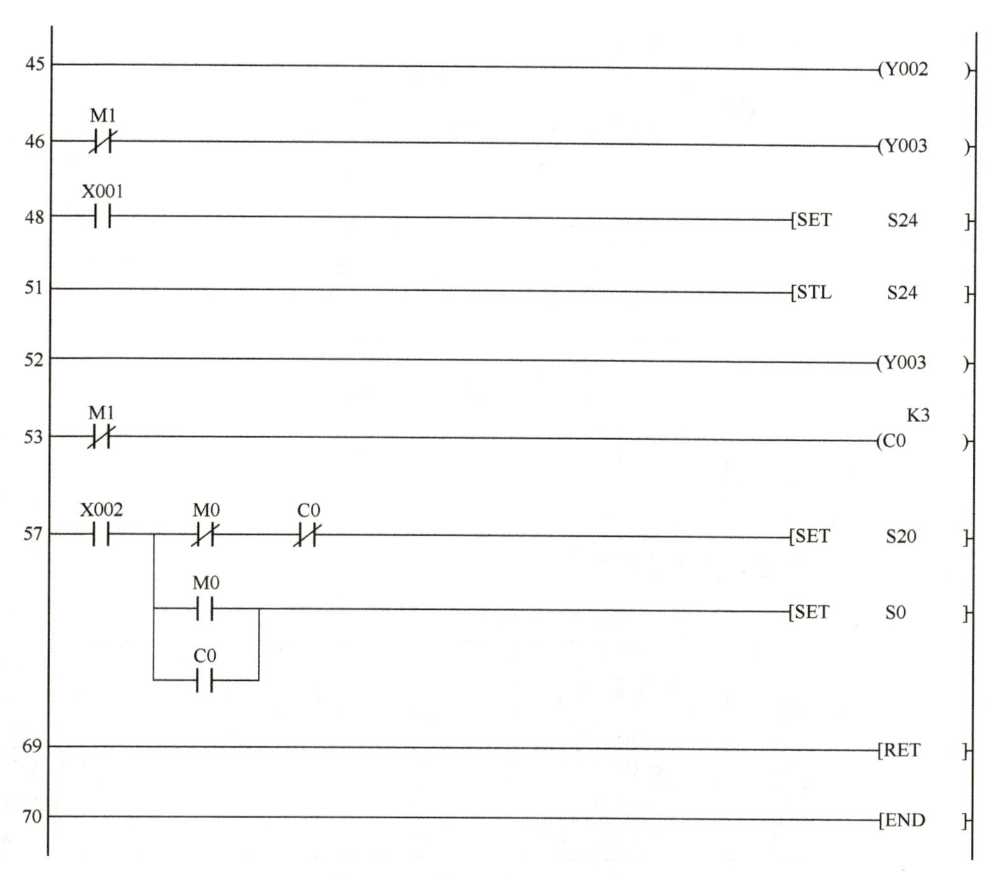

图 3-10　梯形图控制程序（续）

本任务还可以利用起保停程序编程法、SET/RST 指令编程法对如图 3-9 所示自动混料罐控制系统 SFC 进行编程，读者可自行编制。对比三种 SFC 编程方法，利用 STL/RET 指令进行编程更加简单明了，故在顺序控制系统设计中是优选方案，其他两种 SFC 编程方法可作为补充知识进行学习。

*3.1.5　岗课融通拓展：某品牌钻孔动力头控制系统设计

某品牌冷加工自动线有一个钻孔动力头，该动力头的加工工艺过程如图 3-11 所示。分析该加工工艺过程控制功能，并用 FX_{3U} 系列 PLC 实现该控制系统控制功能。

3-5　某品牌钻孔动力头控制系统设计

1. 控制要求分析

经深入企业调研，如图 3-11 所示钻孔动力头控制要求如下：

1）动力头在原位，并加以起动信号，这时接通电磁阀 YV1，动力头快进。

2）动力头碰撞限位开关 SQ1 后，接通电磁阀 YV1 和 YV2，动力头由快进转为工进，同时动力头电动机转动（由接触器 KM1 控制）。

3）动力头碰撞限位开关 SQ2 后，开始延时 3 s。

4）延时时间到达，接通电磁阀 YV3，动力头快退。

5）动力头返回原点，碰撞限位开关 SQ0 后即停止。

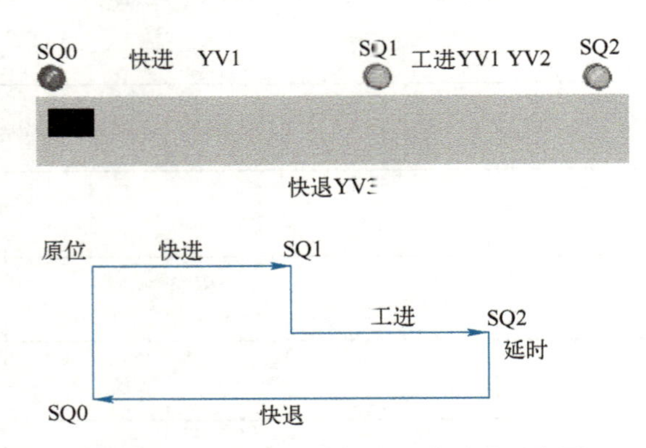

图 3-11 钻孔动力头加工工艺过程示意图

2. 控制系统软、硬件设计

（1）I/O 地址分配

根据控制要求，设定 I/O 地址分配表，见表 3-5。

表 3-5 I/O 地址分配表

输入			输出		
元器件代号	地 址 号	功能说明	元器件代号	地 址 号	功能说明
SB1	X0	起动按钮	YV1	Y0	快进电磁阀
SQ0	X1	原点限位开关	YV2	Y1	工进电磁阀
SQ1	X2	快进限位开关	YV3	Y2	快退电磁阀
SQ2	X3	工进限位开关	KM1	Y3	动力头电动机控制

（2）硬件接线图设计

根据表 3-5 所示 I/O 地址分配表，可对系统硬件接线图进行设计，如图 3-12 所示。

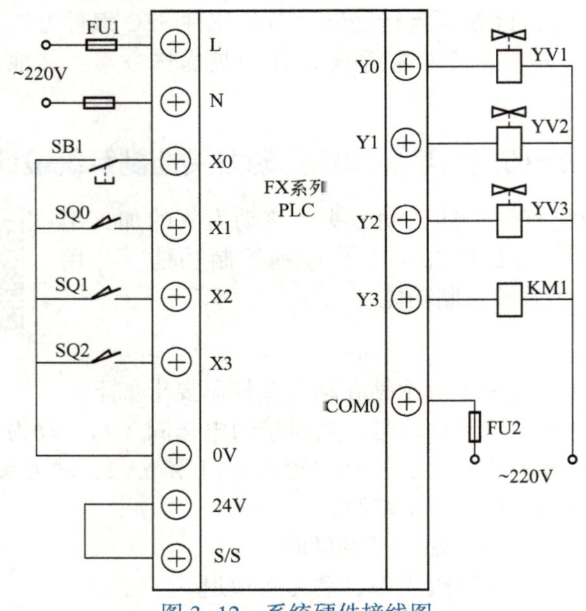

图 3-12 系统硬件接线图

(3) 控制程序设计

1) SFC设计。根据控制要求分析可见，该钻孔动力头控制系统属于典型的顺序控制系统，故可采用SFC进行设计。根据系统控制要求和I/O地址分配表，设计SFC如图3-13a所示。

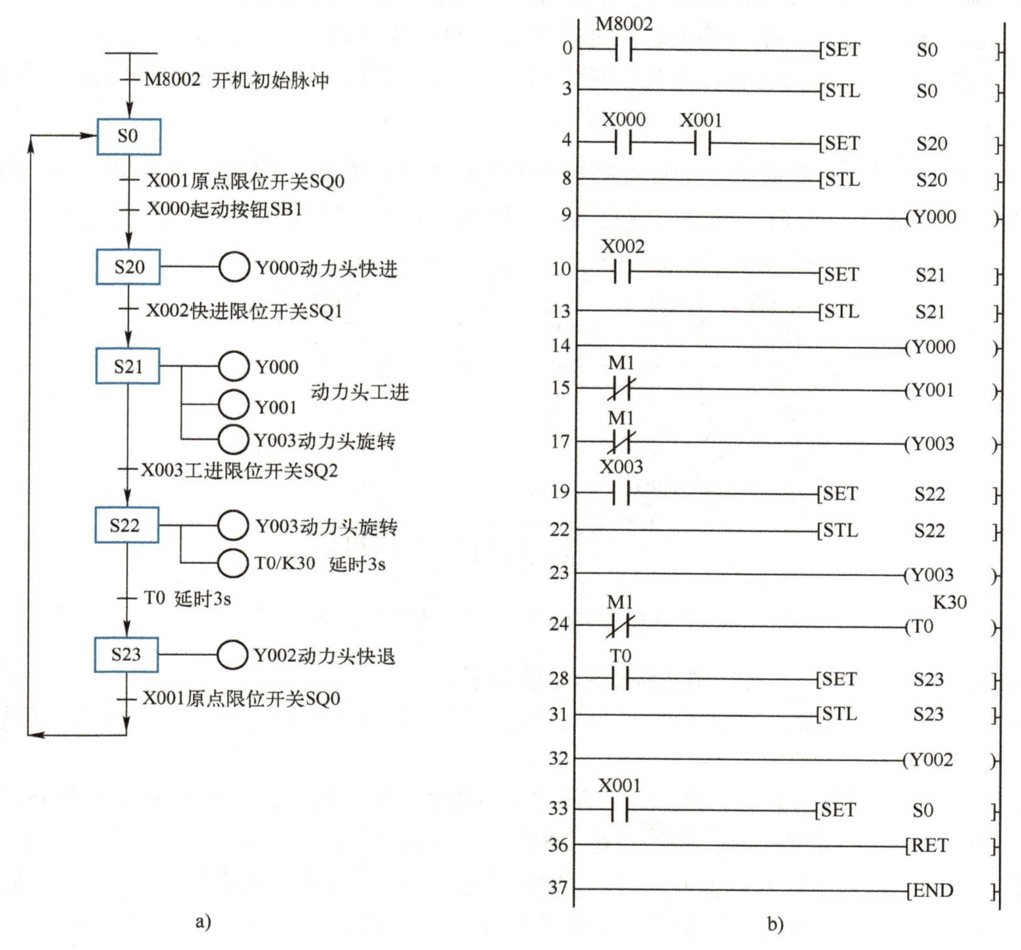

图3-13 SFC与梯形图控制程序

a) SFC b) 梯形图

2) 梯形图程序设计。由图3-13a可见，实现本任务的SFC属于单流程SFC。其中特殊辅助继电器M8002为初始化脉冲继电器，利用它使PLC在开机时进入初始状态S0。当程序运行使动力头返回到原位时，利用限位开关SQ0 (X001) 为转移条件使程序返回初始状态S0，等待下一次起动 (即程序停止)。利用STL/RET指令编程法对如图3-13a所示SFC进行编程，其对应梯形图如图3-13b所示。

任务3.2 大、小球分拣传送机控制系统设计

[知识目标]

1. 了解大、小球分拣传送机控制原理。

2. 掌握多分支SFC及其应用技巧。

[能力目标]

1. 能够进行PLC选型并进行大、小球分拣传送机控制系统硬件设计。
2. 能够利用GX-Works2编程软件进行多分支SFC程序设计，会仿真调试。
3. 能够进行大、小球分拣传送机控制系统输入、输出接线，并利用实训装置进行联机调试。

【任务描述】

图3-14所示为某品牌大、小球分拣传送机控制系统示意图。用FX_{3U}系列PLC实现该控制系统控制功能，完成PLC程序的编写与仿真调试，硬件的接线与联机调试。

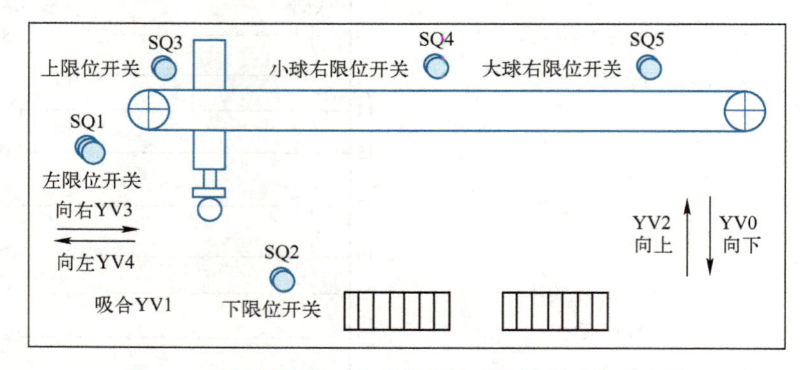

图3-14　某品牌大、小球分拣传送机控制系统示意图

该大、小球分拣传送机控制系统控制要求如下：

1）机械手初始状态在左上角原点处（上限位开关SQ3及左限位开关SQ1压合，机械手处于放松状态）。

2）按下起动按钮SB1后，机械手下降，2 s后机械手碰到球，如果碰到球的同时还碰到下限位开关SQ2，则一定是小球；如果碰到球的同时未碰到下限位开关SQ2，则一定是大球。

3）机械手吸合球后开始上升，碰到上限位开关SQ3后右移。如果是小球则右移到SQ4处（如果是大球则右移到SQ5处），机械手下降，当碰到下限位开关SQ2时，将小（大）球释放，放入小（大）球容器中。

4）释放后机械手上升，碰到上限位开关SQ3后左移，碰到左限位开关SQ1时停止，一个循环结束。

5）机械手的下降、吸合、上升、右移、左移分别由电磁阀YV0、YV1、YV2、YV3、YV4进行驱动。

[任务要求]

1. 利用GX-Works2设计大、小球分拣传送机控制系统梯形图程序。
2. 正确连接编程电缆，下载程序至PLC。
3. 正确连接输入按钮和输出负载（电磁阀）。
4. 仿真、联机调试。

[任务环境]

1. 两人一组，根据工作任务进行合理分工。

2. 每组配备 FX_{3U} 系列 PLC 实训装置一套。
3. 每组配备若干导线、工具等。

[考核评价标准]

任务考核评价标准见表 3-1。

【关联知识】

3-6　多分支顺序功能图

3. 2. 1　认识多分支顺序功能图（SFC）

SFC 按其流程可分为单流程 SFC 和多分支 SFC 两大类结构。如图 3-9 所示自动混料罐控制系统顺序功能图即属于典型的单流程 SFC，此处不再赘述。多分支 SFC 又可分为可选择分支、并行分支等类型。

1. 可选择分支与汇合

当一个程序有多个分支，且分支之间属于“或”逻辑关系，程序运行时只选择运行其中的一个分支，而其他分支不能运行，称为可选择分支。图 3-15 所示为可选择分支与汇合的 SFC 和梯形图。

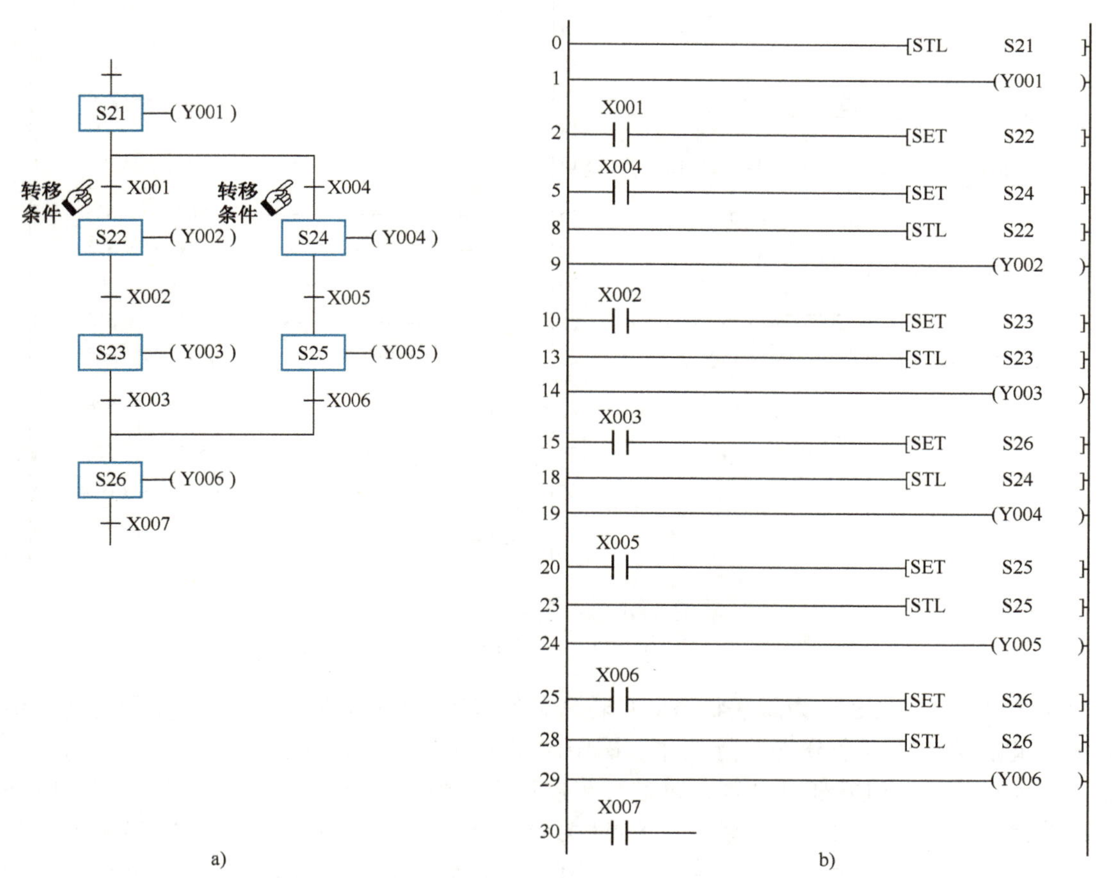

图 3-15　可选择分支与汇合
a）SFC　b）梯形图

由图 3-15 可知，选择可选择分支要有转移条件（如图中的 X001、X004），且分支选择条件不能同时接通。

图 3-15a 中，当 S21 为激活状态时，根据 X001 和 X004 的状态决定执行哪一条分支。当 S22 或 S24 转换为活动步时，S21 自动复位。S26 由 S23 或 S25 转移置位，同时，前一活动步 S23 或 S25 自动复位。

2. 并行分支与汇合

当一个程序有多个分支，且分支之间属于“与”逻辑关系，程序运行时要运行完所有的分支，才能汇合，称为并行分支。图 3-16 所示为并行分支与汇合的 SFC 和梯形图。

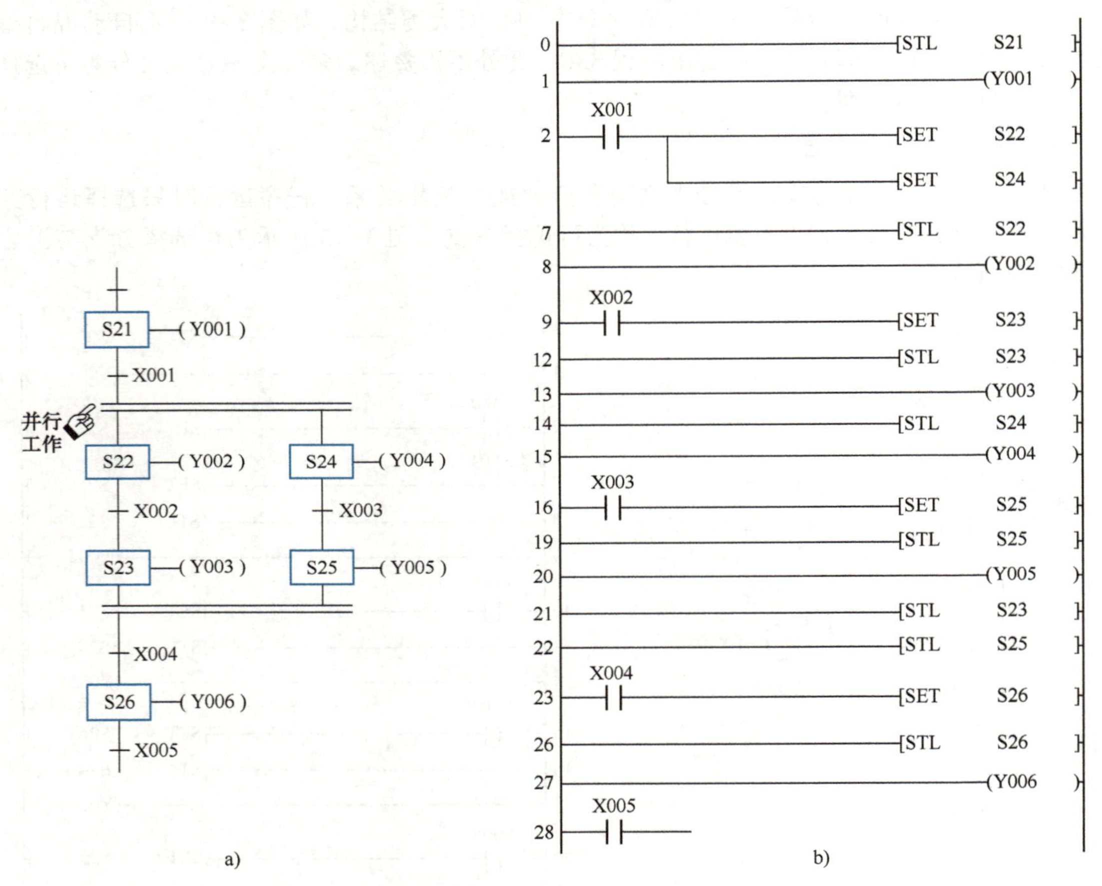

图 3-16　并行分支与汇合

a）SFC　b）梯形图

图 3-16 中，当 S21 为激活状态，且转移条件 X001 为 ON 时，S22 和 S24 同时为激活状态，此后系统的两个分支并行工作。图中水平双线强调的是并行工作，实际上与一般状态编程一样，先进行驱动处理，再进行转换处理，当两个分支都处理完毕，S23 和 S25 同时为激活状态时。此时若转移条件 X004 为 ON，S26 激活为活动步，同时 S23 和 S25 自动复位。多条支路汇合在一起，实质上是 STL 指令连续使用。STL 指令最多可连续使用 8 次。

3.2.2　PLC 控制系统设计与选型原则

1. PLC 控制系统设计基本原则

任何一种电气控制系统都是为了实现被控对象（生产设备或生产过程）的工艺要求，以提高生产效率和产品质量。因此，在设计 PLC 控制系统时，应遵循以下基本原则。

1）充分发挥 PLC 的功能，最大限度地满足被控对象的控制要求。

2）在满足控制要求的前提下，力求使控制系统简单、经济、使用及维修方便。

3）保证控制系统的安全、可靠。

4）应考虑生产发展和工艺的改进，在选择 PLC 的型号、I/O 点数和存储器容量等项目时，应留有适当的裕量，以利于系统的调整和功能的扩展。

2. PLC 控制系统设计流程

PLC 控制系统的一般设计流程如图 3-17 所示。

由图 3-17 可知，PLC 控制系统一般设计流程如下：

1）分析被控对象，明确控制要求。根据生产和工艺过程确定控制对象及控制要求，明确控制系统的工作方式，例如全自动、半自动、手动、单机运行和多级联机运行等。

2）确定 PLC 机型、用户 I/O 设备。选择 PLC 机型时应考虑生产厂家、性能结构、I/O 点数、存储容量和特殊功能等方面。

3）分配 PLC 的 I/O 地址，设计控制系统硬件接线图。根据已确定的 I/O 设备和选定的 PLC 机型，列出 I/O 地址分配表，以便编制控制程序、设计接线图及硬件安装。

4）PLC 的硬件设计。PLC 控制系统硬件设计是指电气电路设计，包括主电路、PLC 外部控制电路、设备供电系统图、电气控制柜结构及电气设备安装图等。

5）PLC 的软件设计。PLC 控制系统软件设计包括梯形图、指令语句表等，是整个 PLC 控制系统设计的核心环节。

6）联机调试。软件设计完毕，经仿真调试无误后可进行联机调试。一般先连接电气柜而不带负载，各输出设备调试正常后，再接上负载运行调试，直到完全满足设计要求为止。此外，为了确保控制系统工作可靠性，联机调试后，还要经过一段时间的试运行，以检验系统的可靠性。

7）编制技术文件。技术文件包括设计说明书、电气原理图和安装图、元器件明细表、状态转换图、梯形图及使用说明书等。

8）交付使用。

上述设计过程中，第 4）步硬件设计和第 5）步软件设计，若事先有明确的约定，可同时进行。

3. PLC 选型原则

PLC 选型的基本原则：所选的 PLC 应能够满足控制系统的功能需求，一般从 PLC 结构、输出方式、通信联网功能、PLC 电源、I/O 点数及 I/O 接口设备等方面进行综合考虑。

1）PLC 结构选择。在相同功能和相同 I/O 点数的情况下，整体式 PLC 比模块式 PLC 价格低。模块式具有功能拓展灵活、维护方便和容易判断故障点等优点。应根据需要选择 PLC

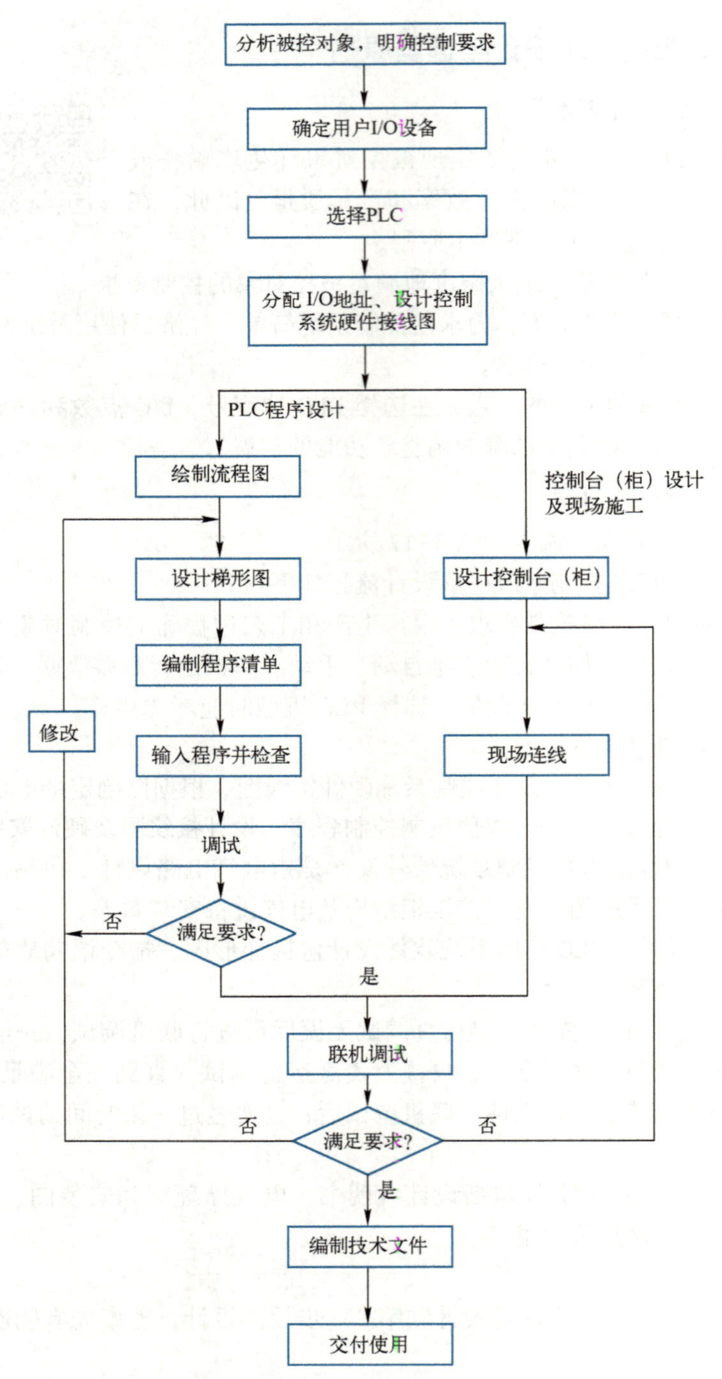

图3-17　PLC控制系统的一般设计流程图

的机型。

2）PLC输出方式选择。不同的负载对PLC的输出方式有相应的要求。继电器输出型的PLC工作电压范围广，触点的导通压降小，承受瞬时过电压和瞬时过电流的能力较强，但是动作速度较慢，触点寿命有一定的限制。如果系统输出信号变化不是很频繁，建议优先选择继电器输出型PLC。晶体管输出型与晶闸管输出型PLC分别用于直流负载和交流负载，它们的可靠性高，反应速度快，不受动作次数的限制，但是过载能力稍差。

3）通信联网功能选择。如果PLC控制系统需要联网控制，则所选用的PLC需要有通信联网功能，选择的PLC应具有连接其他PLC、上位机等接口功能。

4）PLC电源选择。电源是PLC引入干扰的主要途径之一，所以选择优质电源有助于提高PLC控制系统的可靠性。一般可选用畸变较小的稳压器或带有隔离变压器的电源，使用直流电源时要选用桥式全波整流电源。对于供电不正常或电压波动较大的情况，可考虑采用不间断电源（UPS）或稳压电源供电。

5）I/O点数及I/O接口设备的选择。根据控制系统所需要的输入设备（如按钮、行程开关和转换开关）、输出设备（如接触器、电磁阀和信号灯），以及A-D（模数）、D-A（数模）转换器的个数来确定PLC的点数。再按实际所需总点数的15%留有一定的裕量，以满足今后的生产发展或工艺改进的需要。

【任务实施】

3.2.3 大、小球分拣传送机控制系统设计

1. I/O地址分配

根据任务3.2的任务描述可知，大、小球分拣传送机控制系统输入设备分别为起动按钮SB1、左限位开关SQ1、上/下限位开关SQ3/SQ2、小球右限位开关SQ4以及大球右限位开关SQ5；输出设备分别为机械手下降、吸合、上升、右移、左移电磁阀YV0、YV1、YV2、YV3、YV4。设定I/O地址分配表，见表3-6。

表3-6 I/O地址分配表

输入			输出		
元器件代号	地址号	功能说明	元器件代号	地址号	功能说明
SB1	X0	起动按钮	YV0	Y0	下降电磁阀
SQ1	X1	左限位开关	YV1	Y1	机械手吸合电磁阀
SQ2	X2	下限位开关	YV2	Y2	上升电磁阀
SQ3	X3	上限位开关	YV3	Y3	右移电磁阀
SQ4	X4	小球右限位开关	YV4	Y4	左移电磁阀
SQ5	X5	大球右限位开关			

2. 硬件接线图设计

根据表3-6所示I/O地址分配表，可对硬件接线图进行设计，如图3-18所示。

3. 控制程序设计

（1）SFC设计

根据任务3.2的任务描述可知，大、小球分拣传送机控制系统属于典型的多分支顺序控制系统，利用多分支SFC进行设计能起到事半功倍的效果。根据控制系统控制要求和I/O

地址分配表，设计 SFC 如图 3-19 所示。

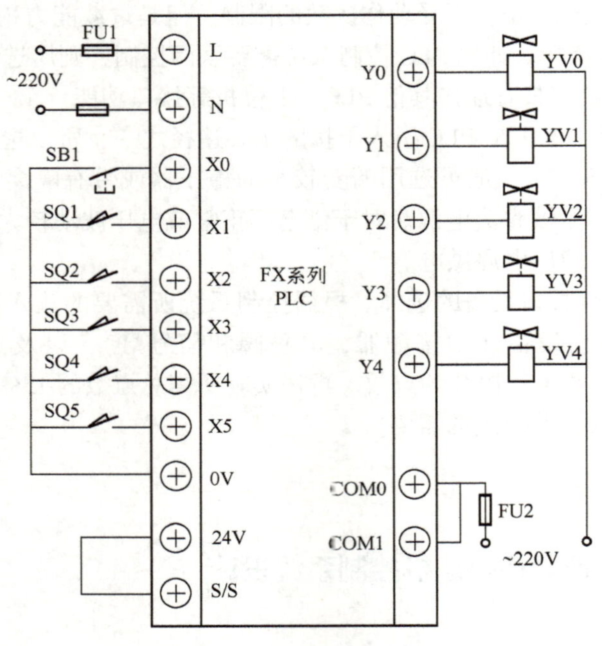

图 3-18　硬件接线图

由图 3-19 可见，状态转换图中出现了分支，而两条分支不会同时工作，具体转移到哪一条分支由转换条件 X002（下限位开关 SQ2）的通断状态决定。当 X002 接通（下限位开关 SQ2 被压合）时，转移到 S21 分支，否则转移到 S31 分支。大、小球分拣传送机控制系统各状态元件分配见表 3-7。

表 3-7　状态元件分配

状态名称	软　元　件	功能说明
状态 0	S0	初始
状态 20	S20	机械手下降
状态 21	S21	机械手吸合、上升（小球）
状态 22	S22	机械手右移（小球）
状态 23	S23	机械手下降
状态 24	S24	机械手放松、上升
状态 25	S25	机械手左移
状态 31	S31	机械手吸合、上升（大球）
状态 32	S32	机械手右移（大球）

（2）梯形图程序设计

利用 STL/RET 指令编程法对如图 3-19 所示 SFC 进行编程，其对应梯形图如图 3-20 所示。

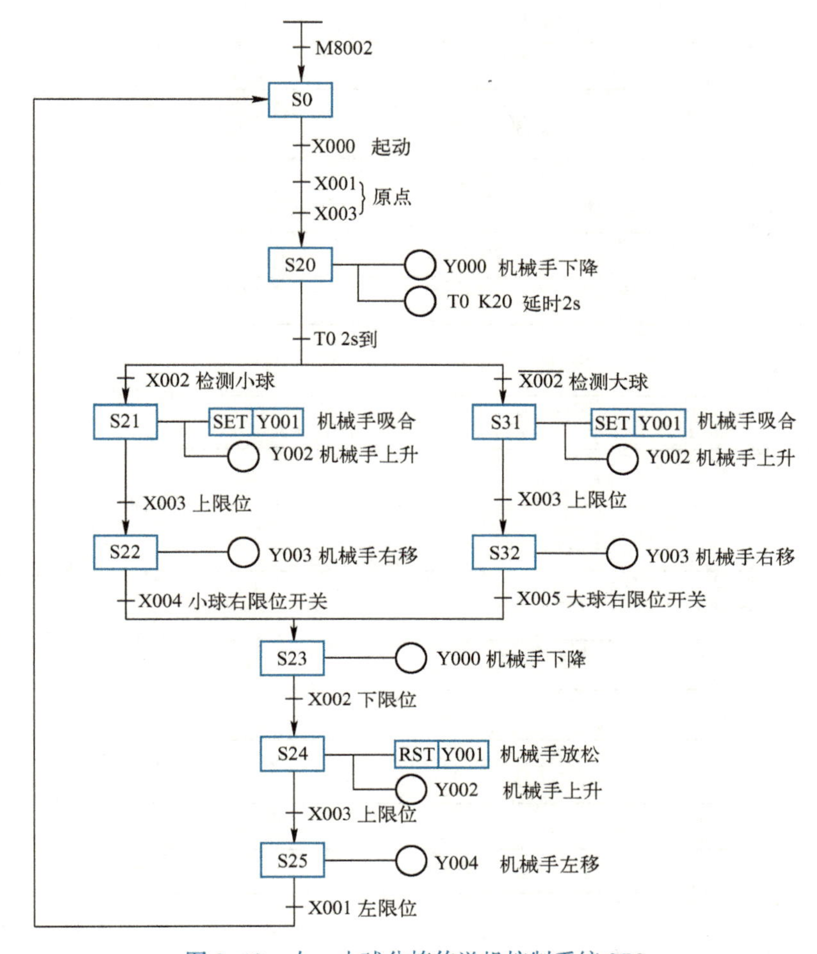

图 3-19　大、小球分拣传送机控制系统 SFC

```
        M8002
0   ----| |------------------------------------[SET   S0  ]
3   -------------------------------------------[STL   S0  ]
        X000        X001        X003
4   ----| |---------| |---------| |------------[SET   S20 ]
9   -------------------------------------------[STL   S20 ]
10  -------------------------------------------(Y000      )
        M1                                      K20
11  ----|/|------------------------------------(T0        )
        T0          X002
15  ----| |----+----| |------------------------[SET   S21 ]
               |    X002
               +----|/|------------------------[SET   S31 ]
```

图 3-20　梯形图控制程序

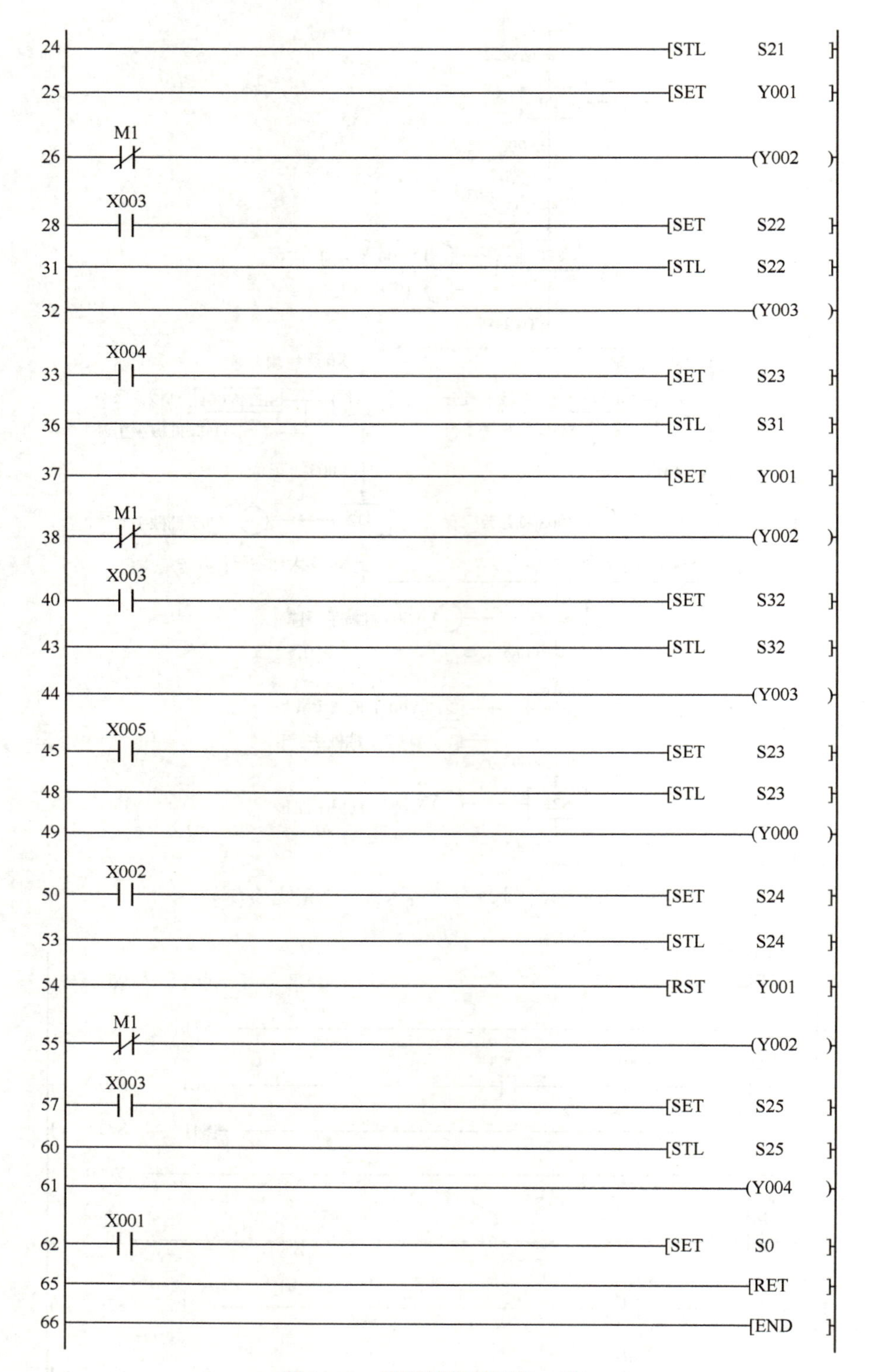

图 3-20 梯形图控制程序（续）

4. 程序调试

1）按照图 3-18 所示硬件接线图接线并检查、确认接线正确。

2）利用 GX-Works2 软件输入、仿真调试程序，分析程序运行结果。

3）程序符合控制要求后再接通主电路试车，进行系统联机调试，直到最大限度地满足系统控制要求为止。

*3.2.4　课赛融通拓展：某品牌搬运机械手控制系统设计

图 3-21 所示为某品牌搬运机械手控制系统示意图。用 FX_{3U} 系列 PLC 进行搬运机械手控制系统设计。

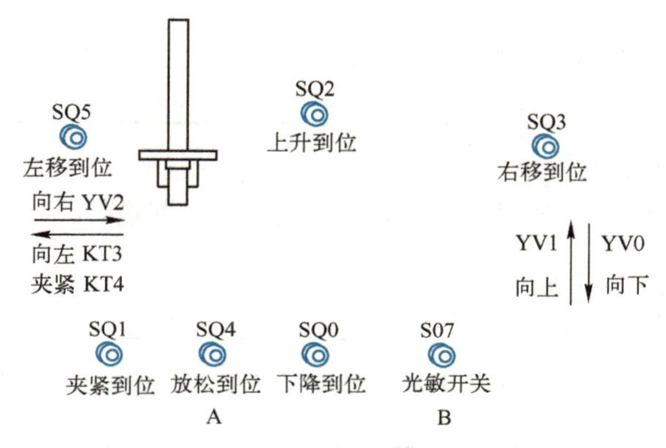

图 3-21　某品牌搬运机械手控制系统示意图

1. 控制要求分析

经深入企业调研，如图 3-21 所示搬运机械手控制系统控制要求如下：

1）定义搬运机械手“取与放”搬运系统的原点为左上方所达到的极限位置，即左限位开关闭合，上限位开关闭合，搬运机械手处于放松状态。

2）搬运过程是搬运机械手把工件从 A 处搬到 B 处。

3）搬运机械手上升和下降、左移和右移均由电磁阀驱动气缸实现。

4）当工件处于 B 处上方准备下放时，为确保安全，用光敏开关检测 B 处有无工件，只有在 B 处无工件时才能发出下放信号。

5）搬运机械手工作过程：起动搬运机械手下降到 A 处位置→夹紧工件→夹紧工件上升至顶端→搬运机械手横向移动到右端，进行光敏检测→下降到 B 处位置→搬运机械手放松，把工件放到 B 处→搬运机械手上升至顶端→搬运机械手横向移动返回到左端原点处。

6）搬运机械手连续循环，按停止按钮 SB2，搬运机械手立即停止；再次按起动按钮 SB1，搬运机械手继续运行。

2. 控制系统软、硬件设计

（1）I/O 地址分配

根据控制要求，设定 I/O 地址分配表，见表 3-8。

表 3-8　I/O 地址分配表

输入			输出		
元器件代号	地址号	功能说明	元器件代号	地址号	功能说明
SB1	X10	起动按钮	YV0	Y0	下降电磁阀
SB2	X11	停止按钮	YV1	Y1	上升电磁阀
SQ0	X2	下降限位行程开关	YV2	Y2	右移电磁阀
SQ1	X3	夹紧限位行程开关	YV3	Y3	左移电磁阀
SQ2	X4	上升限位行程开关	YV4	Y4	夹紧电磁阀
SQ3	X5	右移限位行程开关			
SQ4	X6	放松限位行程开关			
SQ5	X7	左移限位行程开关			
S07	X0	光敏检测开关			

（2）系统硬件接线图设计

根据表 3-8 所示 I/O 地址分配表，可对系统硬件接线图进行设计，如图 3-22 所示。

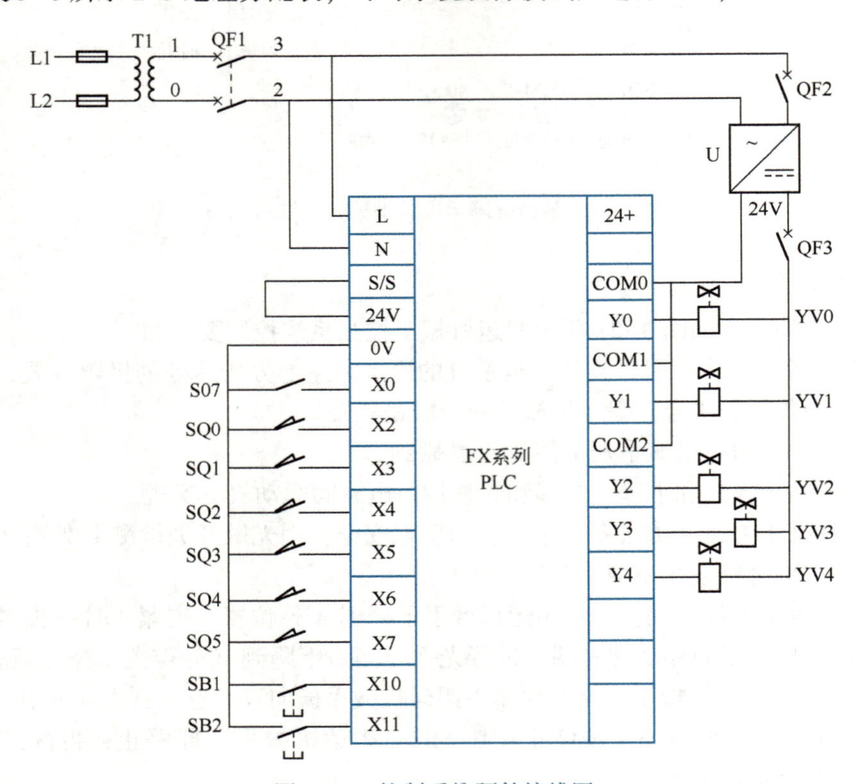

图 3-22　控制系统硬件接线图

（3）控制程序设计

1）SFC 设计。根据控制要求分析可知，搬运机械手控制系统属于典型的顺序控制系统，利用 SFC 进行设计能起到事半功倍的效果。根据控制系统控制要求和 I/O 地址分配表，设计 SFC 如图 3-23 所示。

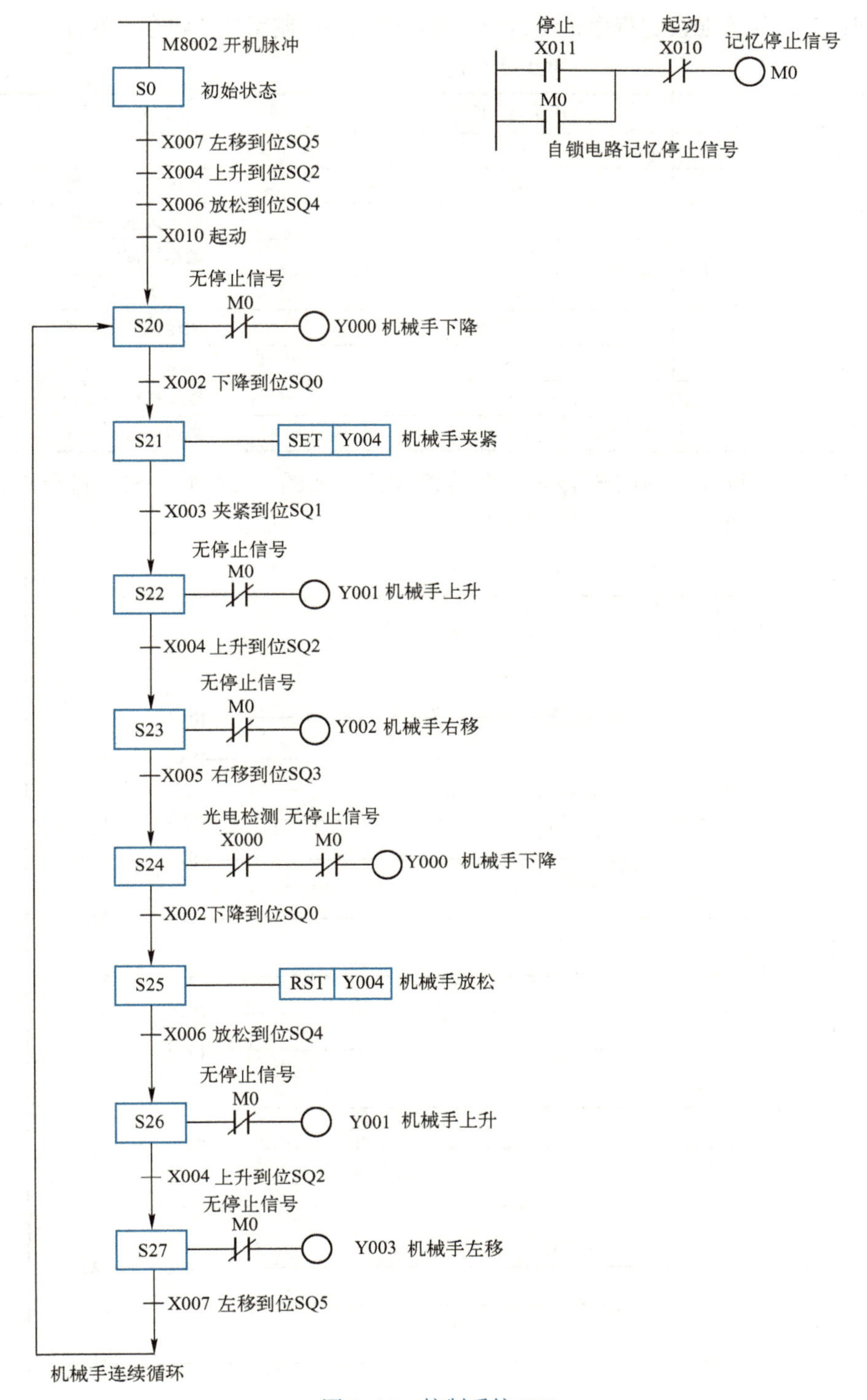

图 3-23　控制系统 SFC

图 3-23 中，辅助继电器 M0 用来记忆停止信号，若按下停止按钮 SB2，则 M0 常开触点闭合实现自锁功能，常闭触点断开使输出停止。再按下起动按钮 SB1，则 M0 常开、常闭触点复

位，搬运机械手继续按照设定程序正常运行。搬运机械手控制系统各状态元件分配见表 3-9。

表 3-9　状态元件分配表

元件名称	软　元　件	功能说明
状态 0	S0	初始
状态 20	S20	搬运机械手下降
状态 21	S21	搬运机械手夹紧
状态 22	S22	搬运机械手上升
状态 23	S23	搬运机械手右移
状态 24	S24	搬运机械手下降
状态 25	S25	搬运机械手放松
状态 26	S26	搬运机械手上升
状态 27	S27	搬运机械手左移

2）梯形图程序设计。利用 STL/RET 指令编程法对如图 3-23 所示 SFC 进行编程，其对应梯形图如图 3-24 所示。

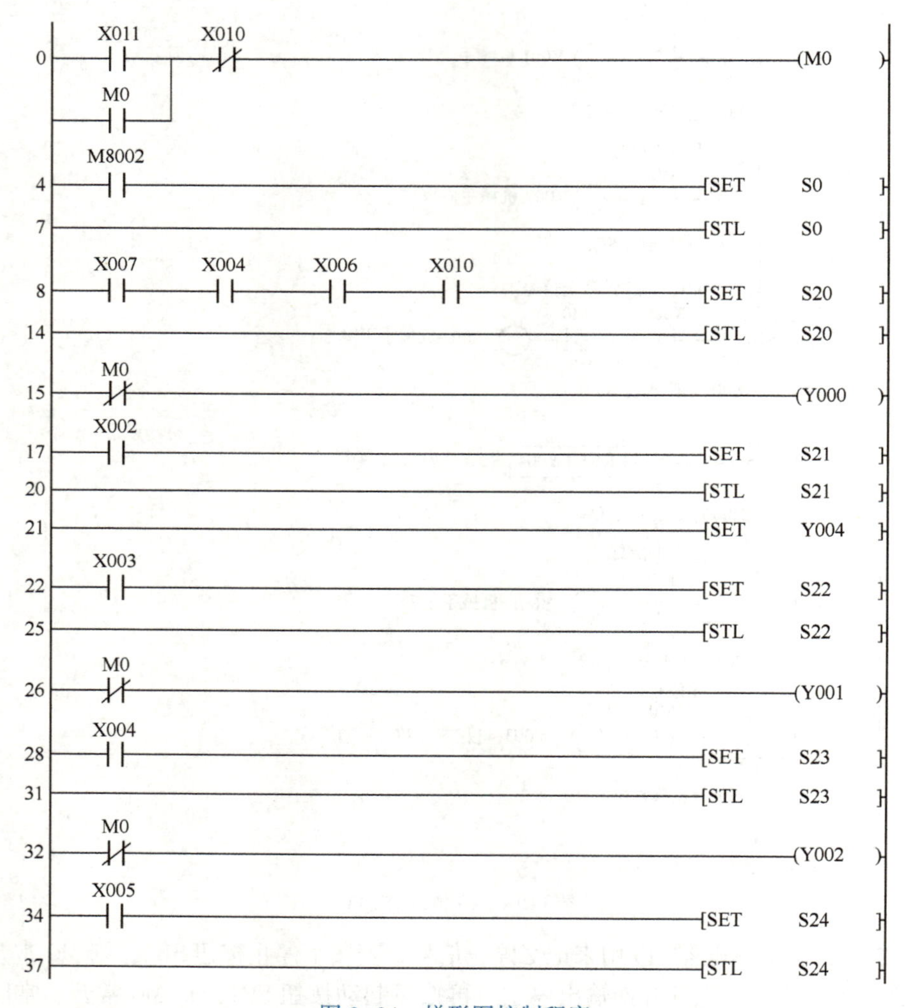

图 3-24　梯形图控制程序

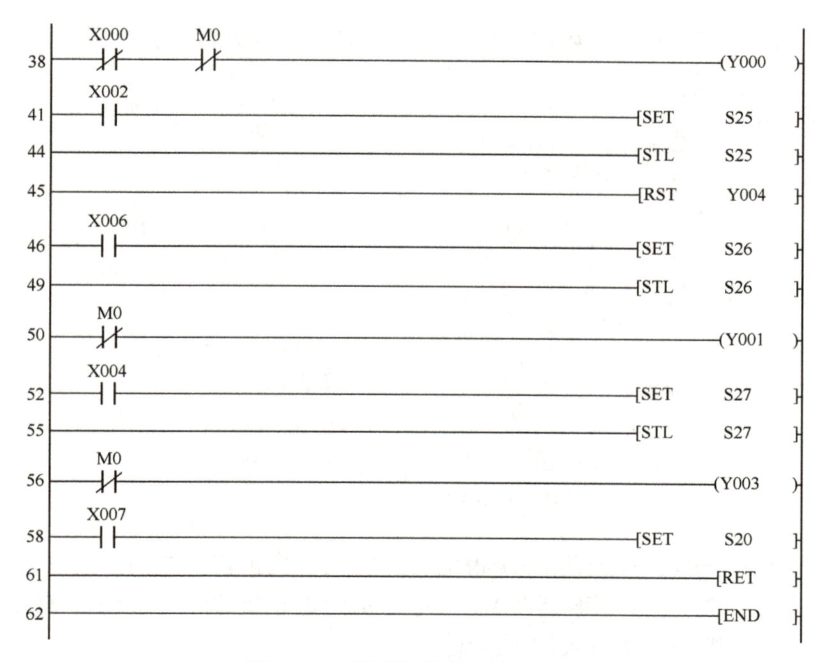

图 3-24 梯形图控制程序（续）

研讨与训练

3.1 简述顺序功能图具有哪些特点。

3.2 顺序功能图通常有哪几种结构形式？

3.3 图 3-25 所示为某控制系统 SFC，将其转换成对应的步进梯形图。

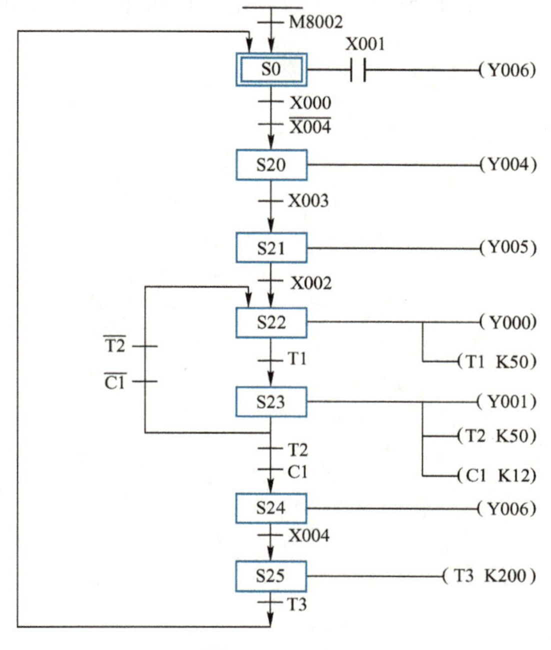

图 3-25 SFC

3.4 设计如图 3-26 所示加热炉自动送料装置的 SFC。功能要求如下。

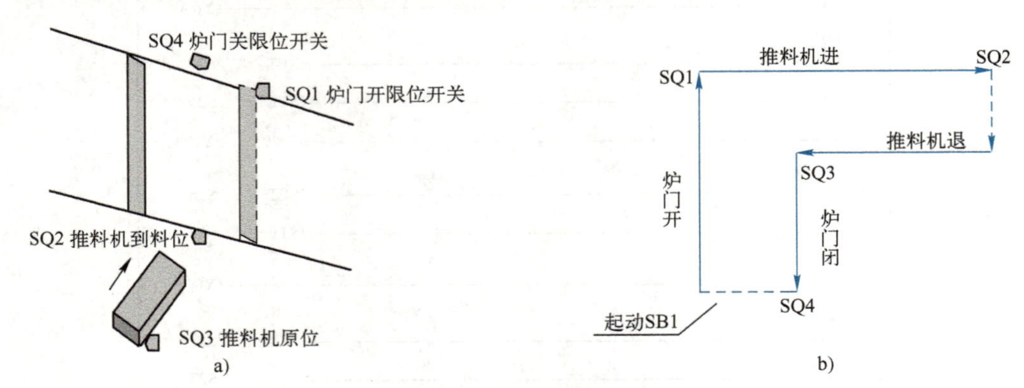

图 3-26 加热炉自动送料装置的 SFC
a）示意图 b）流程图

（1）按起动按钮 SB1，接触器 KM1 得电，炉门电动机正转，炉门开。

（2）压合限位开关 SQ1，接触器 KM1 失电，炉门电动机停转；接触器 KM3 得电，推料机电动机正转，推料机进，送料入炉到料位。

（3）压合限位开关 SQ2，接触器 KM3 失电，推料机电动机停转，延时 3 s 后，接触器 KM4 得电，推料机电动机反转，推料机退到原位。

（4）压合限位开关 SQ3，接触器 KM4 失电，推料机电动机停转；接触器 KM2 得电，炉门电动机反转，炉门关闭。

（5）压合限位开关 SQ4，接触器 KM2 失电，炉门电动机停转；SQ4 常开触点闭合，并延时 3 s 后才允许下次循环开始。

（6）若按下停止按钮 SB2，控制系统立即停止，再按下起动按钮 SB1 继续运行。

项目 4

复杂工程控制系统设计

在工业控制中，PLC 除了能处理逻辑开关量外，还能对数据进行处理。基本逻辑指令主要用于逻辑量的处理，而功能指令则用于对数字量的处理，包括数据的传送、变换、运算以及程序流程控制。此外，功能指令还用来处理 PLC 与外部设备的数据传送和控制等。功能指令的出现，使得 PLC 的控制功能越来越强大，应用范围也越来越广泛。由于功能指令实质上是一个个完成不同功能的子程序，在应用中，只要按照功能指令操作数的要求设定相应的操作数，然后在程序中驱动它们（实际上是调用相应子程序），即可完成该功能指令所代表的功能操作。利用功能指令设计控制系统程序可有效解决 PLC 程序复杂、可读性差等典型问题，在复杂工程项目控制系统设计中可起到事半功倍的作用。三菱 FX_{3U} 系列 PLC 具有基本功能指令、数值运算指令、数据处理指令、外部设备指令、高速处理指令、脉冲输出和定位指令、方便指令、时钟运算指令等类型功能指令，本项目仅选取常用功能指令进行介绍。

学习本项目，可了解以典型工程案例为 PLC 控制对象，利用常用功能指令进行复杂工程控制系统软硬件设计、调试，完成自动竞赛抢答器、生产线输送带、智能电动小车、智能轿车喷漆流水线、霓虹灯广告屏和花式喷泉等复杂工程控制功能。

任务 4.1 4 路竞赛抢答器控制系统设计

[知识目标]

1. 了解功能指令格式及含义。
2. 了解竞赛抢答器控制系统控制要求以及工作原理。
3. 掌握三菱 FX_{3U}系列 PLC 关联功能指令应用技巧。

[能力目标]

1. 能够进行竞赛抢答器控制系统硬件设计。
2. 能够利用 GX-Works2 编程软件进行竞赛抢答器控制系统梯形图程序设计，会仿真调试。
3. 能够进行竞赛抢答器控制系统输入、输出接线，并利用实训装置进行联机调试。

【任务描述】

某品牌 4 路竞赛抢答器，配有 4 个选手抢答按钮 SB1～SB4、1 个主持人答题按钮 SB5、复位按钮 SB6、数码管显示器以及工作指示灯 HL1、犯规指示灯 HL2、超时指示灯 HL3 等。该竞赛抢答器控制功能要求如下：

1）在答题过程中，当主持人按下开始答题按钮 SB5 后，4 位选手开始抢答，抢先按下按钮的选手号码应该在显示屏上显示出来，同时工作指示灯 HL1 亮，其他选手按钮不起作用。

2）如果主持人未按下开始答题按钮 SB5 就有选手抢先按下答题按钮，则认为犯规，犯规选手的号码闪烁显示（闪烁周期为 1 s），同时犯规指示灯 HL2 闪烁（周期与显示屏相同）。

3）当主持人按下开始答题按钮 SB5，超过 10 s 仍无选手答题，则系统超时指示灯 HL3 亮，此后不允许再有选手抢答该题。

4）当主持人按下复位按钮，系统进行复位，重新开始抢答。

使用 FX_{3U}系列 PLC 实现此控制功能，完成 PLC 程序的编写与仿真调试，硬件的接线与联机调试。

[任务要求]

1. 利用 GX-Works2 设计 4 路竞赛抢答器控制系统梯形图程序。
2. 正确连接编程电缆，下载程序至 PLC。
3. 正确连接输入按钮和输出负载（数码管、指示灯）。
4. 仿真、联机调试。

[任务环境]

1. 两人一组，根据工作任务进行合理分工。
2. 每组配备 FX_{3U}系列 PLC 实训装置一套。
3. 每组配备若干导线、工具等。

[考核评价标准]

1. 说明

1）本评价标准根据中国人力资源和社会保障部职业技能鉴定中心《电工国家职业技能标准》编制。

2）任务考核评价由指导教师组织实施，指导教师可自行制定具体任务评分细则。

3）任务考核评价可根据任务实施情况，引入学生互评。

2. 考核评价标准

项目考核评价标准见表 4-1。

表 4-1　项目考核评价标准

评价内容	序号	项目配分	考核要求	评分细则	扣分	得分
职业素养与操作规范（50 分）	1	工作前准备（5 分）	清点工具、仪表等	未清点工具、仪表等每项扣 1 分		
	2	安装与接线（15 分）	按 PLC 控制系统硬件接线图在模拟配线板上正确安装、操作规范	① 未关闭电源开关，用手触摸带电线路或带电进行线路连接或改接，本项记 0 分 ② 线路布置不整齐、不合理，每处扣 2 分 ③ 损坏元件扣 5 分 ④ 接线不规范造成导线损坏，每根扣 5 分 ⑤ 不按 I/O 接线图接线，每处扣 2 分		
	3	程序输入与调试（20 分）	熟练操作编程软件，将所编写的程序输入 PLC；按照被控设备的动作要求进行模拟调试，达到控制要求	① 不会熟练操作软件输入程序，扣 10 分 ② 不会进行程序删除、插入和修改等操作，每项扣 2 分 ③ 不会联机下载调试程序扣 10 分 ④ 调试时造成元件损坏或者熔断器熔断每次扣 10 分		
	4	清洁（5 分）	工具摆放整洁；工作台面清洁	乱摆放工具、仪表，乱丢杂物，完成任务后不清理工位扣 5 分		
	5	安全生产（5 分）	安全着装；按维修电工操作规程进行操作	① 没有安全着装，扣 5 分 ② 出现人员受伤、设备损坏事故，考试成绩为 0 分		
操作（50 分）	6	功能分析（10 分）	能正确分析控制系统功能	功能分析不正确，每处扣 2 分		
	7	I/O 分配表（5 分）	正确完成 I/O 地址分配表	I/O 地址遗漏，每处扣 2 分		
	8	硬件接线图（5 分）	绘制 I/O 接线图	① 接线图绘制错误，每处扣 2 分 ② 接线图绘制不规范，每处扣 1 分		
	9	梯形图（15 分）	梯形图正确、规范	① 梯形图功能不正确，每处扣 3 分 ② 梯形图画法不规范，每处扣 1 分		
	10	功能实现（15 分）	根据控制要求，准确完成系统的安装调试	不能达到控制要求，每处扣 5 分		
评分人：			核分人：		总分	

【关联知识】

4.1.1 认识功能指令

4-1 认识功能指令

1. 功能指令的格式及含义

三菱 FX_{3U} 系列 PLC 功能指令格式如图 4-1a 所示。

图 4-1a 中，FNC45 是该功能指令的功能码（或操作码），使用简易编程器调用时必须采用此编号；MEAN 是该功能指令的助记符，其含义是求平均数，使用智能编程器或在计算机上编程时可直接输入助记符 MEAN；D0、D10、K3 为该指令的操作数，其中 D0 为源操作数，D10 为目标操作数，K3 是指以 D0 为首地址的连续三个地址，即 D0、D1、D2。该指令的功能含义如图 4-1b 所示。

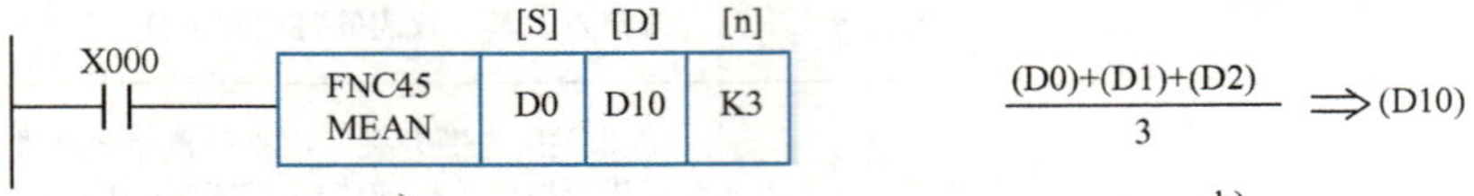

X000 | FNC45 MEAN | [S] D0 | [D] D10 | [n] K3

a)

$$\frac{(D0)+(D1)+(D2)}{3} \Rightarrow (D10)$$

b)

图 4-1 功能指令格式示例

a）功能指令格式 b）功能含义

由图 4-1 可知，功能指令由功能码、助记符、数据长度、执行形式以及操作数等要素组成。各部分含义如下。

（1）功能码（FNC NO）

每一条功能指令都有固定的功能码和助记符，两者严格对应。例如 FNC45 对应助记符 MEAN，FNC01 对应助记符 CALL，FNC12 对应助记符 MOV。由于在进行工程项目设计时，较少用简易编程器进行编程，故本项目仅对功能指令助记符进行介绍。

（2）助记符

助记符是功能指令的英文缩写。例如加法指令英文为“Addition Instruction”，简写为“ADD”，采用这种方式，便于理解指令功能，容易记忆和掌握。

（3）数据长度

FX_{3U} 系列 PLC 提供的数据长度分为 16 位和 32 位两种，参与运算的数据默认为 16 位二进制数据。若表示 32 位数据则需在助记符前面加 D（Double），此时只写出元件的首地址，且首地址为 32 位数据的低 16 位数据，高 16 位数据放在比首地址高 1 位的地址中。例如 MEAN 为 16 位，DMEAN 为 32 位。

（4）执行形式

FX_{3U} 系列 PLC 功能指令的执行形式分为连续执行型和脉冲执行型。其中连续执行型在驱动条件为 ON 时在每个扫描周期都执行一次，脉冲执行型仅在驱动条件由 OFF→ON 变化时执行一次，与扫描周期无关。在助记符后面加 P（Pulse）表示脉冲执行型，不加则为连续执行型。例如 MEAN 为连续执行型，MEANP 为脉冲执行型。此外，P 和 D 可以同时使用，如 DMEANP。值得注意的是，某些功能指令如 INC、DEC 等在连续执行时应特别注意，在指令助记符标识栏用“◥”表示。

（5）操作数

操作数指功能指令涉及或产生的数据。功能指令的操作数远比基本指令复杂，分为源操作数（Source）、目标操作数（Destination）和其他操作数（Other Operands）。

1）源操作数。执行功能指令后不改变其内容的操作数，用［S］表示。当源操作数较多时，以［S1］［S2］…表示。

2）目标操作数。执行功能指令后改变其内容的操作数，用［D］表示。当目标操作数较多时，以［D1］［D2］…表示。

3）其他操作数。既不是源操作数，也不是目标操作数的操作数，用［m］、［n］表示。其他操作数往往是常数，或者是对源操作数、目标操作数进行补充说明的有关参数。表示常数时，一般用K表示十进制数，H表示十六进制数。当其他操作数较多时，以［m1］［m2］…或［n1］［n2］…表示。

应用技巧：

1）功能指令的源操作数、目标操作数和其他操作数的变化是丰富多彩的。有些指令无操作数（如IRET、WDT）；有些指令没有源操作数，只有目标操作数（如XCH）；大部分指令具备源操作数和目标操作数。

2）操作数若是间接操作数，即通过变址取得数据，则在功能指令操作数后面加“·”，例如［S·］、［D·］等。

3）在程序中，每条功能指令占用一定的程序步数，功能码和助记符占1步，每个操作数占2步或4步（16位操作数是2步，32位操作数是4步）。

2. 数据结构形式

三菱FX_{3U}系列PLC提供的数据结构形式分为位元件、字元件和位组合元件等。

（1）位元件

位元件是指只有两种状态（ON或OFF）的开关量元件，属于数据类型中的布尔数。FX_{3U}系列PLC中位元件有输入继电器X、输出继电器Y、辅助继电器M和状态继电器S等。

（2）字元件

处理数据的软元件称为字元件。1个字元件由16位存储单元构成，其中最高位（第15位）为符号位，第0～14位为数值位。符号位的判别是：正数0，负数1。FX_{3U}系列PLC中字元件有定时器T、计数器C和数据寄存器D等。图4-2所示为16位数据寄存器D0。

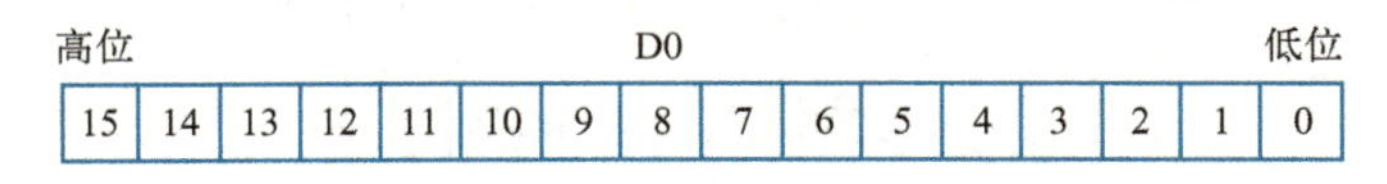

图4-2　字元件

（3）位组合元件

位组合元件是由位元件构成的一种字元件特殊结构。由位数Kn和起始位元件号的组合来表示，其中n表示组数，位元件每4位为一组，组合成单元。例如，K1X0表示X0～X3的4位数据，X0是最低位；K2Y0表示Y0～Y7的8位数据，Y0是最低位；K4M10表示M10～M25的16位数据，M10是最低位。当一个16位数据传送到K1M0、K2M0或K3M0

时，只传送相应的低位数据，较高位的数据不传送。32 位数据传送也一样。

应用技巧：

1）定时器 T/计数器 C 属于身兼位元件和字元件双重身份的软元件。即常开、常闭触点是位元件，定时时间设定值/预置计数值则为字元件。

2）利用两个字元件可以组成双字元件，以组成 32 位数据操作数。双字元件由相邻的寄存器组成。双字元件中第 31 位为符号位，第 0~30 位为数值位。在指令中使用双字元件时，一般只用其低位地址表示这个元件，但高位地址也将同时被指令使用。

4.1.2 CJ 指令

CJ 指令的助记符、功能号、名称、操作数和程序步长见表 4-2。

表 4-2 CJ 指令

助记符	功能号	名 称	操作数［D］	程序步长
CJ	FNC00	条件跳转指令	指针 P0~P4095 （特殊指针 P63：跳转到 END）	CJ（P）：3 步 P 指针：1 步

1. 指令功能

CJ 指令即条件跳转指令，将程序跳转到 P 指针指定处。

2. 应用实例

CJ 指令应用实例如图 4-3 所示。

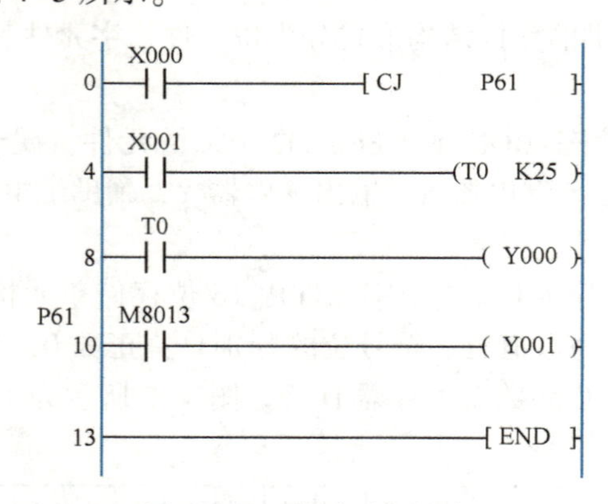

图 4-3 CJ 指令应用实例

图 4-3 中，X000 为跳转条件，若 X000 为 ON，程序跳转到指针 P61 处，并执行指针 P61 后面的程序；若 X000 为 OFF，则顺序执行程序，这称为有条件跳转。当跳转条件为 M8000 等特殊继电器时，则称为无条件跳转。

应用技巧：

1）多条跳转指令可以使用相同的指针。

2）指针一般设在相关的跳转指令之后，也可以设在跳转指令之前。但要注意从程序执行顺序来看，如果由指针在前造成该程序的执行时间超过了警戒时钟设定值，则程序会出错。

3）指针 P63 为 END 指令跳转用特殊指针，当出现指令“CJ　P63”且跳转条件满足时，程序跳转到 P63，执行 END 指令功能。因此，P63 不能作为程序入口地址标号而进行编程。如果对 P63 编程，PLC 会发生程序错误并停止运行。

4）在编程软件 GX-Works2 上输入梯形图时，指针 P 的输入方法：找到跳转后的程序首行，将光标移到该行左母线外侧，直接输入指针 P 即可。

4.1.3　CALL、SRET 指令

CALL、SRET 指令的助记符、功能号、名称、操作数和程序步长见表 4-3。

表 4-3　CALL、SRET 指令

助记符	功能号	名　称	操作数［D］	程序步长
CALL	FNC01	子程序调用指令	指针 P0~P62，P64~P4095	CALL（P）：3 步 P 指针：1 步
SRET	FNC02	子程序返回指令	无	1 步

1. 指令功能

1）CALL 指令。子程序调用指令，调用指针 P 指定的子程序。

2）SRET 指令。子程序返回指令，从子程序返回到主程序。

2. 应用实例

CALL、SRET 指令应用实例如图 4-4 所示。

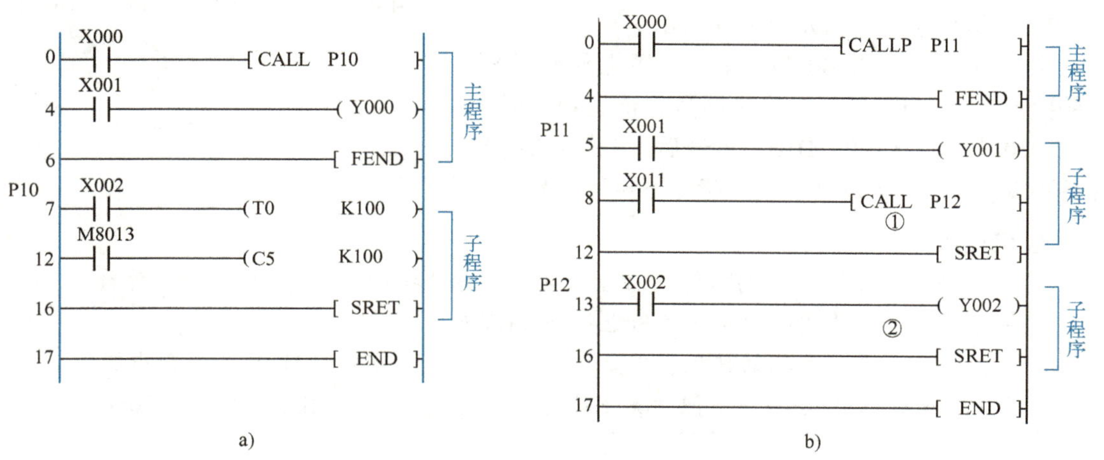

图 4-4　CALL、SRET 指令应用实例
a）应用实例　b）子程序嵌套

图 4-4a 中，X000 为子程序调用驱动条件，当 X000 为 ON 时，则跳转至指针 P10 处执行子程序。当执行到 SRET 指令时，返回到主程序中 CALL 指令的下一行继续往下执行。当

X000为OFF时，不调用子程序，程序按顺序执行。

CALL、SRET指令可以实现五级嵌套。图4-4b所示为一级嵌套实例。子程序P11的调用因采用CALLP指令，属于脉冲执行方式，所以在X000由OFF→ON时，仅执行一次，即当X000从OFF→ON时，调用P11子程序。P11子程序执行时，当X011为ON时，又要调用P12子程序并执行，当P12子程序执行到SRET②处，返回到P11原断点处执行P11子程序，当执行到SRET①处，返回执行主程序。

应用技巧：

1）CALL、SRET指令需配对使用。

2）CALL指令一般安排在主程序中，主程序的结束用FEND指令（主程序结束指令，功能与END指令类似）。子程序的开始端有P□□指针，最后由SRET返回指令返回主程序。

4.1.4 MOV指令

MOV指令的助记符、功能号、名称、操作数和程序步长见表4-4。

表4-4 MOV指令

助记符	功能号	名称	操作数		程序步长
			[S·]	[D·]	
MOV	FNC12	传送指令	K、H、KnX、KnY、KnM、KnS、T、C、D、V、Z	KnY、KnM、KnS、T、C、D、V、Z	MOV(P)：5步 DMOV(P)：9步

1. 指令功能

MOV指令即传送指令，将源操作数中的数据传送到目标操作数中，即[S·]→[D·]。

2. 应用实例

MOV指令应用实例如图4-5所示。

图4-5中，当X000为ON时，源操作数[S]中的数据K100自动转换为二进制数并传送到目标操作数D10中，即K100→D10，传送后，[S]的内容保持不变。当X000为OFF时，指令不执行，数据保持不变。

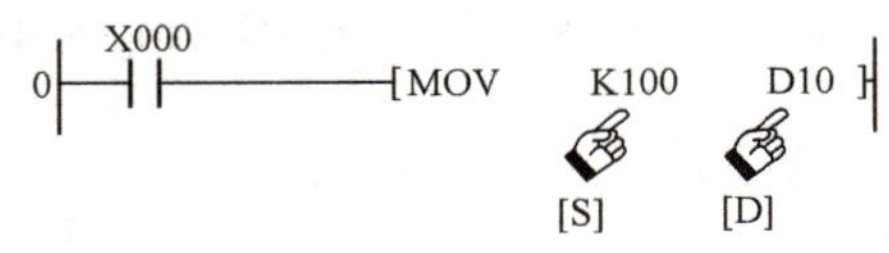

图4-5 MOV指令应用实例

应用技巧：

1）MOV指令为连续执行型，MOVP指令为脉冲执行型。编程时若源操作数[S·]是一个变量，则要用脉冲执行型传送指令MOVP。

2）对于32位数据的传送，需要用DMOV指令，否则用MOV指令会出错。

3）与MOV指令功能类似的其他传送指令有SMOV、CML、BMOV、FMOV等。

4.1.5 ZRST指令

4-5 ZRST指令

ZRST指令的助记符、功能号、名称、操作数和程序步长见表4-5。

表 4-5 ZRST 指令

助记符	功能号	名 称	操作数		程序步长
			[D1]	[D2]	
ZRST	FNC40	区间复位指令	Y、M、S、T、C、D (D1≤D2)		ZRST(P)：5 步

1. 指令功能

ZRST 指令即区间复位指令，将目标操作数［D1］和［D2］指定的元件号范围内同类元件成批复位为 OFF 状态。

2. 应用实例

ZRST 指令应用实例如图 4-6 所示。当 X000 为 ON 时，位元件 M100～M199 成批复位为 OFF 状态，字元件 C235～C250 同样成批复位为 OFF 状态。

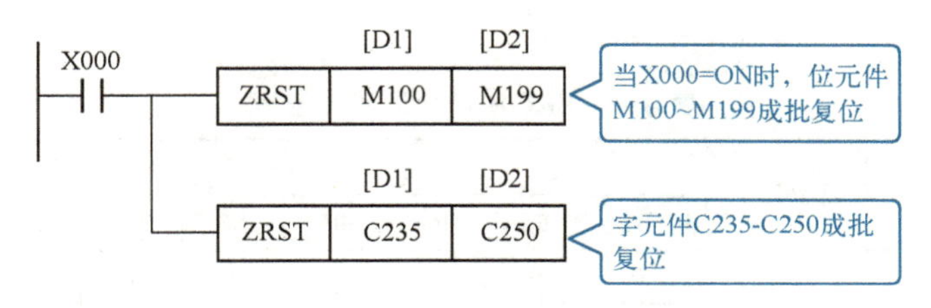

图 4-6 ZRST 指令应用实例

应用技巧：

1）目标操作数［D1］和［D2］指定的元件应为同类软元件，且［D1］指定的元件号应小于［D2］指定的元件号，若［D1］指定的元件号大于［D2］指定的元件号，则只有［D1］指定的元件号复位。

2）该指令为 16 位功能指令，但［D1］、［D2］也可指定为 32 位的高速计数器。但不能混合指定，即［D1］、［D2］不能一个指定为 16 位，另一个指定为 32 位。

3）该指令在对定时器、计数器进行区间复位时，不但将 T、C 的当前值写入 K0，还将其相应的触点全部复位。

4.1.6 SEGD 指令

4-6 SEGD 指令

SEGD 指令的助记符、功能号、名称、操作数和程序步长见表 4-6。

表 4-6 SEGD 指令

助记符	功能号	名 称	操作数		程序步长
			[S·]	[D·]	
SEGD	FNC73	七段译码指令	K、H、KnX、KnY、KnM、KnS、T、C、D、V、Z	KnY、KnM、KnS T、C、D、V、Z	SEGD(P)：5 步

1. 指令功能

SEGD 指令即七段译码指令，将源操作数［S·］的低 4 位中的十六进制数经译码形成七段显示的数据格式存于目标操作数［D·］中，驱动 1 位七段显示器。其中操作数含义如下：

1）［S·］指定软元件存储待显示数据（低 4 位有效）。

2）［D·］指定译码后的七段显示数据存储元件（低 8 位有效）。

2. 应用实例

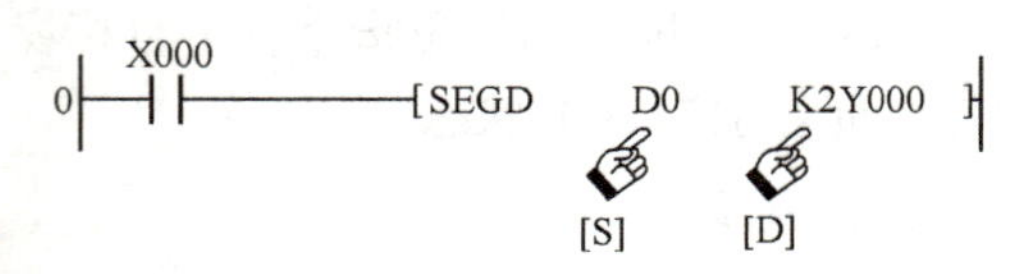

图 4-7　SEGD 指令应用实例

SEGD 指令应用实例如图 4-7 所示。

图 4-7 中，当 X000 为 ON 时，源操作数 D0 中的低 4 位所确定的十六进制数（0~F）译码成七段显示数据，并送到 Y007~Y000。译码真值表见表 4-7。

表 4-7　SEGD 指令译码真值表

[S·]		七段显示管	[D·]								显示数码
十六进制	二进制		B7	B6	B5	B4	B3	B2	B1	B0	
0	0000	B0 B5 B6 B1 B4 B2 B3 B7	0	0	1	1	1	1	1	1	0
1	0001		0	0	0	0	0	1	1	0	1
2	0010		0	1	0	1	1	0	1	1	2
3	0011		0	1	0	0	1	1	1	1	3
4	0100		0	1	1	0	0	1	1	0	4
5	0101		0	1	1	0	1	1	0	1	5
6	0110		0	1	1	1	1	1	0	1	6
7	0111		0	0	1	0	0	1	1	1	7
8	1000		0	1	1	1	1	1	1	1	8
9	1001		0	1	1	0	1	1	1	1	9
A	1010		0	1	1	1	0	1	1	1	A
B	1011		0	1	1	1	1	1	0	0	b
C	1100		0	0	1	1	1	0	0	1	C
D	1101		0	1	0	1	1	1	1	0	d
E	1110		0	1	1	1	1	0	0	1	E
F	1111		0	1	1	1	0	0	0	1	F

应用技巧：

1）一个 SEGD 指令只能控制一个七段显示管，且要占用 8 个输出端口，如果要显示多位数，则占用的输出端口更多，显然在实际控制中，很少采用这样的方法。

2）SEGD 指令一般采用 K2Y0 作为指令的目标操作数。只要在输出端口（如 Y007~

Y000）接上七段显示器，即可直接显示源操作数中的十六进制数。值得注意的是，七段显示器具有共阳极和共阴极两种结构形式，需要与 PLC 晶体管输出极性匹配。若 PLC 晶体管输出为 NPN 型则应选共阳极七段显示器，PNP 型则选择共阴极七段显示器。

3）与 SEGD 指令功能类似的有七段锁存译码指令 SEGL。该指令常用于多组数码管显示控制。

【任务实施】

4.1.7　4 路竞赛抢答器控制系统设计

1. I/O 地址分配

根据任务 4.1 的任务描述可知，4 路竞赛抢答器控制系统输入为 4 路抢答按钮 SB1～SB4、主持人答题按钮 SB5 和主持人复位按钮 SB6。输出为工作指示灯 HL1、犯规指示灯 HL2、系统超时指示灯 HL3 和七段数码管（B0～B6）。设定 I/O 地址分配表，见表 4-8。

表 4-8　I/O 地址分配表

输　入			输　出		
元器件代号	地址号	功能说明	元器件代号	地址号	功能说明
SB1	X0	第 1 组选手抢答按钮	HL1	Y0	工作指示灯
SB2	X1	第 2 组选手抢答按钮	HL2	Y1	犯规指示灯
SB3	X2	第 3 组选手抢答按钮	HL3	Y2	系统超时指示灯
SB4	X3	第 4 组选手抢答按钮	七段数码管	Y10	B0
SB5	X4	主持人答题按钮		Y11	B1
SB6	X5	主持人复位按钮		Y12	B2
				Y13	B3
				Y14	B4
				Y15	B5
				Y16	B6

2. 硬件接线图设计

根据表 4-8 所示 I/O 地址分配表，可对硬件接线图进行设计，如图 4-8 所示。

3. 控制程序设计

根据任务 4.1 的任务描述可知，4 路竞赛抢答器属于典型复杂工程控制系统，利用功能指令进行设计能起到事半功倍的效果。根据控制系统控制要求和 I/O 地址分配表，设计梯形图程序如图 4-9 所示。

图 4-9 中，当主持人按下答题按钮 SB5（X004）后，抢答按钮 SB1～SB4（X000～X003）中第一个按下的按钮对应的辅助继电器 M0～M3 中的一个线圈得电，在常开触点闭合自锁的同时，串联在其他抢答信号输入回路的常闭触点断开，从而其他选手不能抢答。本程序实现了 4 路抢答器互锁控制、犯规与超时报警以及显示功能，复位按钮 SB6（X005）

按下时，其串联在抢答信号输入回路、抢答开始计时回路的常闭触点断开，使抢答信号、抢答开始计时信号复位；同时其常开触点闭合，执行 ZRST 指令，将 Y000～Y016 成批复位为 OFF 状态。

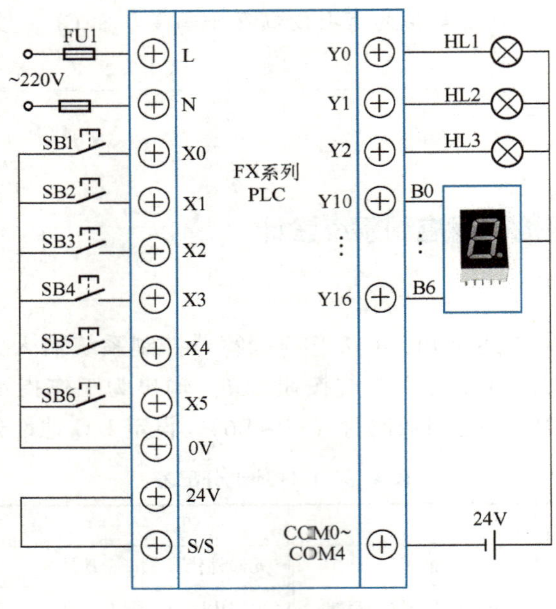

图 4-8 硬件接线图

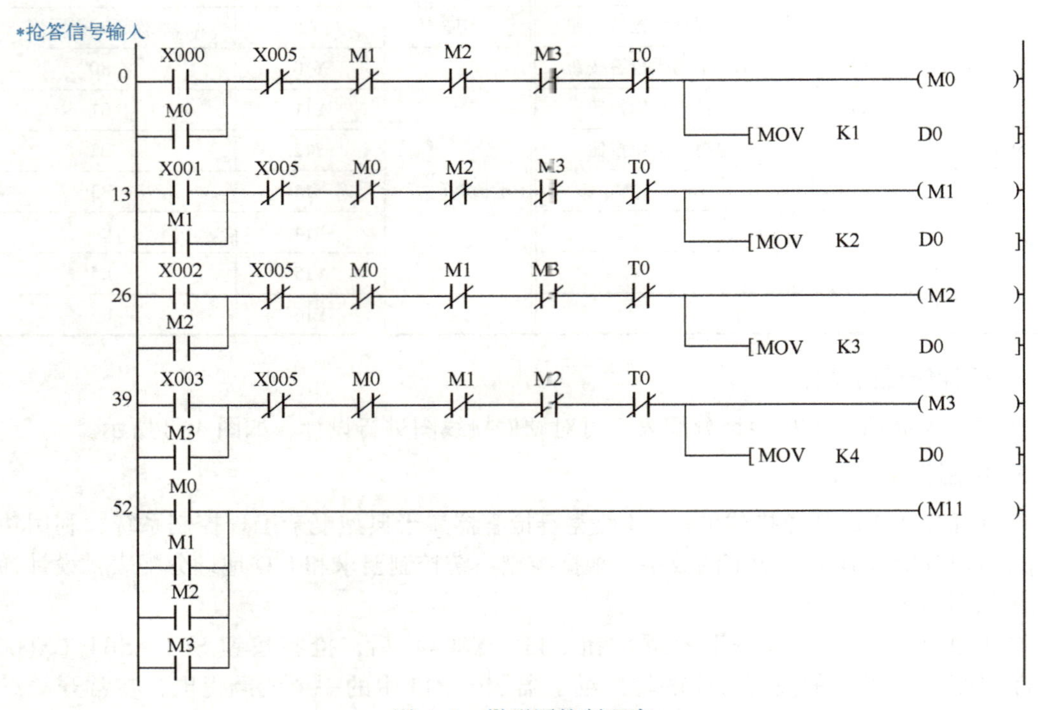

图 4-9 梯形图控制程序

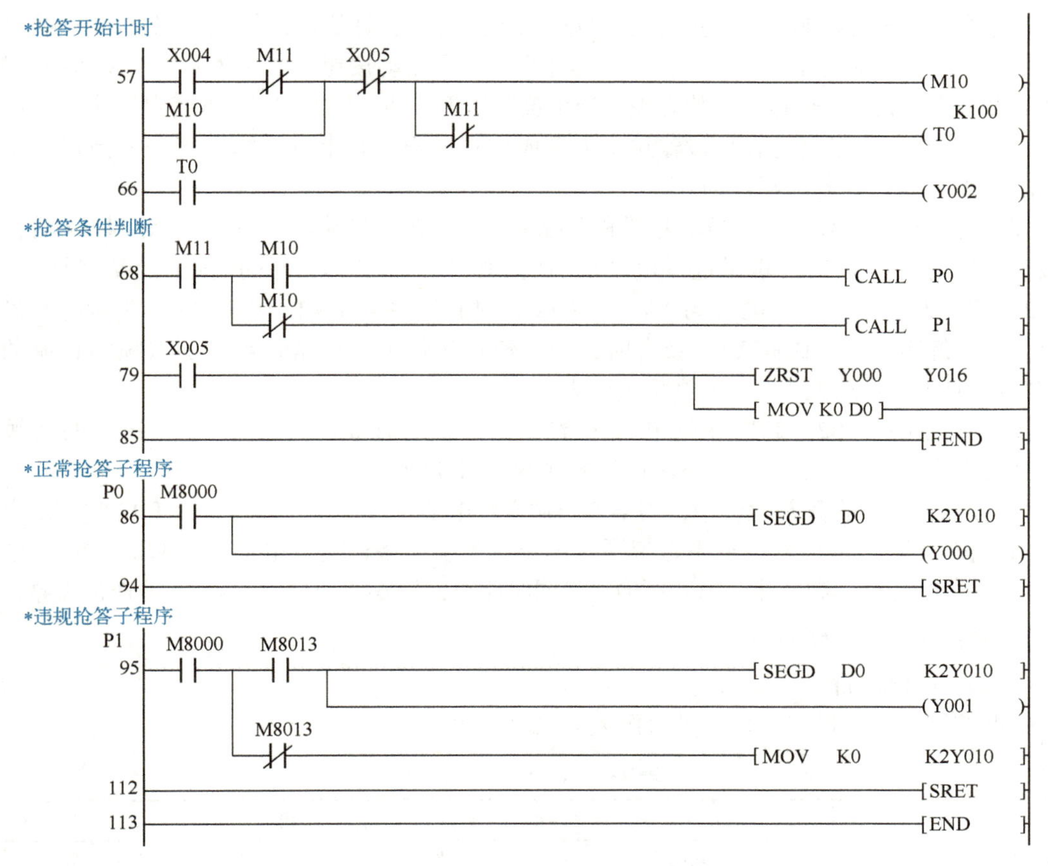

图 4-9　梯形图控制程序（续）

4. 程序调试

1）按照图 4-8 所示硬件接线图接线并检查、确认接线正确。

2）利用 GX-Works2 软件输入、仿真调试程序，分析程序运行结果。

3）程序符合控制要求后再接通硬件电路试车，进行系统联机调试，直到最大限度地满足系统控制要求为止。

*4.1.8　岗课融通拓展：某品牌生产线输送带控制系统设计

某品牌生产线输送带控制系统示意图如图 4-10 所示。分析该加工工艺过程控制功能，并用 FX_{3U} 系列 PLC 实现此控制功能，完成 PLC 控制系统软、硬件设计。

1. 控制要求分析

经深入企业调研，图 4-10 中卸料斗工作状态由电磁阀 YV1 进行控制，第一条输送带驱动电动机由交流接触器 KM1 进行控制，第二条输送带驱动电动机由交流接触器 KM2 进行控制。

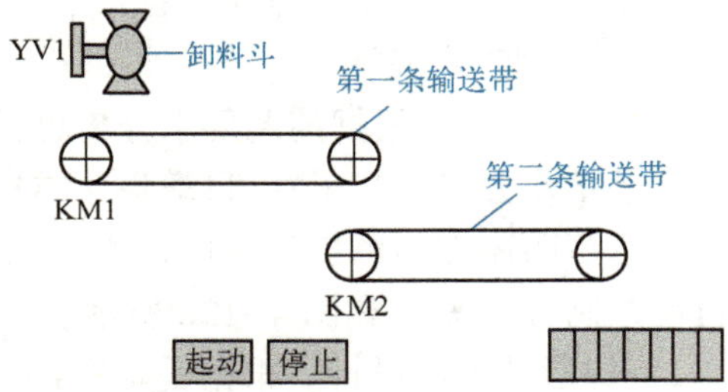

YV1　卸料斗　第一条输送带　KM1　第二条输送带　KM2　起动　停止

图 4-10　生产线输送带控制系统示意图

该生产线输送带控制系统设定为具有自动工作方式与手动点动工作方式，具体由转换开关 S1 选择。当 S1＝1 时为手动点动工作，系统可通过 3 个点动按钮对电磁阀和电动机进行控制，以便对设备进行调整、检修和事故处理。当系统工作于自动工作方式时，其控制要求如下：

1）起动时，为了避免在后段输送带上造成物料堆积，要求以逆物料流动方向按一定时间间隔顺序起动，其起动顺序为：

按下起动按钮 SB1，第二条输送带的接触器 KM2 驱动起动电动机 M2，延时 3 s 后，第一条输送带的接触器 KM1 驱动起动电动机 M1，延时 3 s 后，卸料斗的电磁阀 YV1 吸合。

2）停止时，卸料斗的电磁阀 YV1 尚未吸合时，接触器 KM1、KM2 可立即断电使输送带停止；当卸料斗的电磁阀 YV1 吸合时，为了使输送带上不残留物料，要求顺物料流动方向按一定时间间隔顺序停止。其停止顺序为：

按下停止按钮 SB2，卸料斗的电磁阀 YV1 断开，延时 6 s 后，第一条输送带的接触器 KM1 断开，再延时 6 s 后，第二条输送带的接触器 KM2 断开。

3）故障停止。在正常运转中，当第二条输送带电动机过载时（热继电器 FR2 常开触点闭合），卸料斗、第一条和第二条输送带同时停止。当第一条输送带电动机过载时（热继电器 FR1 常开触点闭合），卸料斗、第一条输送带同时停止，经 6 s 延时后，第二条输送带再停止。

2. 控制系统软、硬件设计

（1）I/O 地址分配

根据控制要求，设定 I/O 地址分配表，见表 4-9。

表 4-9 I/O 地址分配表

输入			输出		
元器件代号	地址号	功能说明	元器件代号	地址号	功能说明
SB1	X0	起动按钮	YV1	Y0	控制卸料斗电磁阀
SB2	X1	停止按钮	KM1	Y4	第一条输送带控制
FR1	X2	M1 过载保护	KM2	Y5	第二条输送带控制
FR2	X3	M2 过载保护			
SB3	X4	电磁阀点动按钮			
SB4	X5	M1 点动按钮			
SB5	X6	M2 点动按钮			
S1	X7	手动/自动转换开关			

（2）硬件接线图设计

根据表 4-9 所示 I/O 地址分配表，可对 PLC 硬件接线图进行设计，如图 4-11 所示。

（3）控制程序设计

1）SFC 设计。根据控制要求分析可见，该生产线输送带控制系统具有手动点动工作方式与自动工作方式，其手动/自动程序结构如图 4-12a 所示。此外，该生产线输送带自动控制方式属于顺序控制系统，故可采用 SFC 进行设计，根据控制要求和 I/O 地址分配表，设计自动控制方式 SFC 如图 4-12b 所示。

2）梯形图程序设计。根据手动/自动程序结构、自动控制方式 SFC 以及 I/O 地址分配表，设计梯形图程序如图 4-13 所示。

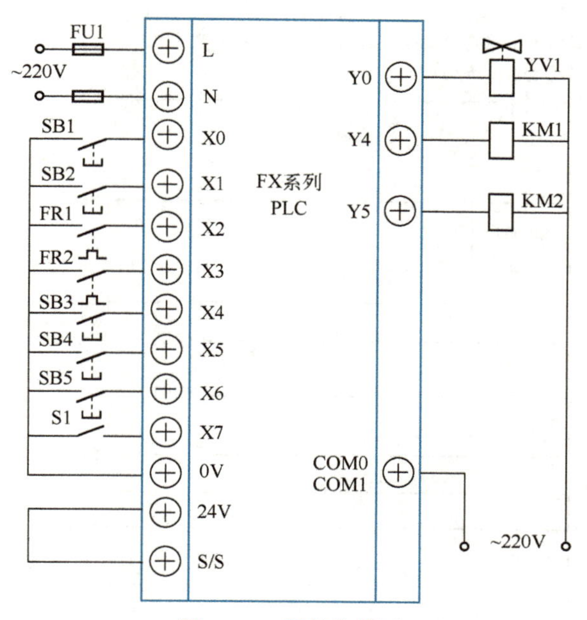

图 4-11　硬件接线图

X007
CJ P0
自动运行控制程序
P0
X007
CJ P1
手动运行控制程序
P1
END
a)

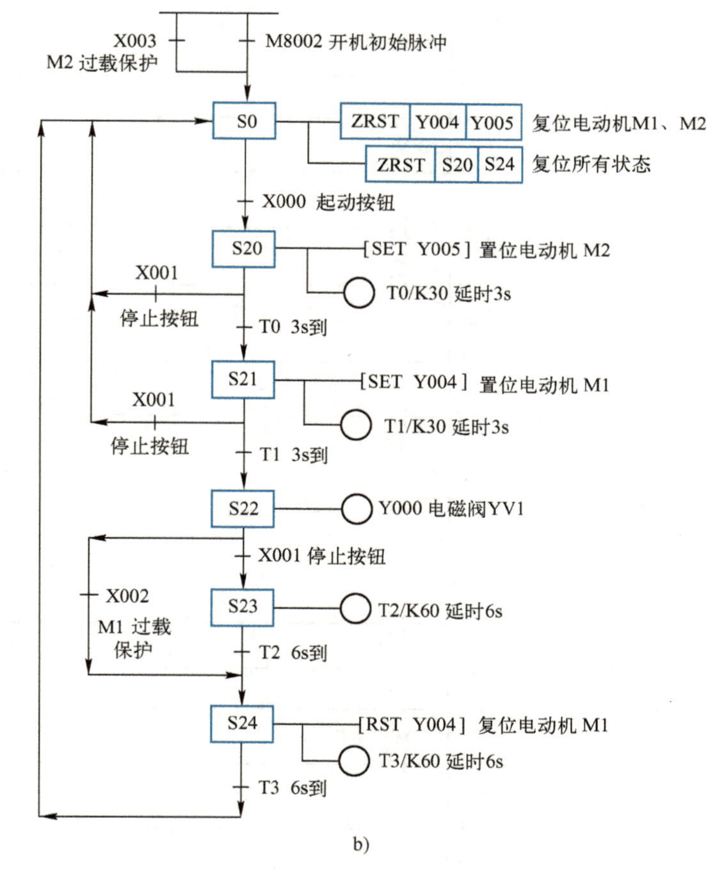

图 4-12　手动/自动程序结构与自动控制方式 SFC
a）手动/自动程序结构　b）自动控制方式 SFC

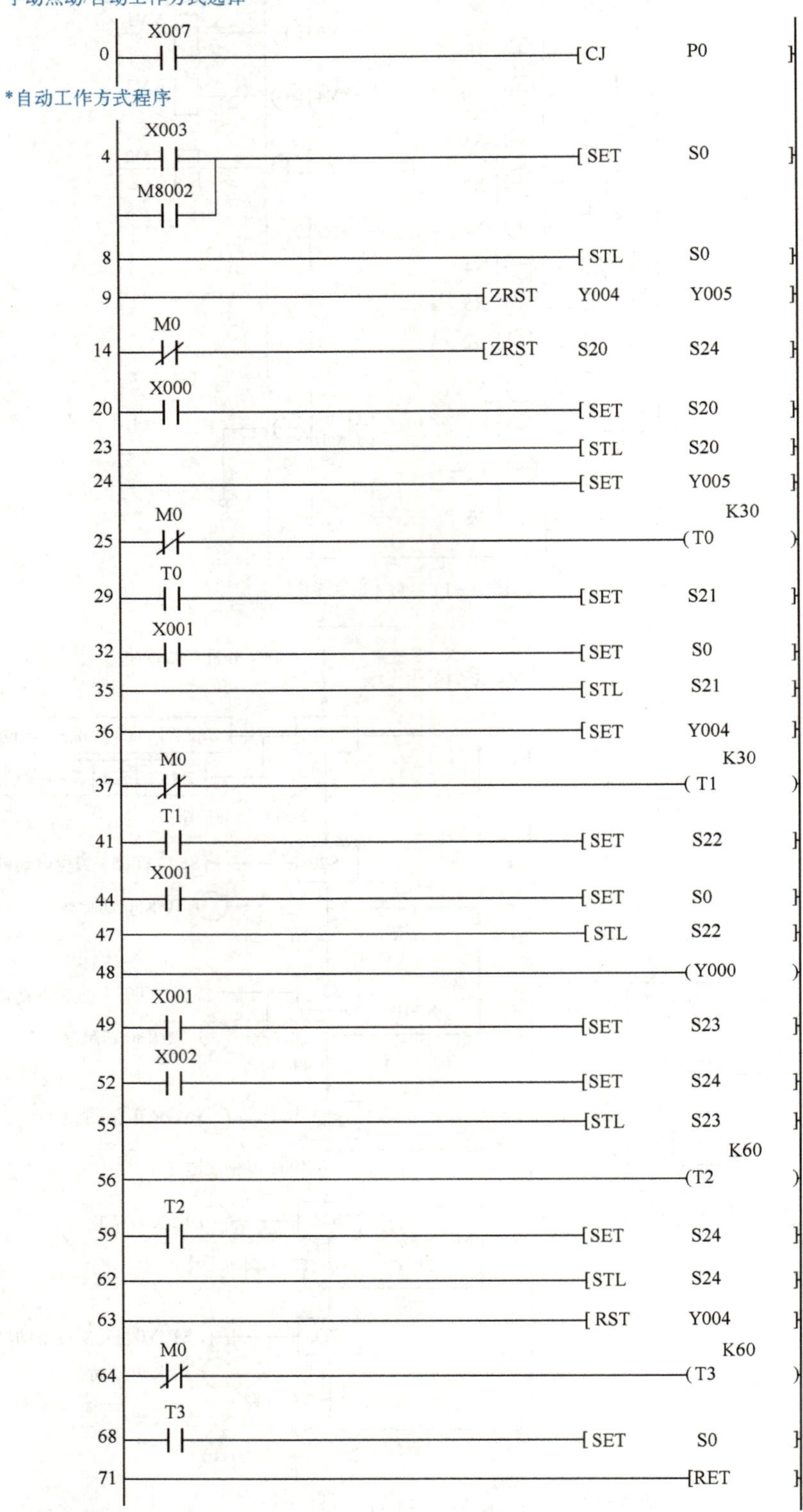

图 4-13　梯形图控制程序

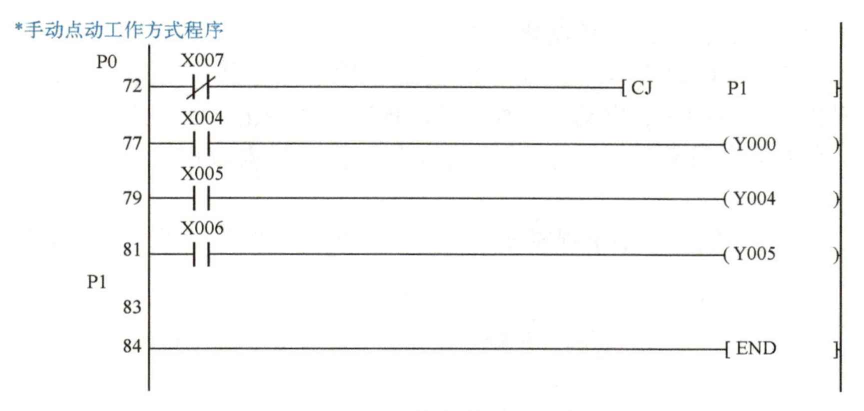

图 4-13　梯形图控制程序（续）

图 4-13 中，当 X007 为 ON 时，控制系统工作于手动点动工作方式，执行手动点动工作方式程序，即通过点动按钮 SB3、SB4、SB5 对电磁阀、输送带驱动电动机 M1、M2 进行点动控制。当 X007 为 OFF 时，控制系统工作于自动工作方式，程序按照图 4-12b 所示 SFC 进行顺序控制。

任务 4.2　智能电动小车控制系统设计

[知识目标]

1. 了解智能电动小车控制系统控制要求以及工作原理。
2. 掌握三菱 FX_{3U} 系列 PLC 关联功能指令应用技巧。

[能力目标]

1. 能够进行 PLC 选型并进行智能电动小车硬件设计。
2. 能够利用 GX-Works2 编程软件进行智能电动小车控制系统梯形图程序设计，会仿真调试。
3. 能够进行智能电动小车控制系统输入、输出接线，并利用实训装置进行联机调试。

【任务描述】

图 4-14 所示为某智能电动小车控制系统工作示意图。该智能电动小车供 6 个加工点使用，电动小车在 6 个工位之间运行，每个工位均有一个位置行程开关和呼叫按钮。用 FX_{3U} 系列 PLC 实现该控制系统控制功能，完成 PLC 程序的编写与仿真调试，硬件的接线与联机调试。

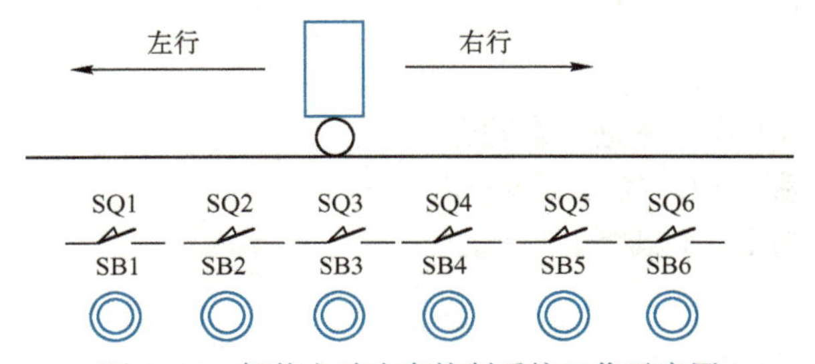

图 4-14　智能电动小车控制系统工作示意图

该智能电动小车控制系统的控制要求如下：

1）电动小车开始可以在6个工位中的任意工位上停止并压下相应的位置行程开关。PLC启动，任意工位呼叫后，电动小车均能驶向该工位并停止在该工位上。

2）工位呼叫每次只能按一个按钮，电动小车不论行走或停止时只能压住一个位置开关。

图4-15所示为智能电动小车程序框图，其中 m 表示呼叫位置的值，n 表示小车所处位置的值。

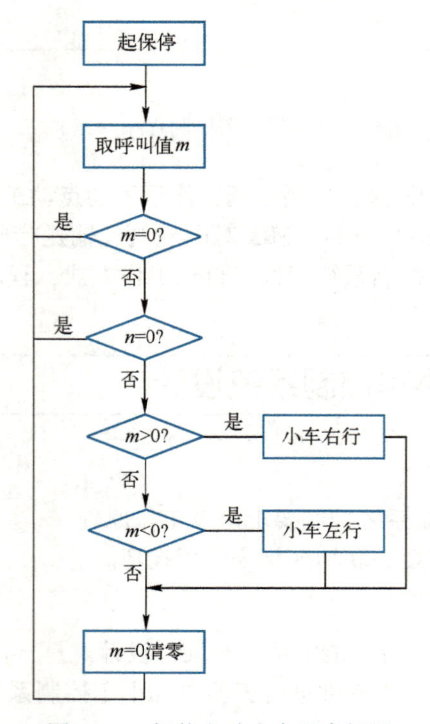

图4-15　智能电动小车程序框图

[任务要求]

1. 利用GX-Works2设计智能电动小车控制系统梯形图程序。
2. 正确连接编程电缆，下载程序至PLC。
3. 正确连接输入按钮、行程开关和输出负载接触器。
4. 仿真、联机调试。

[任务环境]

1. 两人一组，根据工作任务进行合理分工。
2. 每组配备 FX_{3U} 系列PLC实训装置一套。
3. 每组配备若干导线、工具等。

[考核评价标准]

项目考核评价标准见表4-1。

【关联知识】

4.2.1　CMP 指令

CMP 指令的助记符、功能号、名称、操作数和程序步长见表 4-10。

表 4-10　CMP 指令

助记符	功能号	名称	操作数			程序步长
			[S1·]	[S2·]	[D·]	
CMP	FNC10	比较指令	K、H、KnX、KnY、KnM、KnS、T、C、D、V、Z		Y、M、S	CMP(P)：5 步 DCMP(P)：9 步

1. 指令功能

CMP 指令即比较指令，将源操作数 [S1·]、[S2·] 的数据按照数值大小进行比较，并根据比较结果（S1>S2，S1=S2，S1<S2）设置目标操作数 [D·]、[D·]+1、[D·]+2，其中一个为 ON。

2. 应用实例

CMP 指令应用实例如图 4-16 所示。

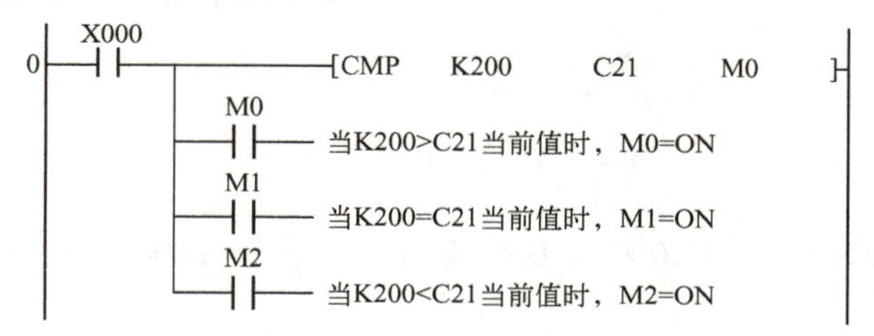

图 4-16　CMP 指令应用实例

图 4-16 中，当 X000 为 ON 时，K200（数值 200）与 C21 计数器当前值进行数值大小比较。若 C21 小于 200，则 M0=1；若 C21 当前值等于 200，则 M1=1；若 C21 当前值大于 200，则 M2=1。

当 X000 为 OFF 时，不执行 CMP 指令，M0~M2 保持 X000 断开前的状态不变。

应用技巧：

1）CMP 指令所用源操作数均按二进制数处理，且按数值大小进行比较（即带符号比较），如-10<1。

2）当不再执行 CMP 指令时，目标操作数保持执行 CMP 时的状态。如果需要清除比较结果，需要采用 RST 或 ZRST 复位指令。

3）与 CMP 指令功能类似的其他比较指令有 ZCP、ECMP、EZCP 等。

4.2.2　LD=、LD>、LD<、LD<>、LD<=、LD>=指令

LD=、LD>、LD<、LD<>、LD<=、LD>=指令的助记符、功能号、名称、操作数和程序步长见表 4-11。

表 4-11　LD=、LD>、LD<、LD<>、LD<=、LD>=指令

助记符	功能号	名称	操作数			程序步长
			[S1·]	[S2·]	导通条件	
LD=	FNC224	起始触点比较指令	K、H KnX、KnY、KnM、KnS T、C、D、V、Z		[S1·] = [S2·]	16 位：5 步 32 位：9 步
LD>	FNC225				[S1·] > [S2·]	
LD<	FNC226				[S1·] < [S2·]	
LD<>	FNC228				[S1·] ≠ [S2·]	
LD<=	FNC229				[S1·] ≤ [S2·]	
LD>=	FNC230				[S1·] ≥ [S2·]	

1. 指令功能

LD=、LD>、LD<、LD<>、LD<=、LD>=指令为起始触点比较指令，将源操作数［S1·］、［S2·］的数值进行比较，根据其比较结果来控制触点的 ON 或 OFF。

2. 应用实例

LD=指令应用实例如图 4-17 所示。

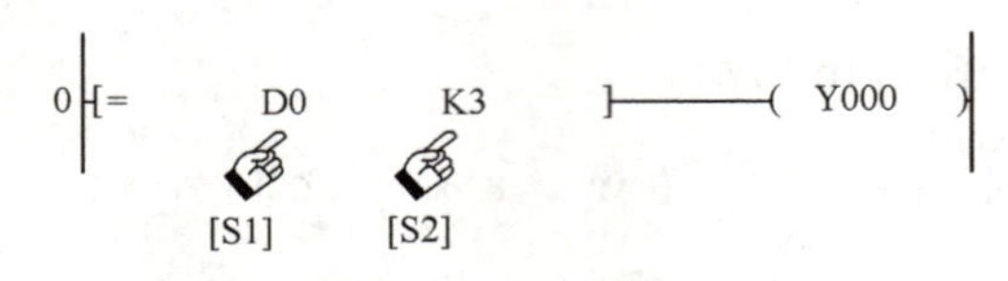

图 4-17　LD=指令应用实例

图 4-17 中，若 D0=3，则 Y000 为 ON；若 D0≠3，则 Y000 为 OFF。

应用技巧：

1）触点比较指令实质上是一个触点，影响这个触点动作的不是位元件输入或位元件线圈，而是指令中两个字元件 S1 和 S2 相比较的结果。如果比较条件成立则该触点动作，条件不成立则该触点不动作。

2）触点比较指令有三种形式：起始触点比较指令、串接触点比较指令和并接触点比较指令。每种指令又有 6 种比较方式：=（等于）、>（大于）、<（小于）、<>（不等于）、<=（小于或等于）、>=（大于或等于）指令。

【任务实施】

4.2.3　智能电动小车控制系统设计

1. I/O 地址分配

根据任务 4.2 的任务描述可知，智能电动小车控制系统输入为 6 个工位按钮 SB1～SB6、起动按钮 SB10、停止按钮 SB11 以及 6 个工位限位行程开关 SQ1～SQ6。输出为左行接触器 KM1 和右行接触器 KM2。设定 I/O 地址分配表，见表 4-12。

表 4-12 I/O 地址分配表

输入			输出		
元器件代号	地址号	功能说明	元器件代号	地址号	功能说明
SB1	X0	1 号工位按钮	KM1	Y0	左行接触器
SB2	X1	2 号工位按钮	KM2	Y1	右行接触器
SB3	X2	3 号工位按钮			
SB4	X3	4 号工位按钮			
SB5	X4	5 号工位按钮			
SB6	X5	6 号工位按钮			
SB10	X21	起动按钮			
SB11	X22	停止按钮			
SQ1	X10	1 号工位限位开关			
SQ2	X11	2 号工位限位开关			
SQ3	X12	3 号工位限位开关			
SQ4	X13	4 号工位限位开关			
SQ5	X14	5 号工位限位开关			
SQ6	X15	6 号工位限位开关			

2. 硬件接线图设计

根据表 4-12 所示 I/O 地址分配表，可对硬件接线图进行设计，如图 4-18 所示。

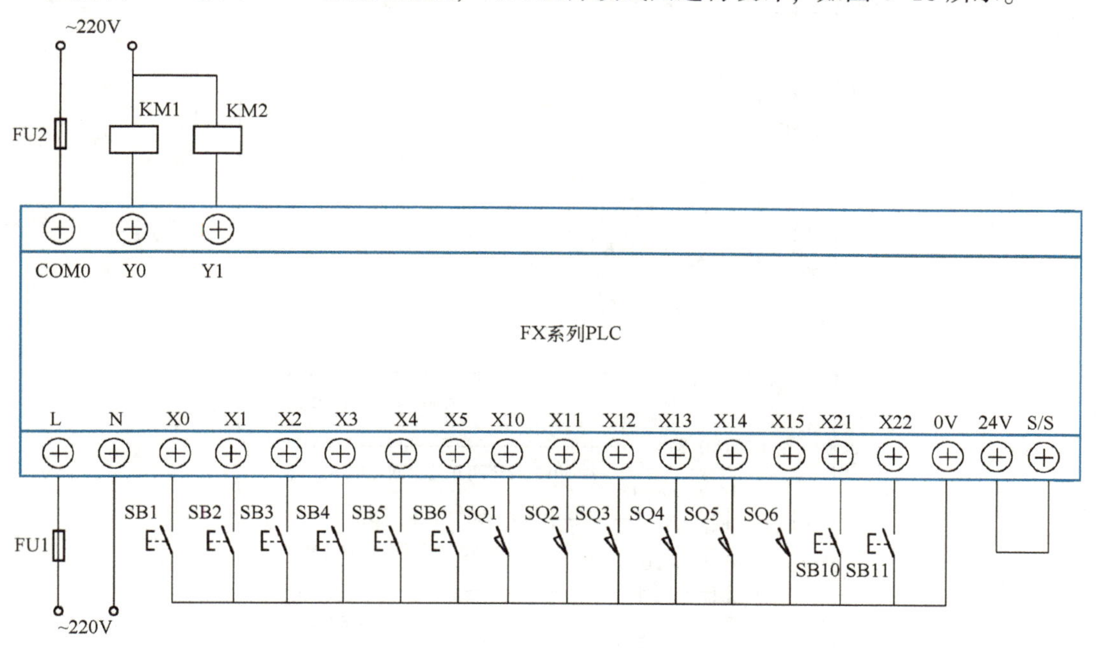

图 4-18 硬件接线图

3. 控制程序设计

由于智能电动小车工位呼叫每次只能按一个按钮，电动小车不论行走或停止时只能压住一个限位开关。故可以用组合位元件 K2X0 来表示呼叫位置的值，K2X10 表示小车所处位置的值，设 K2X0 = m，K2X10 = n。若 $m>n$（呼叫值>位置值），智能小车右行；若 $m<n$（呼叫值<位置值），智能小车左行；若 $m=n$（呼叫值 = 位置值），智能小车停在原地或行至呼叫位置。此外，控制程序设计需要解决如下三个问题：

1）一开始未按工位呼叫按钮，K2X0 = 0，该值会影响比较指令 CMP 比较结果而使智能电动小车误动作，故必须设置联锁环节。

2）智能电动小车行走时，如在两个限位开关之间，则 K2X10 = 0，这在右行时没有问题。但在左行时，则会出现 $m>n$ 的情况，这时智能电动小车会在该位置来回摆动行走，故也必须设置联锁环节。

3）为防止智能电动小车到位后，误动其他限位开关而引起小车行走，故当小车到位后，应将 D0 清零，使控制系统处于等待状态。

综上所述，根据控制系统控制要求和 I/O 地址分配表，设计控制程序梯形图如图 4-19 所示。

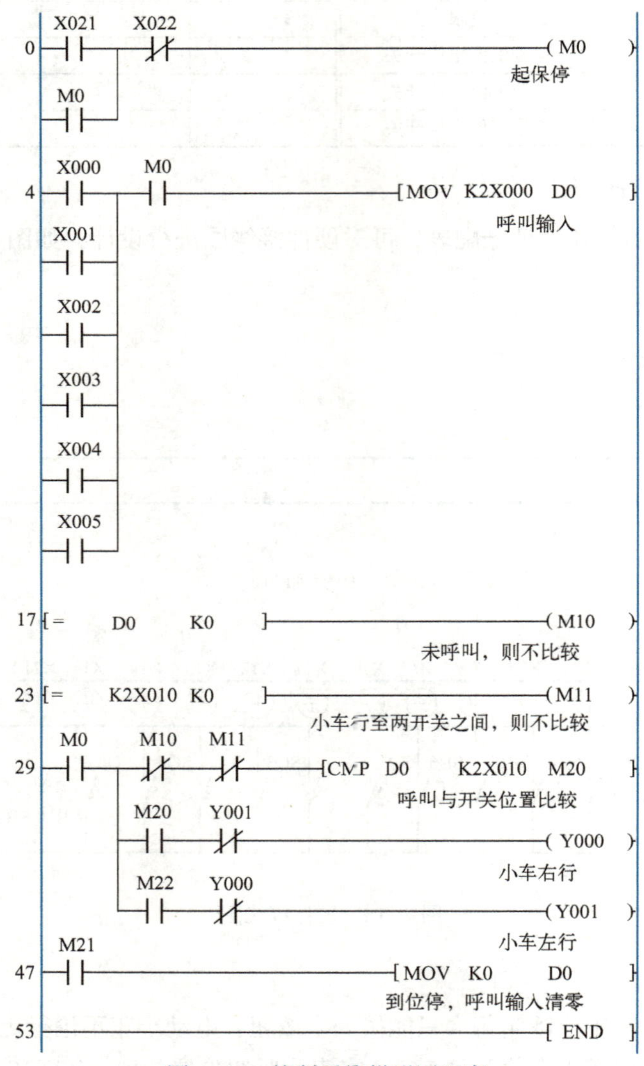

图 4-19　控制系统梯形图程序

4. 程序调试

1）按照图 4-18 所示硬件接线图接线并检查、确认接线正确。

2）利用 GX-Works2 软件输入、仿真调试程序，分析程序运行结果。

3）程序符合控制要求后再接通硬件电路试车，进行系统联机调试，直到完全满足系统控制要求为止。

*4.2.4　岗课融通拓展：某智能轿车喷漆流水线控制系统设计

某智能轿车喷漆流水线控制系统示意图如图 4-20 所示。分析该控制系统工艺流程，并用 FX_{3U}系列 PLC 实现此控制功能，完成 PLC 控制系统软、硬件设计。

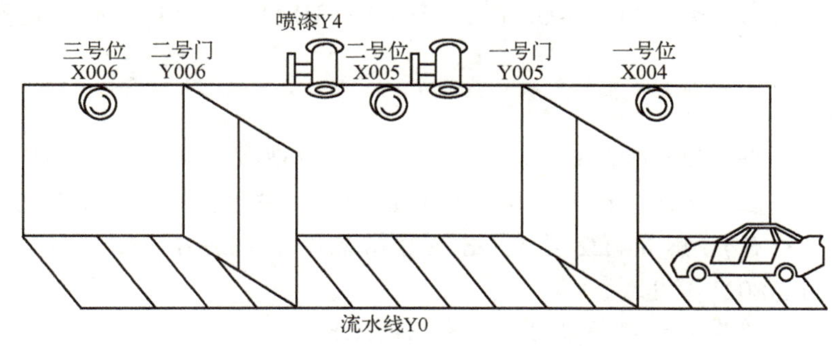

图 4-20　某智能轿车喷漆流水线控制系统示意图

1. 控制要求分析

参照常用汽车喷漆流水线控制系统工艺流程，该控制系统控制功能设定如下。

1）控制系统停止工作时，可根据需要利用两个按钮设定待加工的轿车台数（0~99），并通过另一个按钮切换显示设定数、已加工数和待加工数。

2）按起动按钮传送带转动，轿车到一号位，发出一号位到位信号，传送带停止；延时 1 s，一号门打开；延时 2 s，传送带继续转动；轿车到二号位，发出二号位到位信号，传送带停止转动，一号门关闭；延时 2 s 后，打开喷漆电动机进行喷漆操作，延时 6 s 后停止喷漆，同时打开二号门，延时 2 s 后，传送带继续转动；轿车到三号位，发出三号位到位信号，传送带停止，同时二号门关闭，且计数一次，延时 4 s 后，再继续循环工作，直到完成所有待加工轿车后全部停止。

3）按暂停按钮后，整个工艺完成时暂停加工，再按起动按钮继续运行。

2. 关联功能指令介绍

（1）SUB 指令

SUB 指令的助记符、功能号、名称、操作数和程序步长见表 4-13。

表 4-13　SUB 指令

助记符	功能号	名称	操作数			程序步长
			[S1·]	[S2·]	[D·]	
SUB	FNC21	BIN 减法指令	K、H、KnX、KnY、KnM、KnS、T、C、D、V、Z		KnY、KnM、KnS、T、C、D、V、Z	SUB(P)：7 步 DSUB(P)：13 步

1）指令功能。SUB 指令，即二进制（BIN）减法指令，将源操作数［S1·］、［S2·］中的二进制数相减，结果送到目标操作数［D·］。

2）应用实例。SUB 指令的应用实例如图 4-21 所示。

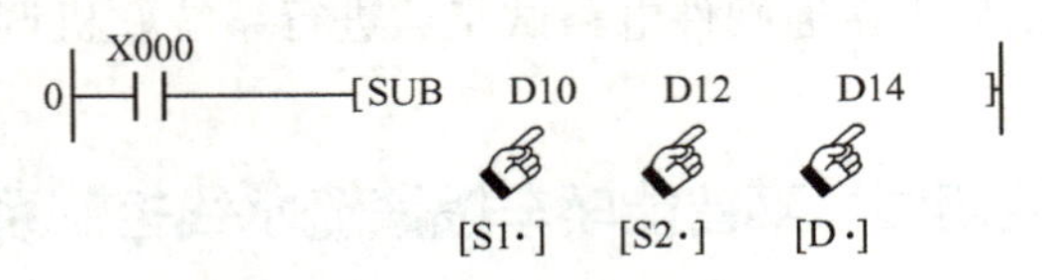

图 4-21　SUB 指令应用实例

图 4-21 中，当执行条件 X000=ON 时，(D10)-(D12)→(D14)。减法运算属于代数运算，例如 8-(-5)=13。

应用技巧：

1）SUB 指令操作时影响 3 个常用标志位，即 M8020 零标志位、M8021 借位标志位和 M8022 进位标志位。若运算结果为 0，则 M8020 置 1；若运算结果超过 32767（16 位）或 2147483647（32 位），则 M8022 置 1；若运算结果小于-32767（16 位）或-2147483647（32 位），则 M8021 置 1。

2）源操作数和目标操作数可以用相同的元件号。

3）与 SUB 指令功能类似的有其他四则运算指令 ADD、MUL、DIV。

（2）INC、DEC 指令

INC、DEC 指令的助记符、功能号、名称、操作数和程序步长见表 4-14。

4-10　INC、DEC 指令

表 4-14　INC、DEC 指令

助记符	功能号	名称	操作数 [D·]	程序步长
INC	FNC24	BIN 加 1 指令	KnY、KnM、KnS、T、C、D、V、Z	INC(P)：3 步 DINC(P)：5 步
DEC	FNC25	BIN 减 1 指令	KnY、KnM、KnS、T、C、D、V、Z	DEC(P)：3 步 DDEC(P)：5 步

1）指令功能。

INC 指令，即二进制（BIN）加 1 指令，将指定的目标操作数［D·］自动加 1 后存入［D·］。

DEC 指令，即二进制（BIN）减 1 指令，将指定的目标操作数［D·］自动减 1 后存入［D·］。

2）应用实例。INC、DEC 指令的应用实例如图 4-22 所示。

图 4-22a 中，当执行条件 X000 由 OFF→ON 时，由［D·］指定的元件 D0 中的二进制数加 1 存入 D0。其中 D0 既是源操作数又是目标操作数。

图 4-22b 中，当执行条件 X000 由 OFF→ON 时，由［D·］指定的元件 D0 中的二进制数减 1 存入 D0。其中 D0 既是源操作数又是目标操作数。

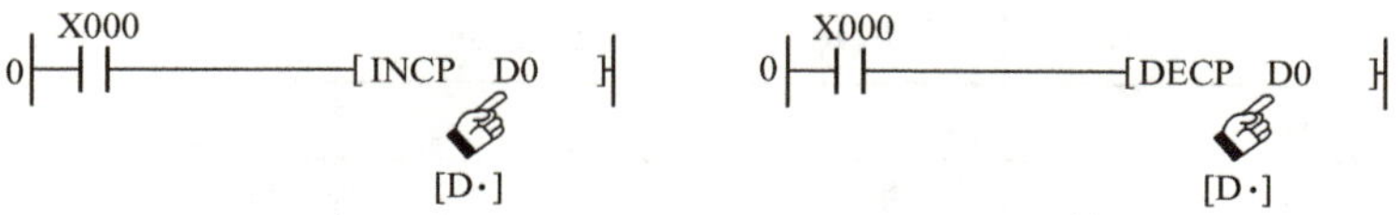

a)　　b)

图 4-22　INC、DEC 指令应用实例
a）INC 指令应用实例　b）DEC 指令应用实例

（3）BCD 指令

BCD 指令的助记符、功能号、名称、操作数和程序步长见表 4-15。

表 4-15　BCD 指令

助记符	功能号	名　称	操作数		程序步长
			[S·]	[D·]	
BCD	FNC18	BIN→BCD 转换传送指令	KnX、KnY、KnM、KnS、T、C、D、V、Z	KnY、KnM、KnS、T、C、D、V、Z	BCD(P)：5 步 DBCD(P)：9 步

1）指令功能。BCD 指令将源操作数［S·］中的二进制数码转换成 BCD 码（用二进制编码的十进制代码）并送至目标操作数［D·］中。

2）应用实例。BCD 指令的应用实例如图 4-23 所示。

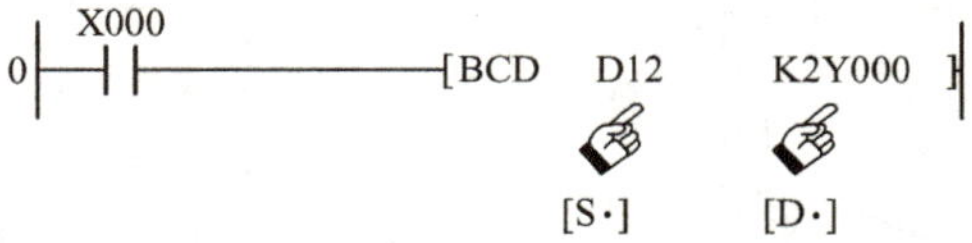

图 4-23　BCD 指令应用实例

图 4-23 中，当 X000=ON 时，源操作数 D12 中的二进制数转换成 BCD 码并送到目标元件 Y0~Y7 中，可用于驱动七段数码显示器。

应用技巧：

1）使用 BCD 或 BCD（P）16 位指令时，若 BCD 码转换结果超过 K9999 的范围就会出错。使用（D）BCD 或（D）BCD（P）32 位指令时，若 BCD 码转换结果超过 K99999999 的范围，同样也会出错。

2）BCD 指令常用于二进制数转换为七段数码显示等需要用 BCD 码向外部输出的场合。

3）与 BCD 指令功能类似的有其他码制转换指令 BIN、GRY、GBIN。

3. 控制系统软、硬件设计

（1）I/O 地址分配

根据控制要求，设定 I/O 地址分配表，见表 4-16。

表 4-16 I/O 地址分配表

输入			输出		
元器件代号	地址号	功能说明	元器件代号	地址号	功能说明
SB1	X0	起动按钮	KM1	Y0	传送带控制
SB2	X1	设定增加按钮	—	Y1	显示设定数
SB3	X2	设定减少按钮	—	Y2	显示已加工数
SB4	X3	显示选择按钮	—	Y3	显示待加工数
SQ1	X4	一号位限位开关	KM2	Y4	喷漆电动机控制
SQ2	X5	二号位限位开关	KM3	Y5	一号门开启控制
SQ3	X6	三号位限位开关	KM4	Y6	二号门开启控制
SB5	X7	暂停按钮	—	Y10	数码管显示
			—	Y11	
			—	Y12	
			—	Y13	
			—	Y14	
			—	Y15	
			—	Y16	
			—	Y17	

（2）硬件接线图设计

根据表 4-16 所示 I/O 地址分配表，可对 PLC 硬件接线图进行设计，如图 4-24 所示。

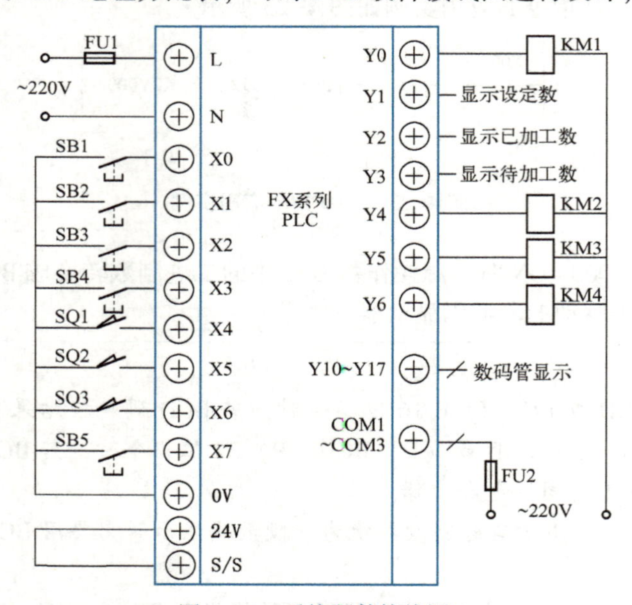

图 4-24 系统硬件接线图

（3）控制程序设计

1）SFC 设计。根据控制要求分析可见，该智能轿车喷漆流水线控制系统显示部分控制结构框图如图 4-25a 所示。此外，该控制系统属于典型顺序控制系统，故可采用 SFC 进行设计，根据控制要求和 I/O 地址分配表，设计控制系统 SFC 如图 4-25b 所示。

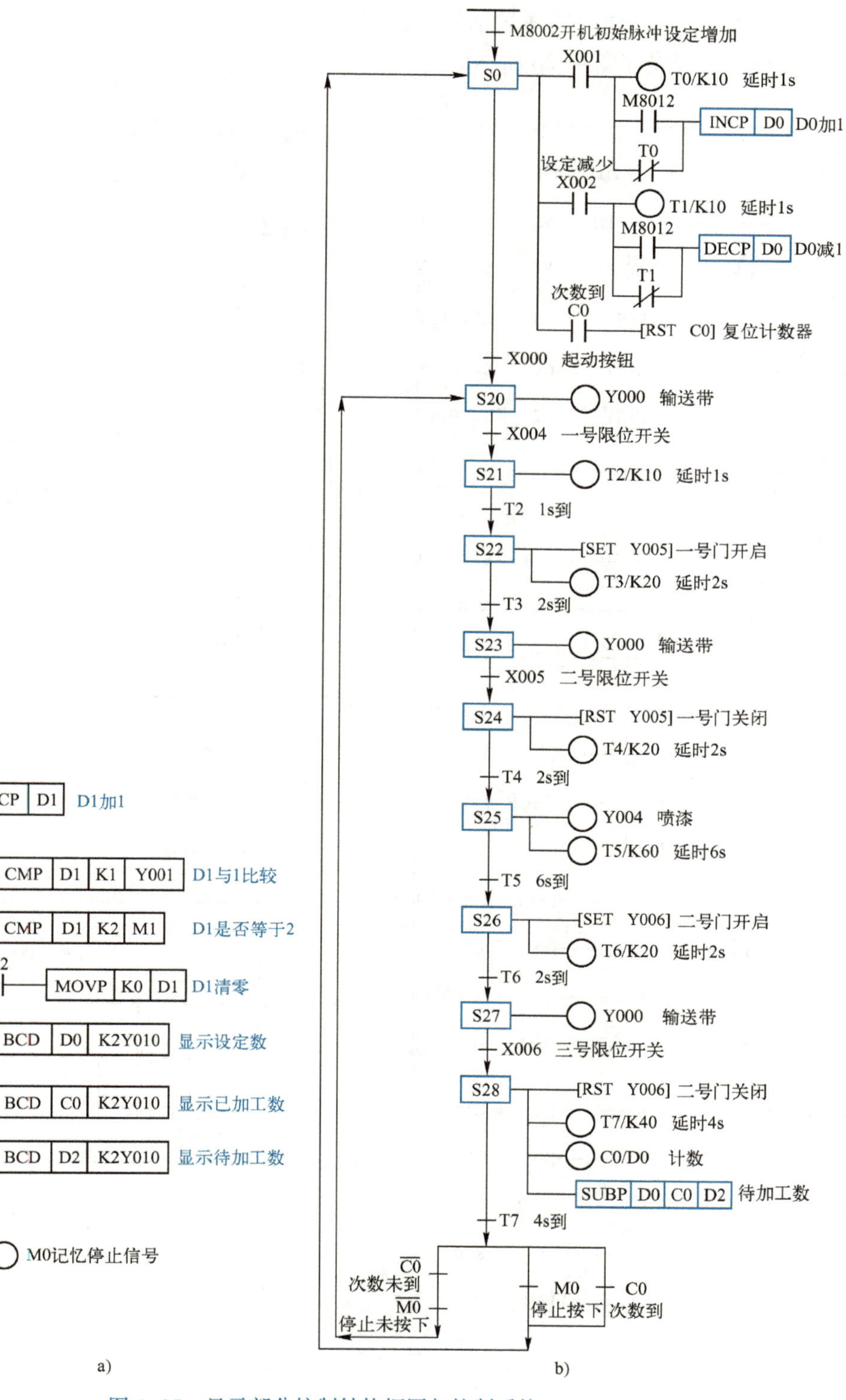

图 4-25　显示部分控制结构框图与控制系统 SFC

a）显示部分控制结构框图　b）控制系统 SFC

2）梯形图程序设计。根据显示部分控制结构框图、控制系统 SFC 以及 I/O 地址分配表，设计梯形图程序如图 4-26 所示。

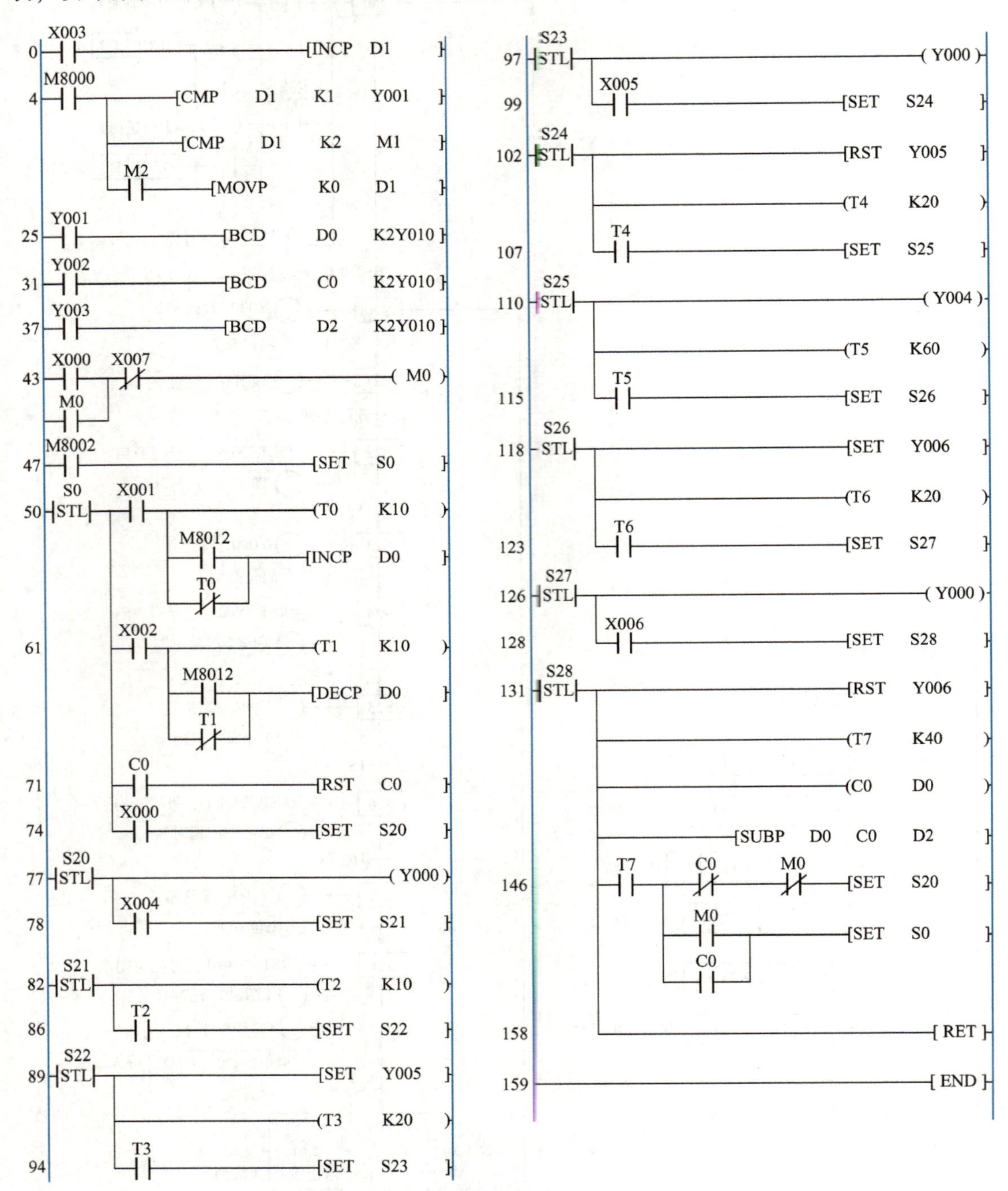

图 4-26 梯形图控制程序

任务 4.3　霓虹灯广告屏控制系统设计

[知识目标]

1. 了解霓虹灯广告屏控制系统控制要求以及工作原理。
2. 掌握三菱 FX_{3U}系列 PLC 关联功能指令应用技巧。

[能力目标]

1. 能够进行 PLC 选型并进行霓虹灯广告屏硬件设计。
2. 能够利用 GX-Works2 编程软件进行霓虹灯广告屏控制系统梯形图程序设计，会仿真调试。
3. 能够进行霓虹灯广告屏控制系统输入、输出接线，并利用实训装置进行联机调试。

【任务描述】

图 4-27 所示为某霓虹灯广告屏控制系统示意图。该控制系统共有 8 根灯管，24 只流水灯，每 4 只流水灯为一组。用 FX_{3U}系列 PLC 实现该控制系统控制功能，完成 PLC 程序的编写与仿真调试，硬件的接线与联机调试。

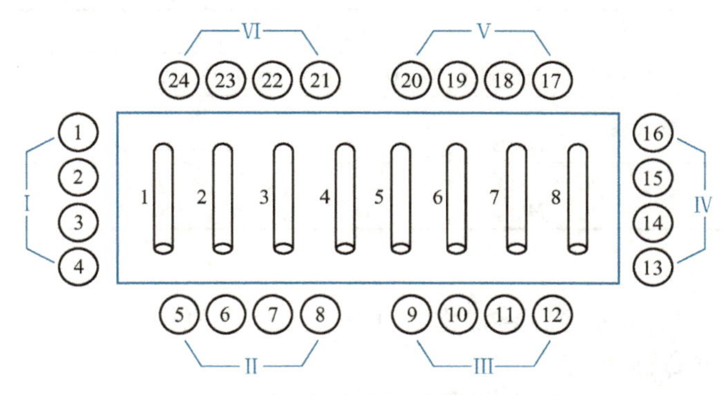

图 4-27　霓虹灯广告屏控制系统示意图

该霓虹灯广告屏控制系统控制要求如下：

1）该广告屏中间 8 根灯管亮灭的时序为第 1 根亮→第 2 根亮→第 3 根亮→…→第 8 根亮，时间间隔为 1 s，全亮后，保持 10 s，再反过来按 8→7→…→1 顺序熄灭。全灭后，停止点亮 2 s，再从第 8 根灯管开始点亮，顺序为 8→7→…→1，时间间隔为 1 s，全亮后，保持 20 s。再按 1→2→…→8 顺序熄灭。全熄灭后，停止点亮 2 s，再从头开始运行，周而复始。

2）广告屏四周的流水灯共 24 只，4 个 1 组，共分 6 组，每组灯间隔 1 s 向前移动一次，且Ⅰ~Ⅵ每隔一组灯点亮，即从Ⅰ、Ⅲ亮→Ⅱ、Ⅳ亮→Ⅲ、Ⅴ亮→Ⅳ、Ⅵ亮……移动一段时间后（如 30 s），再反过来移动，即从Ⅵ、Ⅳ亮→Ⅴ、Ⅲ亮→Ⅳ、Ⅱ亮→Ⅲ、Ⅰ亮……如此循环往复。

3）控制系统有单步/连续控制功能，有起动和停止按钮。

[任务要求]

1. 利用 GX-Works2 设计霓虹灯广告屏控制系统梯形图程序。

2. 正确连接编程电缆，下载程序至 PLC。
3. 正确连接输入按钮和输出灯管、流水灯。
4. 仿真、联机调试。

[任务环境]

1. 两人一组，根据工作任务进行合理分工。
2. 每组配备 FX_{3U} 系列 PLC 实训装置一套。
3. 每组配备若干导线、工具等。

[考核评价标准]

项目考核评价标准见表 4-1。

【关联知识】

4-12 SFTR、SFTL 指令

4.3.1 SFTR、SFTL 指令

SFTR、SFTL 指令的助记符、功能号、名称、操作数和程序步长见表 4-17。

表 4-17 SFTR、SFTL 指令

助记符	功能号	名 称	操作数				程序步长
			[S·]	[D·]	n1	n2	
SFTR	FNC34	位右移指令	X、Y M、S	X、Y、S	K、H n2≤n1≤1024		SFTR(P)：9 步
SFTL	FNC35	位左移指令	X、Y M、S	X、Y、S	K、H n2≤n1≤1024		SFTL(P)：9 步

1. 指令功能

1）SFTR 指令。位右移指令，将操作数［D·］指定的 n1 个位元件连同［S·］指定的 n2 个位元件的数据右移 n2 位。

2）SFTL 指令。位左移指令，将操作数［D·］指定的 n1 个位元件连同［S·］指定的 n2 个位元件的数据左移 n2 位。

2. 应用实例

SFTR、SFTL 指令应用实例如图 4-28 所示。

图 4-28a 中，当 X000=ON 时，［D·］内 M15~M0 的 16 位数据连同［S·］内的 X003~X000 的 4 位元件的数据向右移 4 位。其中 X003~X000 的 4 位数据从［D·］的高位端移入，而［D·］的低位 M3~M0 数据移出（溢出）。图 4-28b 所示位左移指令梯形图移位原理与位右移指令类似，此处不再赘述。

应用技巧：

1）SFTR、SFTL 指令使位元件中的状态向右、向左移位，S 为移位源操作数最低位，D 为移位目标操作数最低位，n1 指定位元件长度，n2 指定移位的位数。

2）若使用连续执行指令，则在每个扫描周期都要移位一次，并且要保证 n2≤n1。在实际使用中，常采用脉冲执行方式。

3）与位移指令 SFTR、SFTL 功能类似的指令有字移指令 WSFR、WSFL。

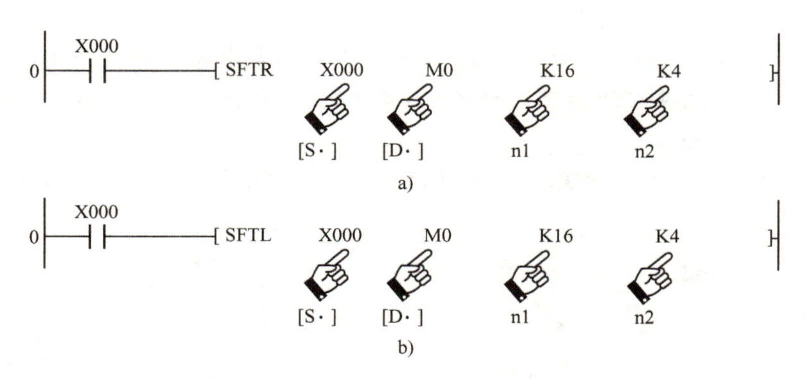

图 4-28　SFTR、SFTL 指令应用实例
a）SFTR 指令应用实例　b）SFTL 指令应用实例

4.3.2　ROR、ROL 指令

4-13　ROR、ROL 指令

ROR、ROL 指令的助记符、功能号、名称、操作数和程序步长见表 4-18。

表 4-18　ROR、ROL 指令

助记符	功能号	名　称	操作数		程序步长
			[D·]	n	
ROR	FNC30	循环右移指令	KnY、KnM、KnS T、C、D、V、Z	K、H	ROR(P)：5 步 DROR(P)：9 步
ROL	FNC31	循环左移指令	KnY、KnM、KnS T、C、D、V、Z	K、H	ROL(P)：5 步 DROL(P)：9 步

1. 指令功能

1）ROR 指令。循环右移指令，将操作数［D·］中的数据向右移动 n 个二进制位，移出低位数据循环进入［D·］的高位。最后一次移出来的那一位同时进入进位标志 M8022 中。

2）ROL 指令。循环左移指令，将操作数［D·］中的数据向左移动 n 个二进制位，移出高位数据循环进入［D·］的低位。最后一次移出来的那一位同时进入进位标志 M8022 中。

2. 应用实例

ROR、ROL 指令的应用实例如图 4-29 所示。

图 4-29a 中，当执行条件 X000=ON 时，D0 中的数据向右移动 3 个二进制位，移出低位数据循环并进入 D0 的高位。最后一次移出来的这一位同时进入进位标志 M8022 中，使进位标志位置 1。图 4-29b 所示循环左移指令梯形图移位原理与循环右移指令类似，此处不再赘述。

应用技巧：

1）ROR、ROL 指令操作时影响 1 个常用标志位，即 M8022 进位标志位。其值由最后一次移出来的那一位数据确定。

2）对于 ROR、ROL 指令，16 位指令和 32 位指令中 n 应小于 16 和 32。如果在目标操作数中指定元件组的组数，则只有 K4（16 位指令）和 K8（32 位指令）有效，如 K4M0，K8Y000。

3）与循环移位指令 ROR、ROL 功能类似的带进位循环移位指令有 RCR、RCL。

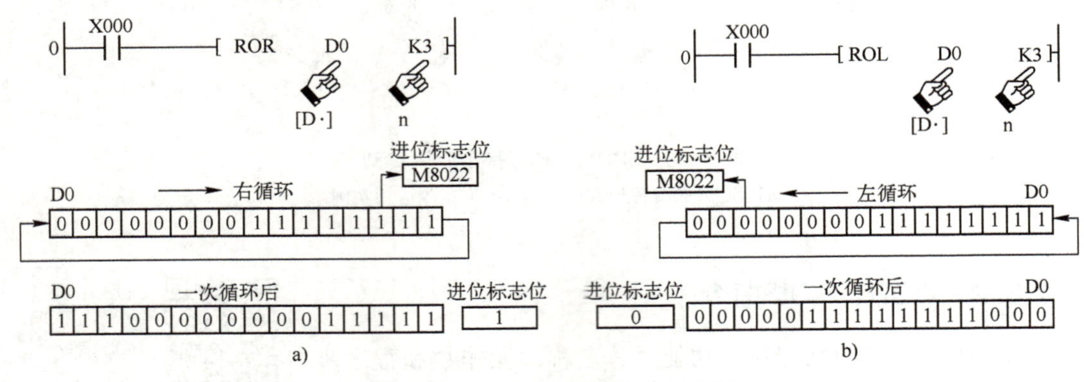

图 4-29　ROR、ROL 指令应用实例

a）ROR 指令应用实例　b）ROL 指令应用实例

【任务实施】

4.3.3　霓虹灯广告屏控制系统设计

1. I/O 地址分配

根据任务 4.3 的描述可知，霓虹灯广告屏控制系统输入为起动按钮 SB1、停止按钮 SB2、单步/连续转换开关 SA 以及步进按钮 SB3。输出为灯管 LED0～LED7、流水灯组 LED10～LED15。设定 I/O 地址分配表，见表 4-19。

表 4-19　I/O 地址分配表

输入			输出		
元器件代号	地址号	功能说明	元器件代号	地址号	功能说明
SB1	X0	起动按钮	LED0～LED7	Y0～Y7	霓虹灯灯管控制
SB2	X1	停止按钮	LED10～LED15	Y10～Y15	流水灯组控制
SA	X2	单步/连续转换开关			
SB3	X3	步进按钮			

2. 硬件接线图设计

根据表 4-19 所示 I/O 地址分配表，可对硬件接线图进行设计，如图 4-30 所示。

图 4-30 中，LED0～LED7、LED10～LED15 利用发光二极管进行模拟显示，而实际应用的电路中应加继电器等转换接口电路，并将电源改接为交流 220 V，具体电路读者可自行设计。此外，图 4-30 为省略画法，发光二极管 LED1～LED6、LED11～LED14 与 PLC 输出端

口连接方式与 LED0、LED7 等相同。

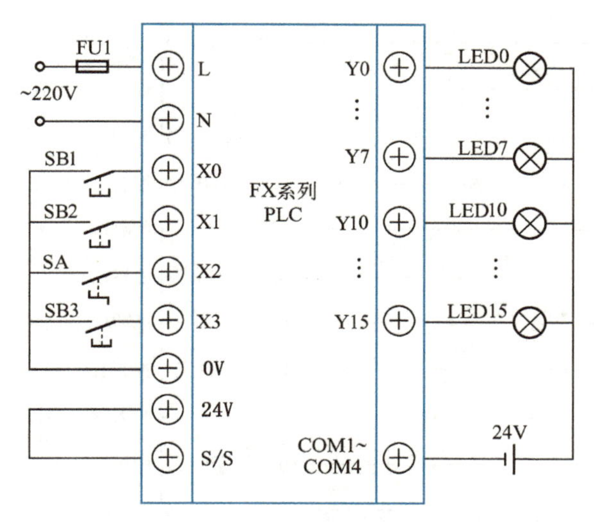

图 4-30　硬件接线图

3. 控制程序设计

根据控制系统控制要求和 I/O 地址分配表，设计控制程序梯形图如图 4-31 所示。

由图 4-31 可知，该程序将移位指令和计数器、定时器进行了结合。Y000~Y007 的状态采用左移位指令获得。当 M100 脉冲上升沿到来时，移位寄存器向左移动一次，每次移位时间间隔 1 s。所以当 8 根灯管全亮时，需 8 s。当 C0 计数计到 8 次时，C0 = 1，由 $\overline{\text{C0}}$ 与 M100 相“与”，故断开左移位指令（SFTL）的脉冲输入，左移停止，Y000~Y007 全亮。延时10 s 后，再按 Y007~Y000 顺序熄灭，此时采用右移位的办法进行移位，即 $\text{M1} = \overline{\text{Y007}} \cdot \overline{\text{Y006}} \cdot \overline{\text{Y005}} \cdot \overline{\text{Y004}} \cdot \overline{\text{Y003}} \cdot \overline{\text{Y002}} \cdot \overline{\text{Y001}} \cdot \overline{\text{Y000}}$，即 $\overline{\text{Y007}}$~$\overline{\text{Y000}}$ 相“与”后，送到 Y007。

程序中 C0~C9 计数器用来计数，控制秒脉冲个数。四周流水灯程序由 C8、C9 控制。左移、右移的输出信号分别为 Y010、Y011、Y012、Y013、Y014、Y015。X000 为起动信号，X001 为停止信号，X002 为连续运行信号，X003 为单步脉冲调试信号。

值得注意的是，实际工程应用时，还需对此程序进行适当改进，硬件接线图部分需加入短路保护等保护措施。

4. 程序调试

1）按照图 4-30 所示硬件接线图接线并检查、确认接线正确。

2）利用 GX-Works2 软件输入、仿真调试程序，分析程序运行结果。

3）程序符合控制要求后接通硬件电路试车，进行系统联机调试，直到最大限度地满足系统控制要求为止。

*4.3.4　课证融通拓展：某景区花式喷泉控制系统设计

某景区花式喷泉控制系统示意图如图 4-32 所示，主要由红、黄、蓝三色彩灯，两个喷水龙头 A、B 和一个带动龙头移动的电磁阀 YV 组成。分析该控制系统控制要求，并用 FX_{3U}

系列 PLC 实现此控制功能，完成 PLC 控制系统软、硬件设计。

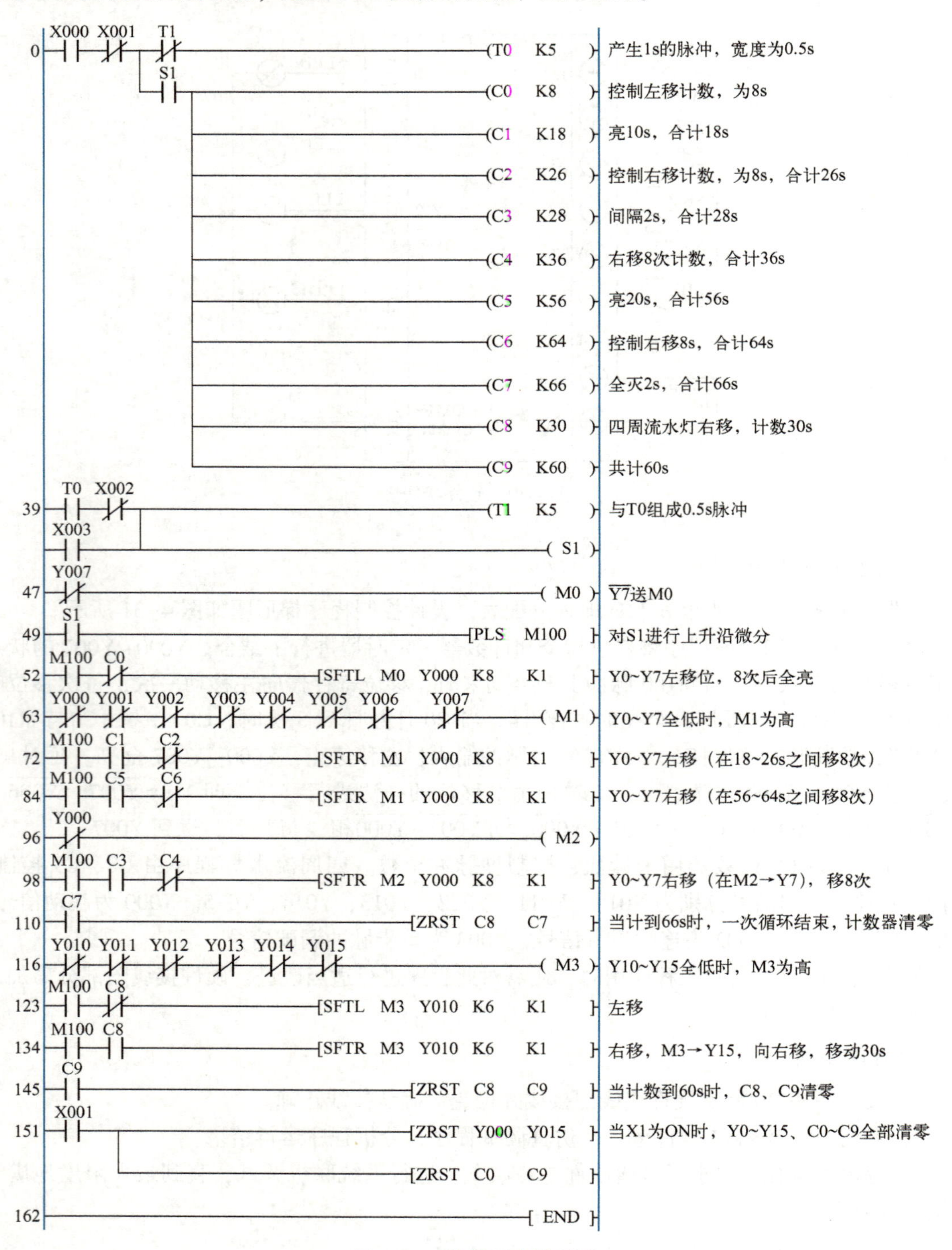

图 4-31 控制程序梯形图

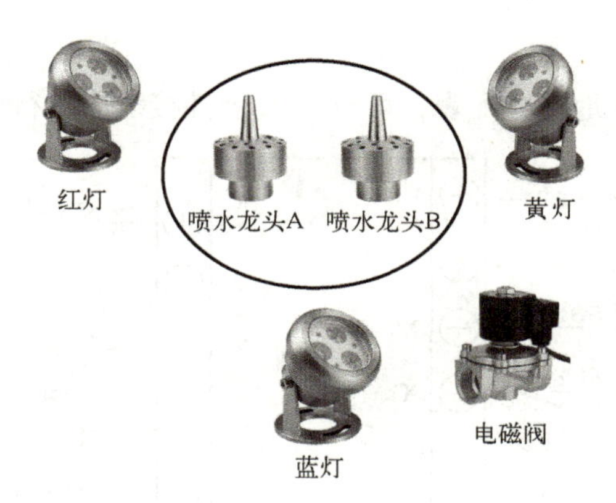

图 4-32 某景区花式喷泉控制系统示意图

1. 控制要求分析

参照常见花式喷泉控制系统控制要求，该控制系统控制功能设定如下。

1）按下起动按钮 SB1 控制系统开始动作，喷泉的动作以 45 s 为一个循环，每 5 s 为一个节拍。如此不断循环直到按下停止按钮 SB2 后停止。

2）红、黄、蓝三色彩灯，喷水龙头 A、B，以及电磁阀的动作顺序见表 4-20 所示工作状态表。

表 4-20 某景区花式喷泉工作状态表

设　备	1	2	3	4	5	6	7	8	9
红灯									
黄灯									
蓝灯									
喷水龙头 A									
喷水龙头 B									
电磁阀									

注：表中在该设备有输出的节拍下显示灰色，无输出为空白。

2. 控制系统软、硬件设计

（1）I/O 地址分配

根据控制要求，设定 I/O 地址分配表，见表 4-21。

表 4-21 I/O 地址分配表

输　入			输　出		
元器件代号	地址号	功能说明	元器件代号	地址号	功能说明
SB1	X0	起动按钮	LED1	Y0	红灯
SB2	X1	停止按钮	LED2	Y1	黄灯
			LED3	Y2	蓝灯
			YV1	Y3	喷水龙头 A
			YV2	Y4	喷水龙头 B
			YV3	Y5	电磁阀

(2) 硬件接线图设计

根据表4-21所示I/O地址分配表，可对PLC硬件接线图进行设计，如图4-33所示。

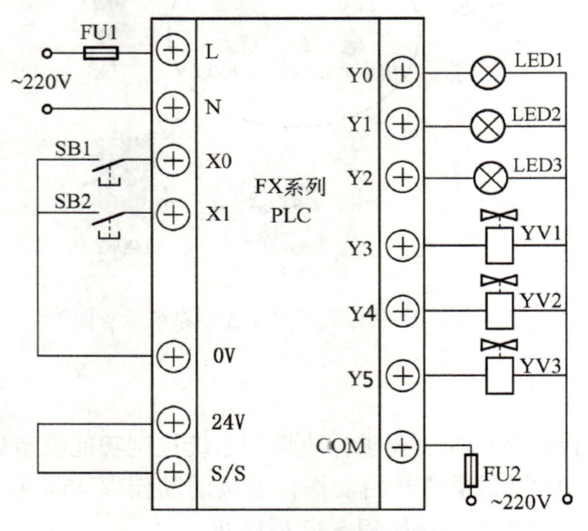

图4-33 系统硬件接线图

(3) 控制程序设计

根据控制要求和I/O地址分配表，设计梯形图控制程序如图4-34所示。

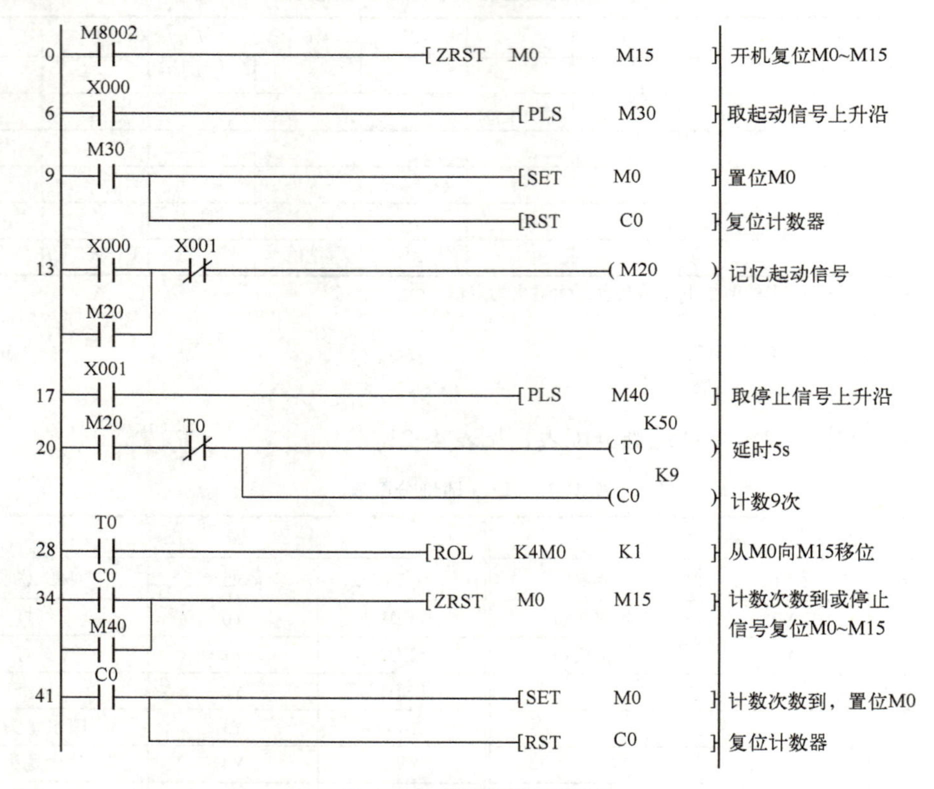

图4-34 梯形图控制程序

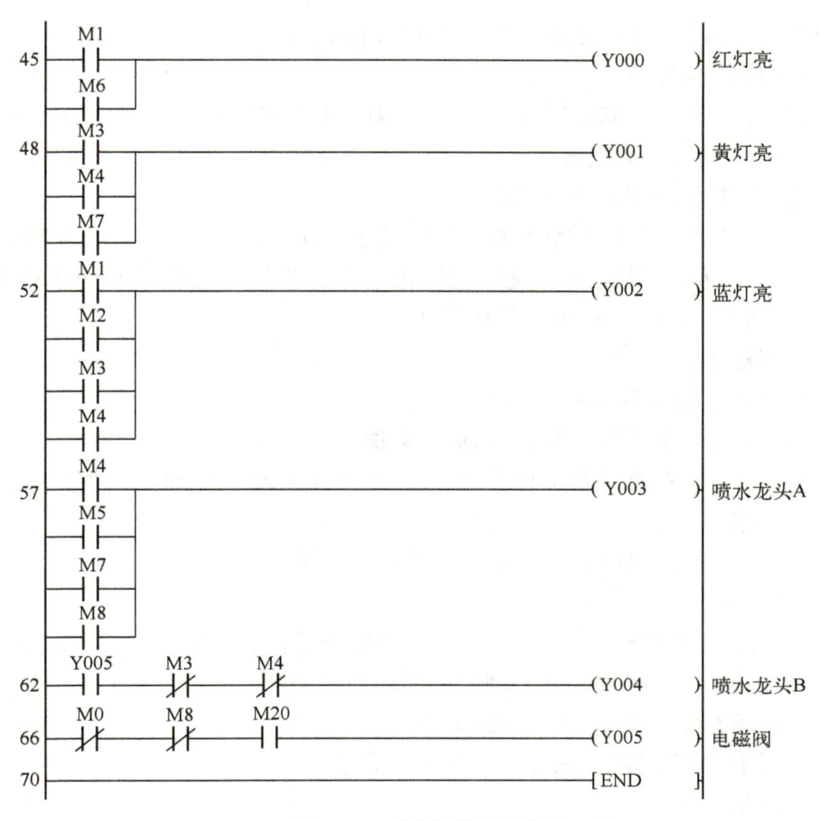

图 4-34　梯形图控制程序（续）

研讨与训练

4.1　FX_{3U}系列 PLC 功能指令有哪些类型？

4.2　简述 FX_{3U}系列 PLC 功能指令各组成部分含义。

4.3　什么是位元件？什么是字元件？两者有什么区别？

4.4　某灯光招牌中有 L1～L8 八只灯接于 K2Y0（Y000～Y007），要求当 X000 为 ON 时，灯先以正序每隔 1 s 轮流点亮，当 L8 亮后，停 2 s；然后以反序每隔 1 s 轮流点亮，当 L1 再亮后，停 2 s，重复上述过程。当 X001 为 ON 时，停止工作。试设计控制程序，并写出指令语句表。

4.5　某密码锁控制要求如下：

（1）SB1 为千位按钮，SB2 为百位按钮，SB3 为十位按钮，SB4 为个位按钮。

（2）开锁密码为 2345。即按顺序按下 SB1 两次、SB2 三次、SB3 四次、SB4 五次，再按下确认键 SB5 后，电磁阀 YV 动作，密码锁被打开。

（3）按钮 SB6 为撤销键，如有操作错误可按此键撤销后重新操作。

（4）当输入错误密码三次时，按下确认键后报警灯 HL 发亮，蜂鸣器 HA 发出报警声响。同时七段数码管闪烁显示“0”和“8”。

（5）输入密码时，七段数码管显示当前输入值。

（6）系统待机时，七段数码管显示“0”，等待开锁。

用PLC设计梯形图控制程序。

4.6 某工厂上、下班有4个响铃时刻，上午8:00，中午12:00，下午1:30，下午5:30，每次响铃1 min。用PLC设计梯形图程序。

4.7 某投币洗车机控制系统控制要求如下：

（1）司机每次投入1元，再按下喷水按钮即可喷水洗车5 min，使用时限为10 min。

（2）当洗车机喷水时间达到5 min，洗车机结束工作；当洗车机喷水时间未达到5 min，而洗车机使用时间达到了10 min，洗车机停止工作。

用PLC设计梯形图程序。

4.8 某变频空调室温控制系统控制要求如下：

（1）采集的当前室温存放于数据寄存器D0（数值1对应1℃）。

（2）起动空调后，一直驱动风扇工作，当室温低于18℃时，驱动空调加热；当室温高于24℃时，驱动空调制冷。

（3）关闭空调后，风扇、加热系统和制冷系统均停止工作。

用PLC设计梯形图程序。

4.9 某工厂利用两个按钮SB1、SB2对一个信号灯进行控制，其控制要求如下：

（1）当按下按钮SB1时，信号灯以1 s脉冲闪烁。

（2）当按下按钮SB2时，信号灯以2 s脉冲闪烁。

（3）当同时按下两个按钮SB1、SB2时，信号灯常亮。

用PLC设计梯形图程序。

项目 5

探秘变频器

变频器是使用变频技术与微电子技术实现交流电动机转速调节的电力控制设备，是理想的调速方案。变频调速以其自身所具有的调速范围广、精度高及动态响应好等优点，在自动控制系统以及家用电器等需要精确速度控制的应用领域发挥着重要作用。掌握变频器参数选择与设置以及通过数据通信与 PLC 等终端构建智能化控制系统已成为高水平工控技术人员必备技能之一。

通过本项目，可了解变频器的产生与定义、基本结构与控制原理、典型应用和发展前景，熟悉三菱 FR-E700 系列变频器的操作面板、运行模式以及参数设置，能按照工程项目要求进行变频器参数选择与设置、硬件接线图设计。

任务 5.1 认识变频器

[知识目标]

1. 了解变频器产生、定义与分类。
2. 了解变频器基本结构与控制原理。
3. 了解变频器典型应用与发展前景。

[能力目标]

1. 能够利用互联网查找变频器相关资料。
2. 能够撰写变频器应用调研报告。

【任务描述】

通过互联网查找、收集变频器应用工程案例以及应用场景，了解变频器的起源、发展、特点和基本应用，列举市场上的变频器品牌和主流型号，完成变频器应用调研报告。

[任务要求]

1. 通过互联网了解变频器的起源、发展以及变频器常用品牌与主流型号。
2. 在互联网上收集变频器应用工程案例。
3. 讨论变频器的特点、典型应用领域。
4. 完成变频器应用调研报告。

[任务环境]

1. 具备网络功能的变频器实训室。
2. 变频器应用技术课程网站。

【关联知识】

5.1.1 变频器的产生与定义

1. 变频器的产生

直流电动机拖动系统和交流电动机拖动系统距今已有 200 多年的发展历程，已成为动力机械的主要驱动装置。由于技术上的原因，在很长一段时期内，占整个电力拖动系统 80% 左右的不变速拖动系统中采用的是交流电动机，而在需要进行调速控制的拖动系统中基本上采用直流电动机。由于结构上的原因，直流电动机存在以下显著缺点：

1）需要定期更换电刷和换向器，维护保养困难，寿命较短。

2）由于直流电动机存在换向火花，难以应用于存在易燃易爆气体的恶劣环境。

3）结构复杂，难以制造大容量、高转速和高电压的直流电动机。

上述问题解决途径之一是利用可调速交流电动机代替直流电动机。因此，交流调速系统成为电动机领域主要研究方向之一。直至 20 世纪 70 年代，交流调速系统的研发一直未取得真正能够令人满意的成果，也因此限制了交流调速系统的推广应用。也正是因为这个原因，在工业生产中大量使用的诸如风机、水泵等需要进行调速控制的电力拖动系统中不得不采用挡板和阀门来调节风速和流量。这种做法不但增加了系统的复杂性，也造成了能源的浪费。

后来人们充分认识到了节能工作的重要性，进一步深入了对交流调速系统的研发，同时随着电力电子技术的发展，作为交流调速系统控制核心的变频技术也得到了显著的发展，并逐渐进入了实用阶段。

变频技术应交流电动机无级调速的广泛需求而生。其中电力半导体器件是实现变频的基础，故电力半导体器件的发展史就是变频技术的发展史。

第一代电力半导体器件以 1956 年出现的晶闸管为代表。晶闸管是电流控制型开关器件，只能通过门极控制其导通而不能控制其关断，因此也称为半控器件。由晶闸管组成的变频器工作频率较低，应用范围很窄。

第二代电力半导体器件以门极关断晶闸管（GTO）和电力晶体管（GTR）为代表。这两种电力半导体器件是电流控制型自关断开关器件，可以方便地实现逆变和斩波，但其工作频率仍然不高，一般在 5 kHz 以下。尽管该阶段已经出现了脉宽调制（PWM）技术，但因斩波频率和最小脉宽都受到限制，难以获得较为理想的正弦脉宽调制波形，会使异步电动机在变频调速时产生刺耳的噪声，因而限制了变频器的推广和应用。

第三代电力半导体器件以电力 MOS 场效晶体管（Power MOSFET）和绝缘栅双极晶体管（IGBT）为代表。这两种电力半导体器件是电压型自关断器件，其开关频率可达到 20 kHz 以上，由于采用 PWM 技术，由电力 MOSFET 或 IGBT 构成的变频器用于异步电动机变频调速时，噪声可大大降低。目前，该类型变频器已在工业控制等领域得到了广泛应用。

第四代电力半导体器件以智能化功率集成电路（PIC）和智能功率模块（IPM）为代表。它们实现了开关频率的高速化、低导通电压的高效化和功率器件的集成化，另外还可集成逻辑控制、保护、传感及测量等变频器辅助功能。目前，由 PIC 或 IPM 构成的变频器是众多变频器生产厂家的主要研究、生产方向。

我国变频器行业起步较晚，到 20 世纪 90 年代初，国内企业才开始认识到变频器，国外的变频器产品正式进入中国市场。步入 21 世纪后，国产变频器逐步崛起，现已逐渐抢占高端市场。

2. 变频器的定义

为使这一新型的工业控制装置的生产和发展规范化，工控行业对变频器做了如下定义：

“利用电力半导体器件的通断作用将电压和频率固定不变的工频交流电源变换成电压和频率可变的交流电源，供给交流电动机实现软起动、变频调速、提高运转精度、改变功率因数、过电流/过电压/过载保护等功能的电能变换控制装置称为变频器（Variable Voltage Variable Frequency，简称 VVVF）。”

3. 变频器的分类

变频器可按照用途、控制方式、主电路结构、变频电源性质和调压方式等方法进行分类，见表 5-1。

表 5-1 变频器分类

分类方法	类型	主要特点
按用途分	通用变频器	分为简易型通用变频器和高性能多功能通用变频器两类
	专用变频器	分为高性能专用变频器、高频变频器和高压变频器等类型
按控制方式分	U/f 控制变频器	压频比控制。对变频器输出的电压和频率同时进行控制
	SF 控制变频器	转差频率控制。变频器的输出频率由电动机的实际转速与转差频率之和自动设定，属于闭环控制
	VC 控制变频器	矢量控制。同时控制异步电动机定子电流的幅值和相位，即控制定子电流矢量
按主电路结构分	交-直-交变频器	先由整流器将电网中的交流电整流成直流电，经过滤波，而后再由逆变器将直流逆变成交流供给负载
	交-交变频器	只用一个变换环节就可以把恒压恒频（CVCF）的交流电源变换成变压变频（VVVF）电源，因此又称直接变频装置
按变频电源性质分	电压型变频器	当中间直流环节采用大电容滤波时，称为电压型装置
	电流型变频器	采用高阻抗电感滤波时，称为电流型装置
按调压方式分	PAM 变频器	脉幅调制。通过改变电压源的电压或电流源的电流的幅值进行输出控制，其中逆变器负责调节输出频率
	PWM 变频器	脉宽调制。通过改变输出脉冲的占空比进行输出控制

5.1.2 变频器基本结构与控制原理

1. 变频器基本结构

目前，变频器的变换环节大多采用交-直-交变频变压方式。它是先把工频交流电通过整流器变换成直流电，然后再把直流电逆变成频率、电压连续可调的交流电。变频器主要由主电路和控制电路组成，其中主电路包括整流电路、直流中间电路和逆变电路 3 部分，其基本结构如图 5-1 所示。

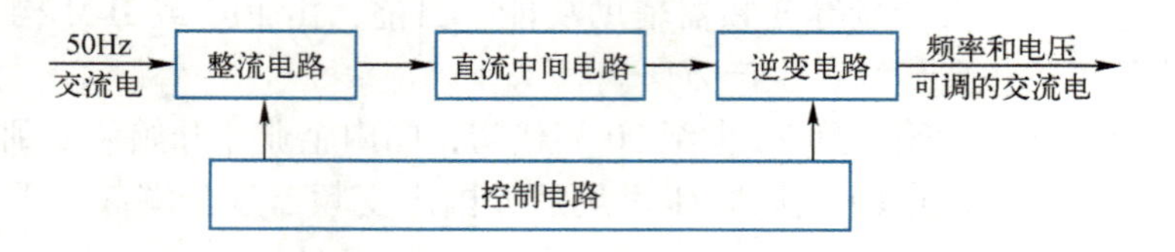

图 5-1 交-直-交变频器的基本结构

（1）变频器主电路

给异步电动机提供可调频、调压电源的电力变换电路，称为主电路。图 5-2 所示为通用变频器主电路，各部分的作用见表 5-2。

表 5-2 通用变频器主电路元件作用

单元电路	元件	作用
整流电路：将频率固定的三相交流电变换成直流电	VD1～VD6	三相整流桥。将交流电变换成脉动直流电。若电源线电压为 U_L，则整流后的平均电压 $U_D=1.35U_L$
	CF	滤波电容器。将脉动直流电变换为平滑直流电

（续）

单元电路	元件	作用
整流电路：将频率固定的三相交流电变换成直流电	RL、S	充电限流控制电路。接通电源时，将电容器 CF 的充电浪涌电流限制在允许范围内，以保护桥式整流电路。而当 CF 充电到一定程度时，令开关 S 接通，将 RL 短路。在某些变频器中，S 由晶闸管代替
	HL	电源指示灯。HL 除了表示电源是否接通外，另一个功能是变频器切断电源后，指示电容器 CF 上的电荷是否已经释放完毕。在维修变频器时，必须等 HL 完全熄灭后才能接触变频器内部带电部分，以保证安全
逆变电路：将直流电逆变成频率、幅值均可调的交流电	V1～V6	三相桥式逆变器。通过逆变器晶体管 V1～V6 按一定规律轮流导通和截止，将直流电逆变成频率、幅值均可调的三相交流电
	VD7～VD12	续流二极管。在换相过程中为电流提供通道
	R01～R06、VD01～VD06、C01～C06	缓冲电路。限制过高的电流和电压，保护逆变器晶体管免遭损坏
	RB、VB	制动电路。当电动机减速、变频器输出频率下降过快时，消耗因电动机处于再生发电制动状态而回馈到直流电路中的能量，以避免变频器本身的过电压保护电路动作而切断变频器的正常输出

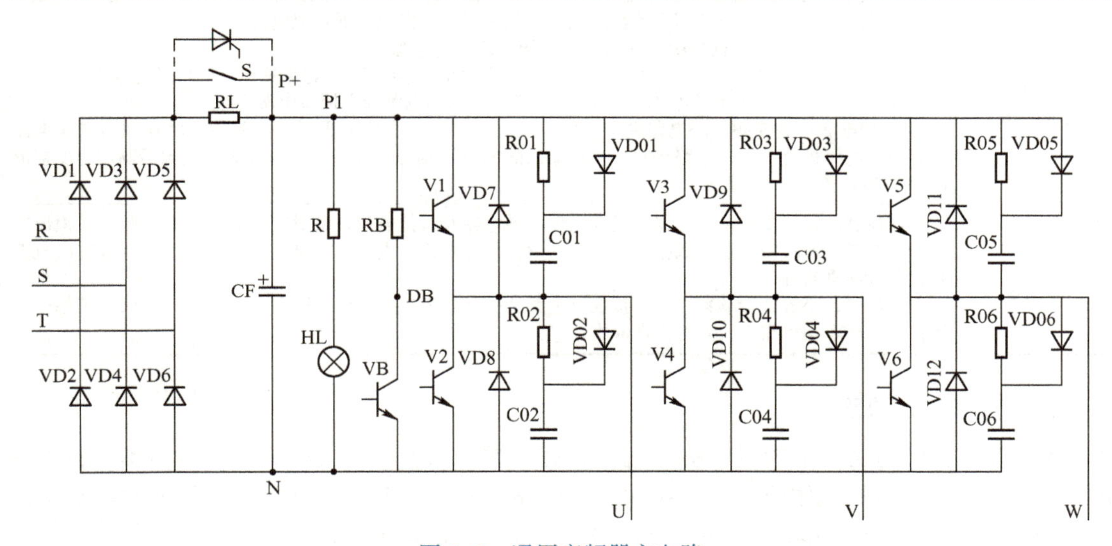

图 5-2 通用变频器主电路

（2）变频器控制电路

变频器的控制电路为主电路提供控制信号，其主要任务是完成对逆变器开关元件的开关控制和提供多种保护功能。通用变频器控制电路框图如图 5-3 所示，主要由主控板、键盘/显示板、电源板、逆变模块、外接控制电路等构成，各部分的作用见表 5-3。

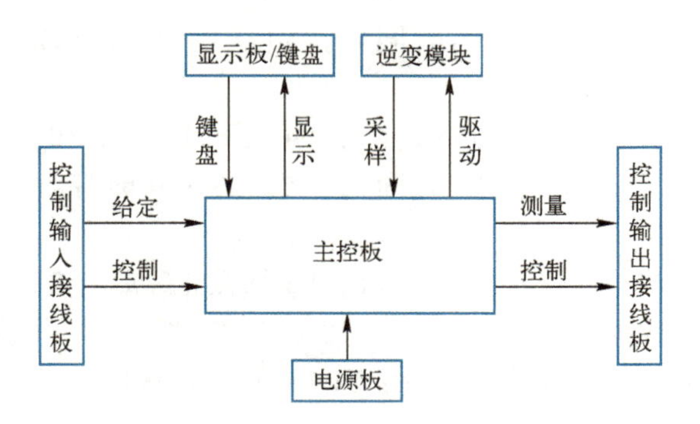

图 5-3 通用变频器控制电路框图

表 5-3　通用变频器控制电路单元电路作用

部　件	作　用
主控板	主控板是变频器运行的控制中心，其核心器件是微处理器（单片微机）或数字信号处理器（DSP），其主要功能有： 1. 接收并处理从键盘、外部控制电路输入的各种信号，如修改参数、正反转指令等 2. 接收并处理内部的各种采样信号，如主电路中电压与电流的采样信号、各逆变器晶体管工作状态的采样信号等 3. 向外电路发出控制信号及显示信号，如正常运行信号、频率到达信号等，一旦发现异常情况，立刻发出保护指令进行保护或停车，并输出故障信号 4. 完成 SPWM（正弦脉宽调制），将接收的各种信号进行判断和综合运算，产生相应的 SPWM 调制信号，并分配给各逆变器晶体管的驱动电路 5. 向显示板和显示屏发出各种显示信号
键盘与显示板	键盘和显示板总是组合在一起。键盘向主控板发出各种信号或指令，主要用于向变频器发出运行控制指令或修改运行数据等 显示板将主控板提供的各种数据进行显示。大部分变频器配置了液晶或数码管显示屏，还有 RUN（运行）、STOP（停止）、FWD（正转）、REV（反转）和 FLT（故障）等状态指示灯和单位指示灯，如频率、电流和电压等，可以完成以下指示功能： 1. 在运行监视模式下，显示各种运行数据，如频率、电流和电压等 2. 在参数模式下，显示功能码和数据码 3. 在故障模式下，显示故障原因代码
电源板与驱动板	变频器的内部电源普遍使用开关稳压电源，电源板主要提供以下直流电源： 1. 主控板电源：具有良好稳定性和抗干扰能力的一组电源 2. 驱动电源：逆变电路中上桥臂的 3 只逆变器晶体管驱动电路的电源是相互隔离的 3 组独立电源，下桥臂 3 只逆变器晶体管驱动电源则可共“地”。但驱动电源与主控板电源必须可靠绝缘 3. 外控电源：为变频器外电路提供的稳定直流电源中、小功率变频器的驱动电路往往与电源电路在同一块电路板上，驱动电路接收主控板输出的 SPWM 信号，在进行光电隔离、放大后驱动逆变器晶体管（开关管）工作
外接控制电路	外接控制电路可实现由电位器、主令电器、继电器及其他自控设备对变频器的运行控制，并输出其运行状态、故障报警和运行数据信号等，一般包括外部给定电路、外接输入控制电路、外接输出电路和报警输出电路等 大多数中、小容量变频器中，外接控制电路往往与主控电路设计在同一电路板上，以减小其整体的体积，提高电路可靠性，降低生产成本

2. 变频器工作原理

将直流电变换为交流电的过程称为逆变，完成逆变功能的装置称为逆变器。本项目以三相逆变器为例，说明其工作原理。三相逆变器电路结构、各开关元件的导通情况与输出电压波形如图 5-4 所示，图中阴影部分表示各逆变器晶体管的导通时间。

下面以 U、V 之间的电压为例，分析逆变电路的输出线电压。

1）在 Δt_1、Δt_2 时间内，V1、V4 同时导通，U 为“+” V 为“-”，u_{UV} 为“+”，且 $U_m = U_D$。

2）在 Δt_3 时间内，V2、V4 均截止，$u_{UV} = 0$。

3）在 Δt_4、Δt_5 时间内，V2、V3 同时导通，U 为“-” V 为“+”，u_{UV} 为“-”，且 $U_m = U_D$。

4）在 Δt_6 时间内，V1、V3 均截止，$u_{UV} = 0$。

根据以上分析，可画出 U 与 V 之间的电压波形。同理可画出 V 与 W 之间、W 与 U 之间的电压波形，如图 5-4c 所示。从图中可以看出，三相电压的幅值相等，相位互差 120°。

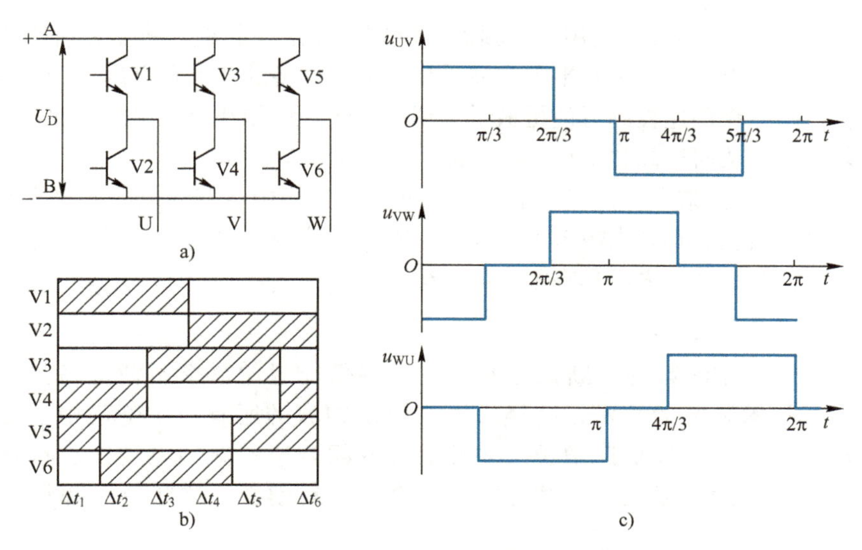

图 5-4 三相逆变器电路结构与输出电压波形

a）电路结构 b）各开关元件的导通情况 c）输出电压波形

由此可见，只要按照一定的规律来控制6个逆变器开关元件的导通和截止，就可把直流电逆变为三相交流电。而逆变后的交流电频率，则可以在上述导通规律不变的前提下，通过改变控制信号的频率来进行调节。

必须指出的是，这里讨论的仅仅是逆变的基本原理，据此得到的交流电压是不能直接用于控制电动机运行的，实际应用时则复杂得多。

5.1.3 变频器典型应用与发展前景

1. 变频器的典型应用

发展变频器技术最初的目的主要是节能，但是随着电力电子技术、微电子技术和控制理论的发展，以及电力半导体器件和微处理器的性能不断提高，变频器技术也得到了显著发展，应用范围也越来越广。

1）节能领域的应用。在工控领域，变频调速已被认为是最理想、最有发展前途的调速方式之一。风机、泵类等负载采用变频调速后，节电率可以达到20%～60%，这是由于风机、泵类等负载的耗电功率基本与转速的三次方成正比。当用户需要的平均流量较小时，风机、泵类等负载采用变频调速后其转速降低，节能效果非常可观。而传统的风机、泵类采用挡板和阀门进行流量调节，电动机转速基本不变，耗电功率变化不大。由于风机、泵类等负载在采用变频调速后，可以节省大量电能，所需的投资在较短的时间内就可以收回，因此变频器在该领域的应用日益广泛。目前应用较成功的有恒压供水、各类风机、中央空调和液压泵的变频调速。

2）自动控制系统领域的应用。由于变频器内置有16位或32位的微处理器，具有多种算术逻辑运算和智能控制功能，故在自动控制系统中得到广泛应用，如化纤行业中的卷绕、拉伸和计量，玻璃行业中的平板玻璃退火炉、玻璃窑搅拌和拉边机，电弧炉的自动加料、配料系统以及电梯的智能控制等。

3）产品工艺和质量领域的应用。变频器广泛用于传送、起重、挤压和机床等各种机械设备控制领域，它可以提高工艺水平和产品质量，减少设备的冲击和噪声，延长设备的使用寿命。此外，采用变频调速控制可使机械系统得到简化，操作和控制更加方便，甚至可以改变原有的工艺规范，从而提高整个设备的性能。

4）家用电器领域的应用。除了工业相关行业，在民用中，节约电能、提高家用电器性能和保护环境等方面也受到越来越多的关注。带有变频控制的冰箱、空调和洗衣机等，在节电、降噪和提高控制精度等方面具有很大的优势。

2. 变频器的发展前景

随着国家节能减排政策的不断加强和用户对降低能耗的需求不断提高，变频器作为高新技术、基础技术和节能技术，已经渗透到经济领域的所有技术部门中，变频器市场正在以每年超过30%的速度快速增长。多种适宜变频调速的新型电动机正在开发研制之中。IT（信息技术）的迅猛发展，以及控制理论的不断创新，这些技术都将促进变频器的深入发展。

1）高性能化。随着微电子技术和数字信号处理技术的发展，变频器将向高性能、高精度方向发展，实现对电动机的精确控制和优化。

2）智能化。随着物联网、云计算和AI（人工智能）等技术的发展和应用，变频器将向智能化、网络化方向发展，实现远程监控、故障诊断和数据分析等功能，提高生产效率和质量。

3）集成化。虽然单个功率器件的效率越来越高，控制简化，但电能的复杂性给生产和测试带来不便。智能功率模块是将功率器件的配置、散热乃至驱动问题在模块中解决，因而性能更稳定，可靠性更高。即随着电力电子器件的不断发展和应用，变频器将向集成化方向发展，实现更小、更轻和更高效的设计，从而降低成本和能耗。

4）多功能化。随着工业自动化、智能制造和新能源等领域的发展和应用，变频器将向多功能化方向发展，实现对不同负载的控制和适应，满足不同领域和应用的需求。

5）绿色化。随着环保意识的提高和能源消耗的压力，变频器将向绿色化方向发展，实现对电动机的高效控制和能源的节约利用，降低对环境的影响。

总之，变频器的未来发展趋势是高性能化、智能化、集成化、多功能化和绿色化等，需要不断提高技术水平和创新能力，满足不同领域和应用的需求，为工业生产和社会发展做出更大贡献。

【任务实施】

5.1.4 撰写变频器应用调研报告

1. 收集变频器相关信息

搜索关键词“什么是变频器”“变频器的由来”“变频器的特点”“变频器的发展”“变频器品牌”“变频器主流型号”和“变频器应用工程案例”。

2. 撰写变频器应用调研报告

查找变频器应用相关素材，学习小组分工完成调研报告（“变频器在工业控制领域应用现状”“变频器常用品牌与主流型号”“变频器外围设备”和“变频器发展现状”中任选一个完成）。

参考格式如下：

××××调研报告

封面

包含调研报告名称、学习小组成员、所在院系和指导教师等基本信息。

摘要

对调研报告内容进行概括性描述，要求文字简明扼要，200~300 字。

引言

前言或问题提出。内容主要包括：①提出调研的问题；②介绍调研的背景；③指出调研的目的；④说明调研的意义。

调研方法

内容主要包括：①调研对象及其取样；②调研方法的选取；③调研程序与方法；④调研结果的统计方法。

调研过程及结果

调研报告主体部分，内容主要包括：①调研过程简述；②调研结果分析。要求分析实事求是，切忌主观臆断。

结论

主要针对调研结果进行分析，并对调研需要改进的地方进行阐述。要求文字简练、严谨和逻辑性强。

参考文献

参考文献中应有一定数量的近期出版、发表的著作或文章。参考文献著录格式应符合相关规定。

附录

调研报告中不便于在正文中体现的调查表、测量数据统计表等证明文件，使用附件形式放在参考文献的后面一页。

5.1.5　下载课程学习资源

登录三菱电机自动化（中国）有限公司网站（www.mitsubishielectric-fa.cn），收集、学习如下资料。

1）《三菱通用变频器 FR-E740 使用手册》。

2）《三菱通用变频器 FR-E700 使用手册（应用篇）》。

任务 5.2　认识三菱 FR-E700 系列变频器和工作环境

[知识目标]

1. 了解 FR-E700 系列变频器硬件配置。
2. 了解 FR-E700 系列变频器操作面板。

[能力目标]

1. 能正确操作 FR-E700 系列变频器操作面板。
2. 能正确连接 FR-E700 系列变频器输入、输出电路。

【任务描述】

通过参观变频器应用技术实训室，了解 FR-E700 系列变频器硬件配置以及运行与操作模式。能正确识别变频器型号以及含义、FR-E700 系列变频器控制面板各部分名称与功能；能正确、规范操作实训装置。

[任务要求]

1. 认识实训室变频器，能正确识别型号以及型号含义。
2. 认识 FR-E700 系列变频器控制面板各部分名称以及功能。
3. 按要求设置 FR-E700 系列变频器参数。
4. 按要求连接 FR-E700 系列变频器输入、输出电路并检验是否有效。
5. 按要求正确、规范操作实训装置。

[任务环境]

1. 每学习小组配备 FR-E700 系列变频器实训装置一套。
2. 每学习小组配备若干导线、工具等。

【关联知识】

5.2.1 初识三菱 FR-E700 系列变频器

早期是外资品牌进入市场，西门子、ABB 和三菱等产品牢牢地占据了市场份额。然而随着国内企业节能减排意识的不断增强以及我国政府出台的相关鼓励政策，为国产变频器企业成长提供了良好环境，本土品牌不断涌现，实力逐渐增强，近几年发展更为迅猛。据统计，目前本土变频器产品拥有 20%~25%的市场份额，40%为日本品牌，30%为欧美品牌，其他占 10%。中国变频器市场已经形成了欧美品牌、日本品牌和自主品牌三足鼎立的格局。

三菱公司的变频器是较早进入中国市场的产品。三菱公司近年来应用较广泛的是 700 系列变频器，共包括 A700、D700、E700 和 F700 四种类型。700 系列变频器在端子排布和参数设置上具有共通性，因此，只要了解了其中一种类型的变频器，就可以触类旁通，其基本参数和外部接线基本一致。三菱 700 系列变频器常用产品如图 5-5 所示。

本项目以三菱 FR-E700 系列 FR-E740 型变频器为例进行介绍。FR-E740 型变频器的型号、铭牌及其基本结构如图 5-6 所示。

1. FR-E740 型变频器接线图

图 5-7 所示为 FR-E740 型变频器的基本接线图。

由图 5-7 可知，FR-E740 型变频器接线图包括主电路接线和控制电路接线两部分。各部分具体接线及注意事项读者可参照《三菱通用变频器 FR-E740 使用手册》自行进行学习，本书由于篇幅有限，不予介绍。

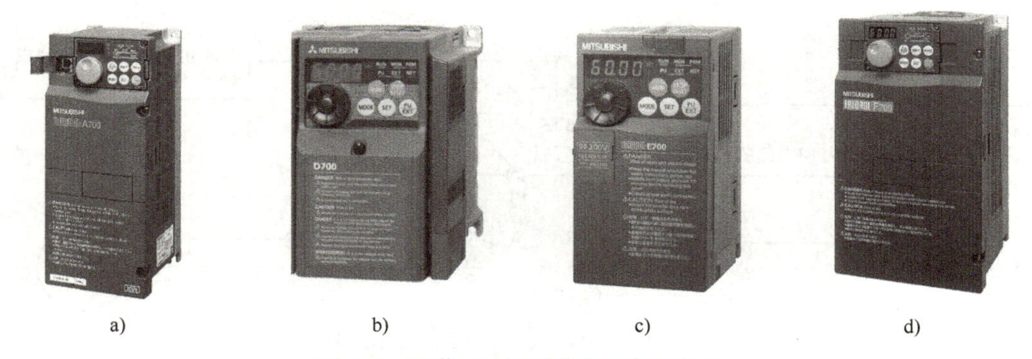

图 5-5 三菱 700 系列变频器常用产品

a）FR-A700 系列 b）FR-D700 系列 c）FR-E700 系列 d）FR-F700 系列

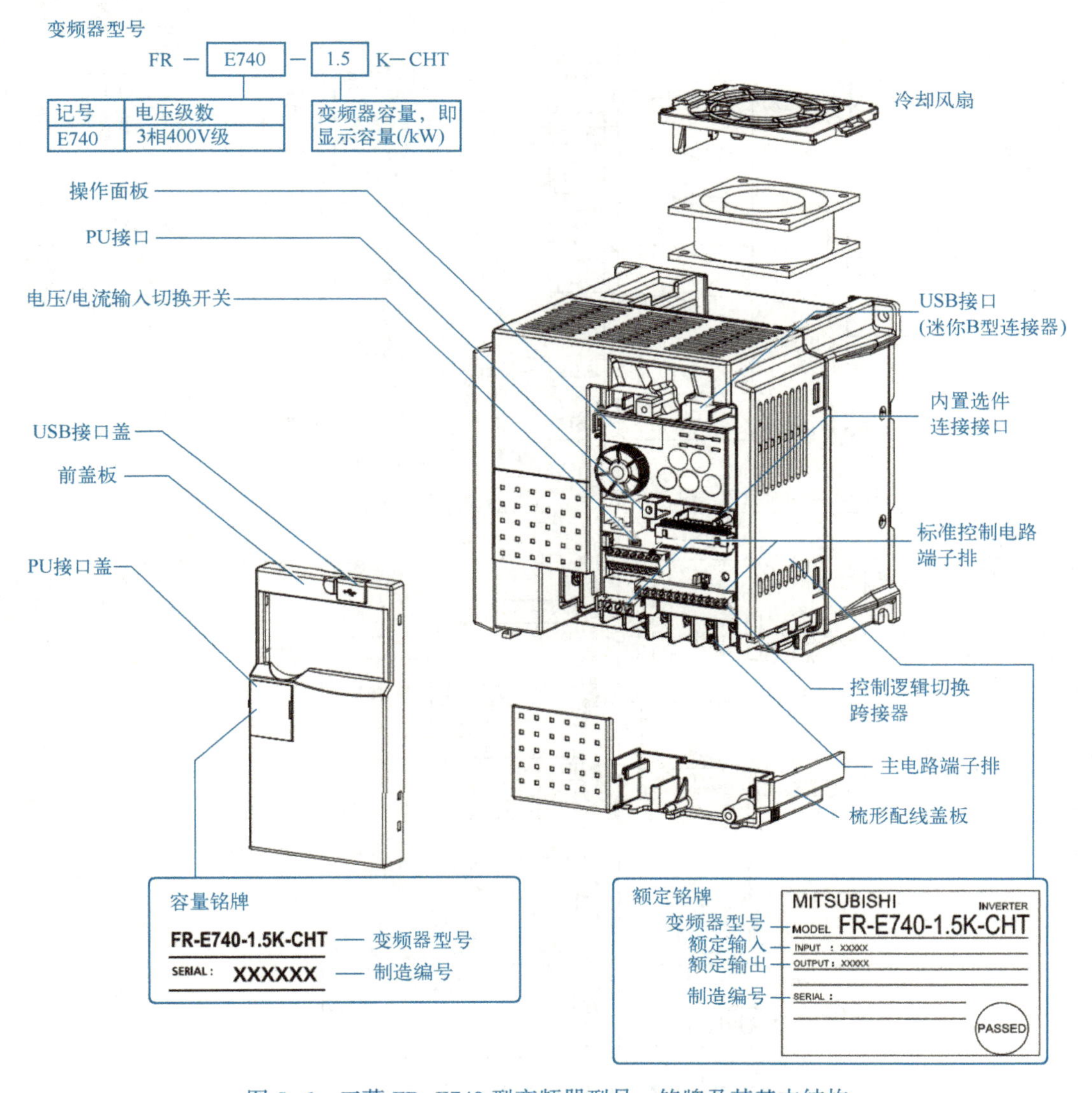

图 5-6 三菱 FR-E740 型变频器型号、铭牌及其基本结构

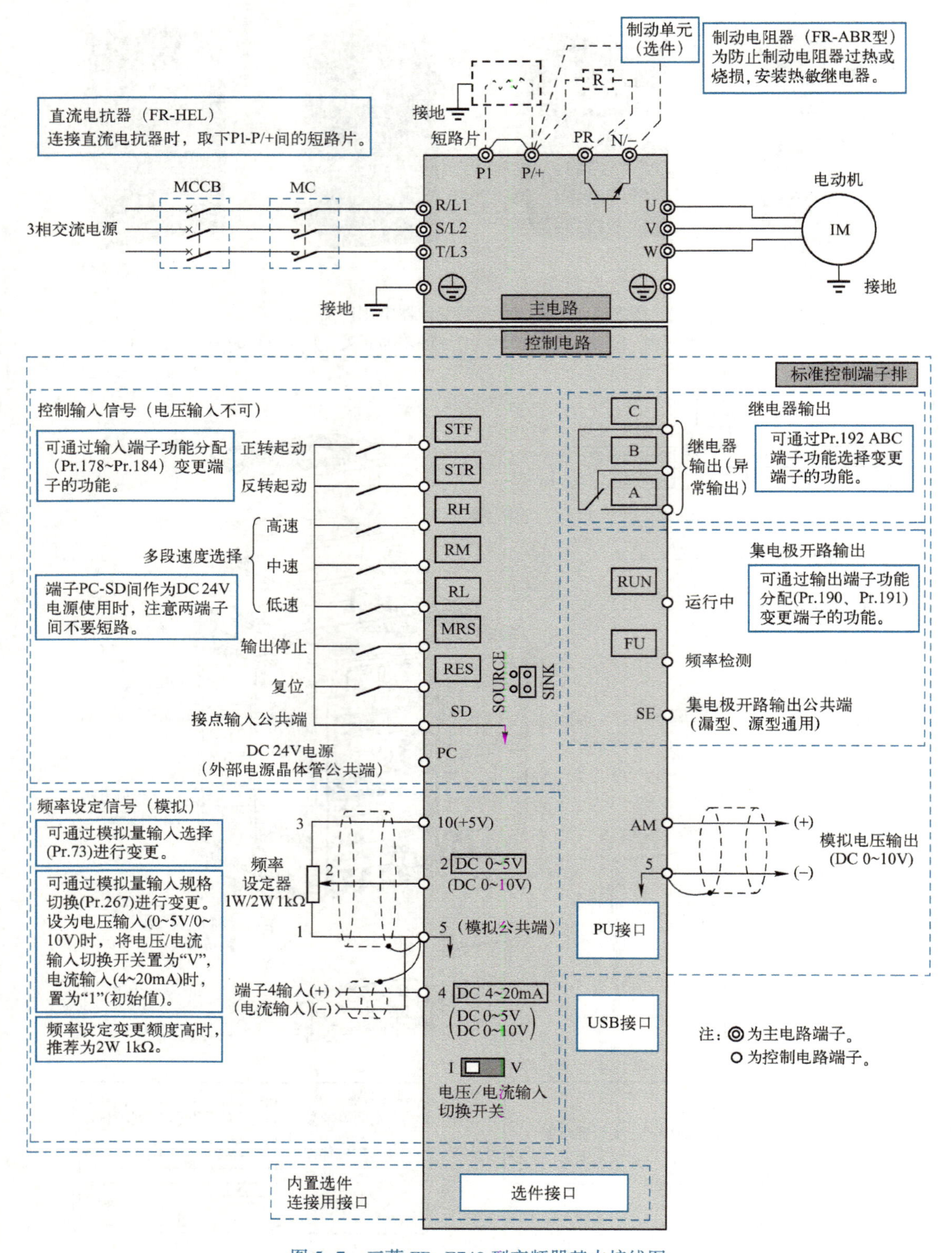

图5-7　三菱FR-E740型变频器基本接线图

2. FR-E740 型变频器端子功能

（1）主电路端子功能

FR-E740 型变频器主电路端子主要包括交流电源输入、变频器输出等端子。端子功能见表 5-4。

表 5-4　主电路端子功能

端子标记	端子名称	功能说明
R/L1、S/L2、T/L3	交流电源输入	连接工频电源。在使用高功率因数变流器（FR-HC）及共直流母线变流器（FR-CV）时不要连接任何设备
U、V、W	变频器输出	连接 3 相笼型电动机
P/+、PR	制动电阻器连接	在端子 P/+-PR 间连接选件制动电阻器（FR-ABR）
P/+、N/-	制动单元连接	连接选件制动单元（FR-BU2）、共直流母线变流器（FR-CV）以及高功率因数变流器（FR-HC）
P/+、P1	直流电抗器连接	拆下端子 P/+-P1 间的短路片，连接选件直流电抗器
⏚	接地	变频器机架接地用，必须接大地

（2）控制电路端子功能

FR-E740 型变频器控制电路端子包括接点输入、频率设定、继电器输出、集电极输出、模拟电压输出和通信六个部分。各端子的功能可通过调整相关参数的值进行变更，在出厂初始值的情况下，各控制电路端子的功能见表 5-5。

表 5-5　控制电路端子功能

<table>
<tr><th>种　类</th><th>端子标记</th><th>端子名称</th><th colspan="2">功能说明</th></tr>
<tr><td rowspan="12">接点输入</td><td>STF</td><td>正转起动</td><td>STF 信号为 ON 时为正转，为 OFF 时为停止指令</td><td rowspan="2">STF、STR 同时为 ON 时变成停止指令</td></tr>
<tr><td>STR</td><td>反转起动</td><td>STR 信号为 ON 时为反转，为 OFF 时为停止指令</td></tr>
<tr><td>RH、RM、RL</td><td>多段速度选择</td><td colspan="2">用 RH、RM 和 RL 信号的组合可以选择多段速度</td></tr>
<tr><td>MRS</td><td>输出停止</td><td colspan="2">MRS 信号为 ON（20 ms 以上）时，变频器输出停止。用电磁制动停止电动机时用于断开变频器的输出</td></tr>
<tr><td>RES</td><td>复位</td><td colspan="2">复位用于解除保护回路动作时的报警输出。使 RES 信号处于 ON 状态 0.1 s 或以上，然后断开
初始设定为始终可进行复位。但进行了 Pr.75 的设定后，仅在变频器报警发生时刻进行复位</td></tr>
<tr><td rowspan="3">SD</td><td>接点输入公共端（漏型）（初始设定）</td><td colspan="2">接点输入端子公共端（漏型逻辑）</td></tr>
<tr><td>外部晶体管公共端（源型）</td><td colspan="2">源型逻辑时当连接晶体管输出（即集电极开路输出），例如 PLC 时，将晶体管输出用的外部电源公共端接到该端子时，可以防止因漏电引起的误动作</td></tr>
<tr><td>DC 24 V 电源公共端</td><td colspan="2">DC 24 V、0.1 A 电源的公共端，与端子 5、端子 SE 绝缘</td></tr>
<tr><td rowspan="3">PC</td><td>外部晶体管输出端（漏型）（初始设定）</td><td colspan="2">漏型逻辑时当连接晶体管输出（即集电极开路输出），例如 PLC 时，将晶体管输出用的外部电源公共端接到该端子时，可以防止因漏电引起的误动作</td></tr>
<tr><td>接点输入公共端（源型）</td><td colspan="2">接点输入端子公共端（源型逻辑）</td></tr>
<tr><td>DC 24 V 电源</td><td colspan="2">可作为 DC 24 V、0.1 A 的电源使用</td></tr>
</table>

（续）

种　类	端子标记	端子名称	功能说明
频率设定	10	频率设定用电源	作为外接频率设定用电位器时的电源使用
	2	频率设定（电压）	如果输入 DC 0~5 V（或 0~10 V），在 5 V（10 V）时为最大输出频率，输入和输出成正比。通过 Pr. 73 可进行 DC 0~5 V（初始设定）和 0~10 V 输入的切换操作
	4	频率设定（电流）	如果输入 DC 4~20 mA（或 0~5 V，0~10 V），在 20 mA 时为最大输出频率，输入和输出成正比。只有 AU 信号为 ON 时端子 4 的输入信号才会有效（端子 2 的输入将无效）。通过 Pr. 267 可进行 4~20 mA（初始设定）和 DC 0~5 V、DC 0~10 V 输入的切换操作。电源输入（0~5 V/0~10 V）时，将电压/电流输入切换开关切换至“V”
	5	频率设定公共端	频率设定信号（端子 2 或 4）及端子 AM 的公共端子，不需要接大地
继电器输出	A、B、C	继电器输出（异常输出）	指示变频器因保护功能动作而停止输出的转换触点。异常时，B-C 间不导通（A-C 间导通）；正常时，B-C 间导通（A-C 间不导通）
集电极输出	RUN	变频器正在运行	变频器输出频率为起动频率（初始值 0.5 Hz）或以上时为低电平，正在停止或正在直流制动时为高电平
	FU	频率检测	输出频率为任意设定检测频率以上时为低电平，未达到时为高电平
	SE	集电极开路输出公共端	端子 RUN、FU 的公共端
模拟输出	AM	模拟电压输出	从多种监视项目中选一种作为输出。输出信号与监视项目的大小成比例
RS-485 通信	—	PU 接口	通过 PU 接口，可进行 RS-485 通信 ① 标准规格：EIA-485（RS-485） ② 传输方式：多站点通信 ③ 通信 速率：4800~38400 bit/s 总长距离：500 m
USB 通信	—	USB 接口	与个人计算机通过 USB 连接后，可以实现 FR Configurator 的操作 ① 标准规格：USB1.1 ② 传输速率：12 Mbit/s

5.2.2　三菱 FR-E700 系列变频器操作面板

使用变频器之前，首先要熟悉它的操作面板和键盘操作单元（或称为控制单元），并且按照使用现场的要求合理设置参数。FR-E740 型变频器的参数设置通常利用其操作面板（不能拆下）实现，也可以使用连接到变频器 PU 端口的参数单元（FR-PU07）实现。FR-E740 型变频器操作面板如图 5-8 所示。其上半部分为面板显示器，下半部分为 M 旋钮和各种按键。

FR-E740 型变频器操作面板上旋钮、按键功能和运行状态显示分别见表 5-6、表 5-7。

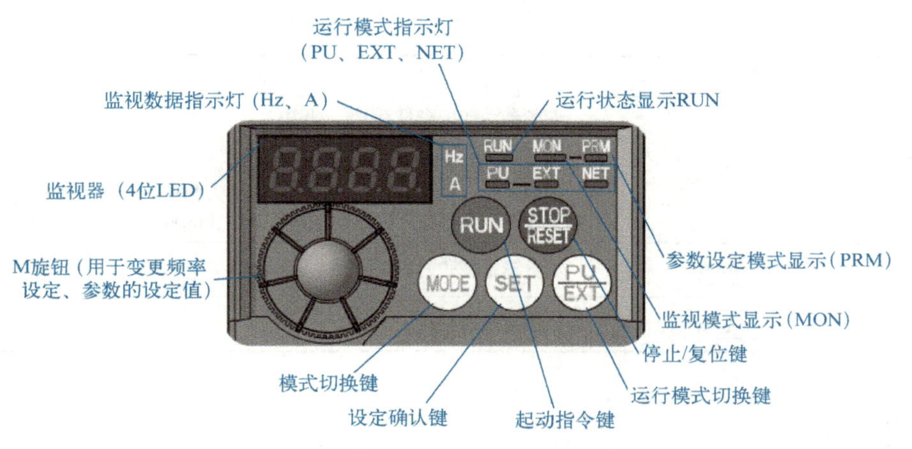

图 5-8　三菱 FR-E740 型变频器操作面板

表 5-6　旋钮、按键功能

旋钮和按键	功 能 说 明
M 旋钮	旋动该旋钮用于变更频率设定、参数的设定值。按该按钮可显示以下内容： ① 监视模式时的设定频率 ② 校正时的当前设定值 ③ 错误历史模式时的顺序
模式切换键 MODE	用于切换各设定模式。与运行模式切换键 PU/EXT 同时按下也可以用来切换运行模式，长按此键 2 s 可以锁定操作
设定确认键 SET	各设定的确认键。运行中按此键则监视器出现以下显示： 运行频率 → 输出电流 → 输出电压 →（返回运行频率）
运行模式切换键 PU/EXT	用于切换 PU/EXT 运行模式。使用外部运行模式（通过另接的频率设定电位器和起动模式的运行）时按此键，使指示运行模式的 EXT 处于亮灯状态
起动指令键 RUN	在 PU 模式下，按此键起动运行；通过 Pr. 40 的设定，可以选择旋转方向
停止/复位键 STOP/RESET	在 PU 模式下，按此键停止运转。保护功能（严重故障）生效时，也可以进行报警复位

表 5-7　运行状态显示

显　　示	功 能 说 明
运行模式显示灯	PU：PU 运行模式（用操作面板启停和调速）时亮灯 EXT：外部运行模式时亮灯 NET：网络运行模式时亮灯
监视器（4 位 LED）	显示频率、参数编号等
监视数据指示灯 Hz/A	Hz：显示频率时亮灯（显示设定频率监视时闪烁） A：显示电流时亮灯 （显示上述以外的内容时，“Hz”“A”均熄灭）

（续）

显　示	功能说明
运行状态显示 RUN	变频器动作中亮灯/闪烁，其中： 亮灯：正转运行中 缓慢闪烁（1.4s 循环）：反转运行中 快速闪烁（0.2s 循环）：①按键或输入起动指令都无法运行时；②有起动指令，但频率指令在起动频率以下时；③输入了 MRS 信号时
参数设定模式显示 PRM	参数设定模式时亮灯
监视模式显示 MON	监视模式时亮灯

【任务实施】

5.2.3　认识实训室三菱 FR-E700 系列变频器

在实训室管理员指导下参观变频器应用技术实训室，了解三菱 FR-E700 系列变频器硬件配置以及软元件资源，并按照要求填写信息登记表，见表 5-8。

表 5-8　三菱 FR-E700 系列变频器信息登记表

变频器型号	操作面板旋钮、按键名称及功能	操作面板运行状态显示指示灯名称及功能	主电路端子名称及功能	控制电路端子名称及功能

5.2.4　连接三菱 FR-E700 系列变频器主电路、控制电路

按照图 5-9 所示三菱 FR-E740 型变频器基本接线图正确连接主电路、控制电路，且要求起动命令由外部端子 STF/STR 发出，频率命令由 M 旋钮设定。变频器参数设定好后根据设定情况填写参数功能表，见表 5-9。

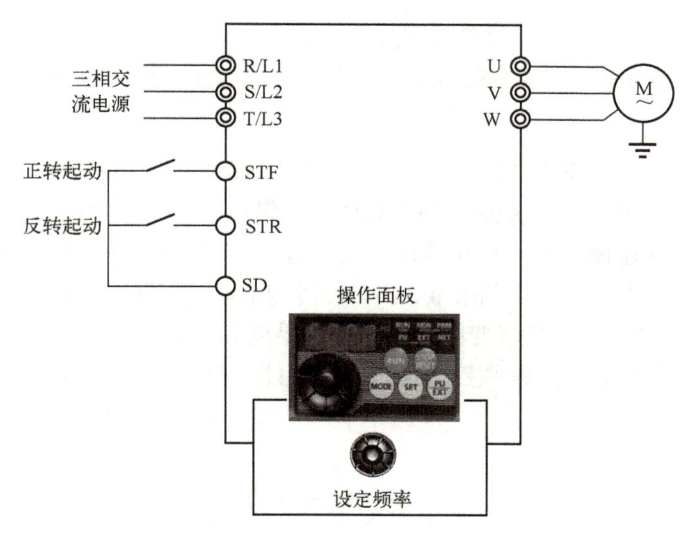

图 5-9　三菱 FR-E740 型变频器基本接线图

表 5-9　三菱 FR-E740 型变频器参数功能表

参数编号	名　称	设定范围	最小设定单位	初始值	设定值	功能说明

下面以电动机正转为例介绍连接、参数设定是否正确的验证方法，首先将 R、S、T 接入三相交流电源，然后按步骤完成以下操作。

1）将 STF 端子外接开关闭合，查看三相异步电动机是否正转。若正转则说明连接与参数设定正确，反之则说明连接不正确或参数设定错误。

2）旋动 M 旋钮，查看三相异步电动机转速是否按要求变化。如在一定范围内正常变化则说明参数设定正确，反之则说明参数设定错误。

任务 5.3　化工企业变频控制系统设计

[知识目标]

1. 了解变频器额定参数、技术指标、产品选型及使用注意事项。
2. 掌握三菱 FR-E700 系列变频器运行模式和参数设置方法。

[能力目标]

1. 能够进行化工企业变频控制系统设计。

2. 能够根据变频控制系统控制要求选择并设置参数。

3. 能够进行变频控制系统硬件接线，并利用实训装置进行联机调试。

【任务描述】

某化工企业工艺流程如图 5-10 所示。其工作原理为在投料口 B01 投入粉末状的化工原料，经振动器均匀地分散后由计量式螺旋推进器 M02 送入料槽 B02；料槽中的水量通过清水泵 M03 进行控制，同时保证液位始终稳定在相同的高度，经搅拌器 M01 的工作确保化工原料与水的混合均匀，然后得到相对稳定浓度的溶液，并制成半成品从料槽的下端输出。在工艺流程中，驱动电动机 M1、M2、M3 需要进行变频控制，以满足变频控制系统控制功能。使用 FR-E740 型变频器实现此控制功能，完成变频控制系统硬件设计、相关参数设置以及联机调试。

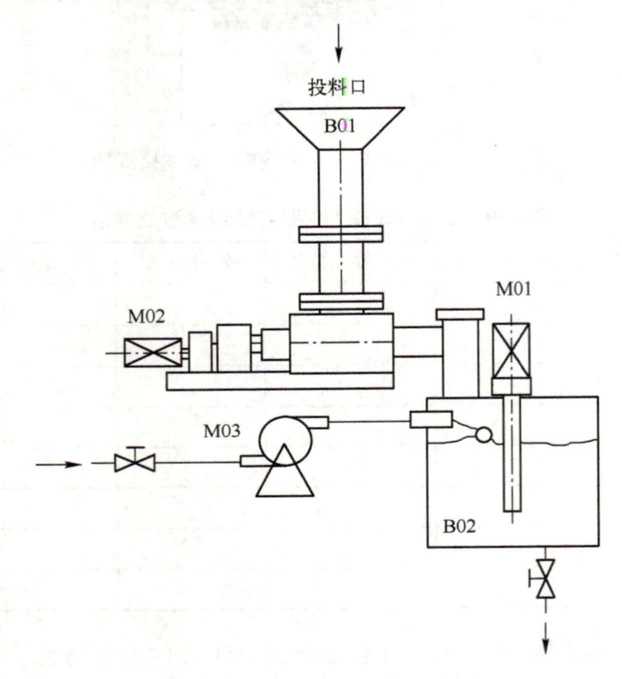

图 5-10 化工企业工艺流程图

驱动电动机 M1、M2、M3 的控制要求如下：

1）分别对 M01、M02、M03 进行控制。其中 M2 和 M3 能自动跟随 M1 速度。

2）M2 和 M3 能在手动情况下用电位器进行调速。

3）M1 故障后，M2、M3 自动停止运转。

4）三台电动机的功率为：M1 为 3.7 kW，M2 和 M3 为 2.2 kW，且均需要设置过载保护环节。

5）对于 M1 来说，运行频率既能设定为 2 段速度，即从低到高依次为 25 Hz 和 50 Hz，也能通过电位器简单设定速度。

[任务要求]

1. 利用 FR-E740 型变频器进行化工企业变频控制系统硬件设计。

2. 根据控制要求设定变频器参数。

3. 正确连接输入、输出电路。

4. 联机调试。

[任务环境]

1. 两人一组，根据工作任务进行合理分工。

2. 每组配备 FR-E740 型变频器实训装置一套。

3. 每组配备若干导线、工具等。

[考核评价标准]

1. 说明

1）本评价标准根据中国人力资源和社会保障部职业技能鉴定中心的《电工国家职业技能标准》编制。

2）任务考核评价由指导教师组织实施，指导教师可自行具体制定任务评分细则。

3）任务考核评价可根据任务实施情况，引入学生互评。

2. 考核评价标准

该任务考核评价标准见表 5-10。

表 5-10　任务考核评价标准

评价内容	序号	项目配分	考核要求	评分细则	扣分	得分
职业素养与操作规范（50 分）	1	工作前准备（5 分）	清点工具、仪表等	未清点工具、仪表等每项扣 1 分		
	2	安装与接线（15 分）	按控制系统硬件接线图在模拟配线板上正确安装、操作规范	① 未关闭电源开关，用手触摸带电线路或带电进行线路连接或改接，本项记 0 分 ② 线路布置不整齐、不合理，每处扣 2 分 ③ 损坏元件扣 5 分 ④ 接线不规范造成导线损坏，每根扣 5 分 ⑤ 不按接线图接线，每处扣 2 分		
	3	变频器参数设定（20 分）	熟练设定变频器参数；按照被控设备的动作要求进行联机调试，达到控制要求	① 不能熟练设定变频器参数，扣 10 分 ② 调试时造成元件损坏或者熔断器熔断，每次扣 10 分		
	4	清洁（5 分）	工具摆放整洁；工作台面清洁	乱摆放工具、仪表，乱丢杂物，完成任务后不清理工位扣 5 分		
	5	安全生产（5 分）	安全着装；按维修电工操作规程进行操作	① 没有安全着装，扣 5 分 ② 出现人员受伤、设备损坏事故，考试成绩为 0 分		
操作（50 分）	6	功能分析（5 分）	能正确分析控制线路功能	功能分析不正确，每处扣 2 分		
	7	硬件接线图（10 分）	绘制硬件接线图	① 接线图绘制错误，每处扣 2 分 ② 接线图绘制不规范，每处扣 1 分		
	8	参数设定（15 分）	正确设定变频器参数	变频器参数设定错误，每处扣 2 分		
	9	功能实现（20 分）	根据控制要求，准确完成控制系统的安装调试	不能达到控制要求，每处扣 5 分		
评分人：			核分人：		总分	

【关联知识】

5.3.1 变频器技术规格、产品选型及使用注意事项

1. 变频器额定参数

（1）输入侧额定值

变频器输入侧的额定值主要包括电压和相数。在我国的中小容量变频器中，输入侧的额定参数有以下几种情况（下面均为线电压）。

1）380 V/50 Hz，三相，用于绝大多数电气设备中。

2）200~230 V/50 Hz或60 Hz，三相，主要用于某些进口电气设备中。

3）200~230 V/50 Hz，单相，主要用于精细加工电气设备和家用电器。

（2）输出侧额定值

变频器输出侧的额定值主要包括输出电压额定值、输出电流额定值、输出容量、适用电动机功率以及过载能力等。

1）输出电压额定值U_N（单位为V）。是指输出电压中的最大值。大多数情况下，它就是输出频率等于电动机额定频率时的输出电压值。通常，输出电压的额定值总是和输入电压的额定值相等。

2）输出电流额定值I_N（单位为A）。是指允许长时间输出的最大电流，是用户进行变频器选型的主要依据。

3）输出容量S_N（单位为kV·A）。S_N与U_N和I_N的关系为$S_N=\sqrt{3}U_NI_N$。

4）适用电动机功率P_N（单位为kW）。适用电动机功率适用于长期连续负载运行。对于各种变动负载，则不适用。此外，适用电动机功率P_N是针对四极电动机而言，若拖动的电动机是六极或其他，则相应的变频器容量加大。

5）过载能力。是指其输出电流超过额定电流的允许范围和时间。大多数变频器都规定为150%、60 s或180%、0.5 s。

2. 变频器技术指标

1）频率范围。频率范围是指变频器能够输出的最低频率f_{min}和最高频率f_{max}。不同类型变频器规定的频率范围不尽相同。通常，最低工作频率为0.1~1 Hz，最高工作频率为120~650 Hz。

2）频率精度。频率精度是指变频器频率给定值不变的情况下，当温度、负载变化，电压波动或长时间工作后，变频器的实际输出频率与设定频率之间的最大误差与最高工作频率之比的百分数。通常，由数字量给定时的频率精度比模拟量给定时的频率精度高一个数量级，后者能达到±0.05%，前者通常能达到±0.01%。

3）频率分辨率。频率分辨率是指输出频率的最小改变量，即每相邻两档频率之间的最小差值，一般分为模拟设定式分辨率和数字设定式分辨率。对于数字设定式的变频器，频率分辨率取决于微机系统的性能，在整个频率范围（如0.5~400 Hz）内是一个常数（如±0.01 Hz）。对于模拟设定式的变频器，其频率分辨率还与频率给定电位器的分辨率有关，一般可以达到最高输出频率的±0.05 Hz。

4）速度调节范围控制精度和转矩控制精度。现有变频器的速度调节范围控制精度能达到±0.005%，转矩控制精度能达到±3%。

3. 变频器产品选型

目前，变频器产品系列众多，且各种类型的变频器各有优缺点，虽能满足用户的各种需求，但在组成、功能等方面，尚无统一的标准，无法进行横向比较。下面是在电动机控制系统设计中对变频器产品选型的一些基本原则，可以在选择变频器时作为参考。

（1）变频器类型的选择

变频器类型的选择，一般根据负载的要求进行。

1）风机、泵类负载，由于低速下负载转矩较小，通常可以选用普通功能型变频器。

2）恒转矩类负载，例如搅拌机、传送带和起重机的平移结构等，有如下两种情况。

① 采用普通功能型变频器。为了保证低速时的恒转矩调速，常需要采用加大电动机和变频器容量的方法，以提高低速转矩。

② 采用具有转矩控制功能的多功能型 U/f 控制变频器，实现恒转矩负载的恒速运行。

（2）变频器容量的选择

变频器容量通常用额定输出电流、输出容量和适用电动机功率表示。

① 对于标准四极电动机拖动的负载，变频器的容量可根据适用电动机的功率选择。

② 对于其他极数电动机拖动的负载、变动负载、断续负载和短时负载，因其额定电流比标准四极电动机大，不能根据适用电动机的功率选择变频器容量。变频器的容量应按运行过程中可能出现的最大工作电流来选择，即

$$I_{\mathrm{N}} \geqslant I_{\mathrm{Mmax}}$$

式中，I_{N}为变频器的额定电流，单位为 A；I_{Mmax}为电动机的最大工作电流，单位为 A。

（3）变频器外围设备及其选择

在选定了变频器之后，下一步的工作就是根据需要选择与变频器配合工作的各种外围设备。正确选择变频器外围设备是保证变频器驱动系统正常工作的必备条件。

外围设备通常指配件，分为常规配件和专用配件，通用变频器常用外围设备如图 5-11 所示。

图 5-11 中，低压断路器和接触器为常规配件；交流电抗器、滤波器、制动电阻、直流电抗器和输出交流电抗器是专用配件。

1）常规配件的选择。由于变频调速系统中，电动机的起动电流可控制在较小范围内，因此电源侧低压断路器、接触器的额定电流可按变频器的额定电流来选用。

2）专用配件的选择。专用配件的选择应以变频器厂家提供的用户手册中的要求为依据，不可盲目选取。

4. 变频器使用注意事项

三菱 FR-E700 系列变频器虽然是高可靠性产品，但周边电路连接方法的错误以及运行、使用方法不当也会导致产品寿命缩短或损坏。运行前务必重新确认下列注意事项。

1）电源及电动机接线的压接端子推荐使用带绝缘套管的端子。

2）电源若向变频器的输出端子（U、V、W）通电，则会导致变频器损坏。因此务必防止此种接线。

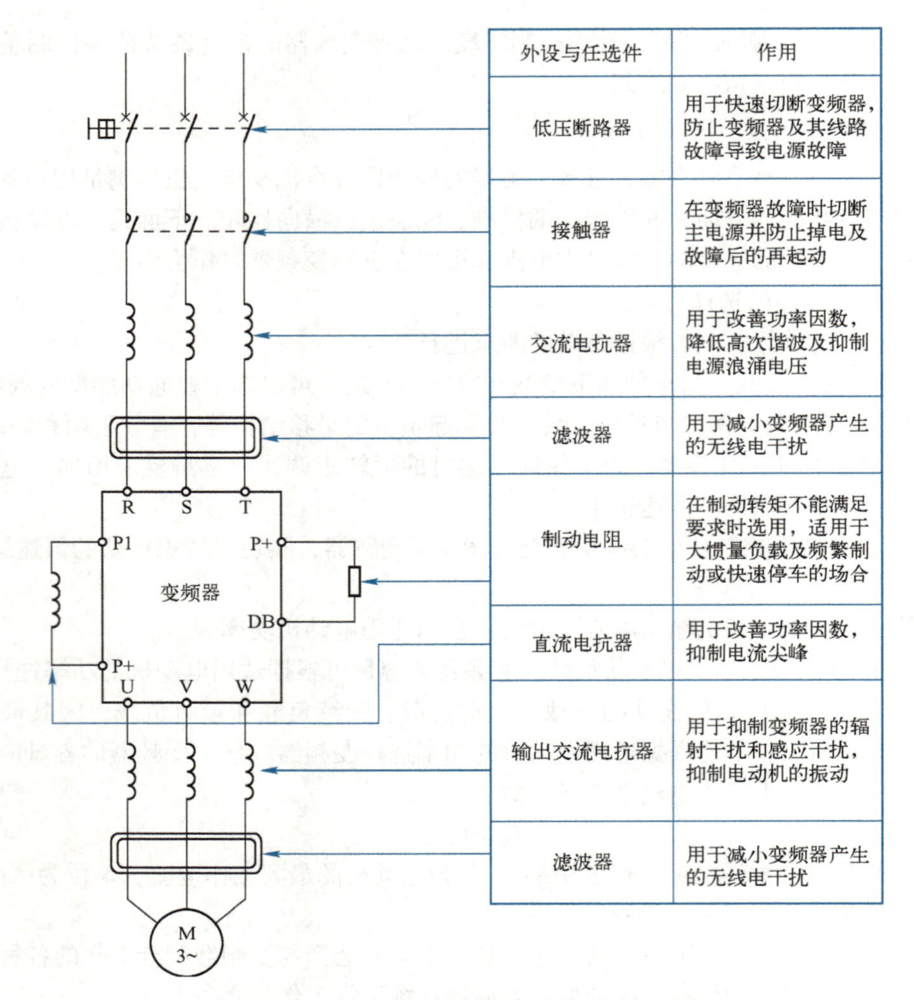

图 5-11　通用变频器常用外围设备

3）接线时勿在变频器内留下电线切屑。电线切屑可能会导致异常、故障和误动作发生。保持变频器的清洁。在控制柜等上钻安装孔时勿使切屑粉掉进变频器内。

4）为确保电压降在 2%以内，应用适当规格的电线进行接线。变频器和电动机间的接线距离较长时，特别是低频率输出时，会由主电路电缆的电压降而导致电动机的转矩下降。

5）接线总长不要超过 500 m。尤其是长距离接线时，由于接线寄生电容所产生的充电电流会引起高响应电流限制功能下降，变频器输出侧连接的设备可能会发生误动作或异常，因此务必注意总接线长度。

6）电磁波干扰。变频器输入/输出（主电路）包含高次谐波成分，可能干扰变频器附近的通信设备［如 AM（振幅调制）收音机］。这种情况下安装无线电噪声滤波器 FR-BIF（输入侧专用）、线噪声滤波器 FR-BSF01、FR-BLF 等选件，可以将干扰降低。

7）在变频器的输出侧勿安装移相用电容器或浪涌吸收器、无线电噪声滤波器等，否则将导致变频器故障、电容器和浪涌抑制器的损坏。

8）运行后若要进行接线变更等作业，在切断电源 10 min 后用万用表测试电压后再进行。切断电源后一段时间内电容器仍然有高压电，非常危险。

9）变频器输出侧的短路或接地可能会导致变频器模块损坏。

① 由于周边电路异常引起的反复短路、接线不当和电动机绝缘电阻低的接地都可能造成变频器模块损坏，因此在运行变频器前应充分确认电路的绝缘电阻。

② 在接通电源前请充分确认变频器输出侧的对地绝缘、相间绝缘。使用特别旧的电动机或者使用环境较差时，务必切实进行电动机绝缘电阻的确认。

10）不要使用变频器输入侧的电磁接触器起动/停止变频器。变频器的起动与停止请务必使用起动信号（STF、STR 信号的 ON、OFF）进行。

11）除了外接再生制动用放电电阻器以外，P/+、PR 端子不要连接其他设备。也不要连接机械式制动器。另外，此间也绝对不能发生短路。

12）变频器输入输出信号电路上不能施加超过容许电压以上的电压。如果向变频器输入、输出信号电路施加了超过容许电压值的电压，则输入、输出元件会损坏。特别是要注意确认接线，确保不会出现速度设定用电位器连接错误、端子 10-5 之间短路的情况。

5. 3. 2　三菱 FR-E700 系列变频器运行模式和参数设置

1. FR-E740 型变频器运行模式

所谓运行模式是指对输入到变频器的起动指令和设定频率的命令来源的指定。一般来说，使用控制电路端子、在外部设置电位器和开关来进行操作的是“外部运行模式”；使用操作面板或参数单元输入起动指令、设定频率的是“PU 运行模式”；通过 PU 接口进行 RS-485 通信或使用通信选件的是“网络运行模式（由于篇幅有限，此处不予介绍）”。在进行变频器操作以前，必须了解其各种运行模式，才能进行各项操作。

5-1　FR-E740 型变频器参数设置

FR-E740 型变频器通过参数 Pr. 79 的设定值来指定变频器运行模式，设定值范围为 0、1、2、3、4、6、7。FR-E740 型变频器运行模式的功能以及相关 LED 指示灯的状态见表 5-11。

表 5-11　参数 Pr. 79 设定值与运行模式功能和相关 LED 指示灯的状态

Pr. 79 设定值	运行模式功能	LED 显示 ▭：灭灯 ▭：亮灯
0	外部/PU 切换模式 通过运行模式切换键 PU/EXT 可以切换 PU 与外部运行模式 接通电源时为外部运行模式	外部运行模式 PU EXT NET PU 运行模式 PU EXT NET
1	固定 PU 运行模式	PU EXT NET
2	固定外部运行模式 可以在外部、网络运行模式间切换运行	外部运行模式 PU EXT NET 网络运行模式 PU EXT NET

（续）

Pr. 79设定值	运行模式功能		LED显示 灭灯 亮灯
3	外部/PU组合运行模式1		PU EXT NET
	频率指令	起动指令	
	用操作面板或参数单元（FR-PU07）设定，或外部信号输入［多段速设定，端子4-5间（AU信号为ON时有效）］	外部信号输入（端子STF、STR）	
4	外部/PU组合运行模式2		PU EXT NET
	频率指令	起动指令	
	外部信号输入（端子2、4、JOG、多段速选择等）	通过操作面板的起动指令键 RUN 或参数单元（FR-PU07）的 FWD 、REV 键来输入	
6	切换模式 在保持运行状态的同时，可进行PU运行、外部运行和网络运行模式的切换		PU运行模式 PU EXT NET 外部运行模式 PU EXT NET 网络运行模式 PU EXT NET
7	外部运行模式（PU运行互锁） X12信号为ON时，可切换到PU运行模式 X12信号为OFF时，禁止切换到PU运行模式		PU运行模式 PU EXT NET 外部运行模式 PU EXT NET

2. FR-E740型变频器参数设置

FR-E740型变频器有几百个参数，实际使用时需根据使用现场的要求设定部分参数，其余按出厂设定值即可（变频器参数的出厂设定值被设置为完成简单的变速运行）。熟悉变频器常用参数的设置，是利用变频器解决实际工控问题的基本条件。

本项目根据工控系统对变频器的要求，介绍其常用参数的设定。关于参数设定更详细的说明可参阅FR-E740使用手册。

（1）运行模式选择（Pr. 79）

FR-E740型变频器出厂时，参数Pr. 79设定值为0。当停止运行时用户可以根据实际需要修改其设定值实现运行模式选择。运行模式选择对应参数和意义见表5-12。

表5-12 运行模式选择对应参数和意义

参数编号	名　称	设定范围	最小设定单位	初始值	功能说明
Pr. 79	运行模式选择	0,1,2,3,4,5,6,7	1	0	设定变频器运行模式

图5-12所示为变更参数Pr. 79设定值示例，所完成的操作是把参数Pr. 79（运行模式选择）从固定外部运行模式变更为组合运行模式1。

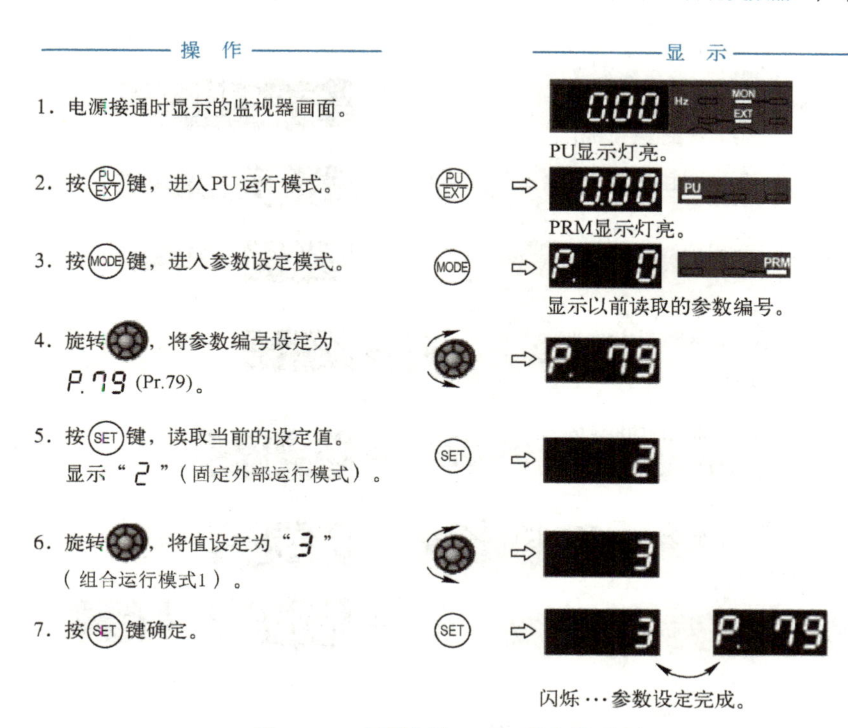

图 5-12 变更参数 Pr. 79 设定值示例

(2) 输出频率限制（Pr. 1、Pr. 2）

为了限制电动机的速度，应对变频器的输出频率加以限制。用 Pr. 1（上限频率）和 Pr. 2（下限频率）来设定，可将输出频率的上、下限进行钳位。输出频率限制相关参数意义及设定范围见表 5-13。

表 5-13 输出频率限制设定范围、最小设定单位、初始值

参数编号	名称	设定范围	最小设定单位	初始值	功能说明
Pr. 1	上限频率	0~120 Hz	0. 01 Hz	120 Hz	设定输出频率的上限
Pr. 2	下限频率	0~120 Hz	0. 01 Hz	0 Hz	设定输出频率的下限

图 5-13 所示为变更参数 Pr. 1 设定值示例，所完成的操作是把参数 Pr. 1（上限频率）从出厂设定值 120 Hz 变更为 50 Hz，假定当前运行模式为外部/PU 切换模式（Pr. 79=0）。

(3) 加/减速时间（Pr. 7、Pr. 8、Pr. 20）

加速时间是指输出频率从 0 Hz 上升到基准频率所需的时间。加速时间越长，起动电流越小，起动越平缓。对于频繁起动的设备，加速时间要求短些；对于惯性较大的设备，加速时间要求长些。参数 Pr. 7 用于设置电动机加速时间，Pr. 7 设定值越大，加速时间越长。

减速时间是指输出频率从基准频率下降到 0 Hz 所需的时间。参数 Pr. 8 用于设置电动机减速时间，Pr. 8 设定值越大，减速时间越长。

参数 Pr. 20 用于设置加/减速基准频率，在我国一般选用 50 Hz。

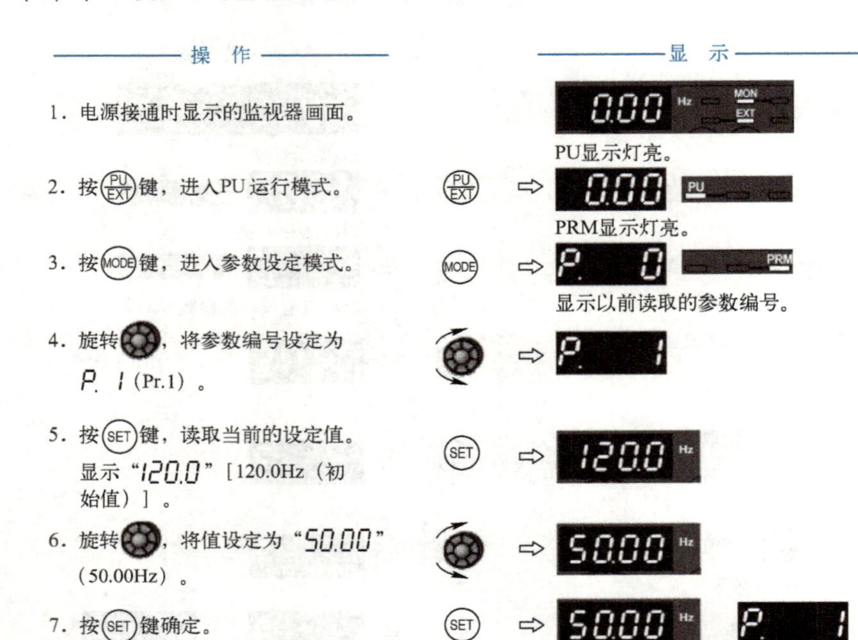

图 5-13 变更参数 Pr. 1 设定值示例

加/减速时间相关参数意义及设定范围见表 5-14。

表 5-14 加/减速时间相关参数设定范围、最小设定单位、初始值

参数编号	名称	设定范围	最小设定单位	初始值	功能说明
Pr. 7	加速时间	0~3600	0. 1 s	5 s	设定电动机的加速时间
Pr. 8	减速时间	0~3600	0. 1 s	5 s	设定电动机的减速时间
Pr. 20	加/减速基准频率	1~400 Hz	0. 01 Hz	50 Hz	设定加/减速基准频率

图 5-14 所示为变更参数 Pr. 7 设定值示例，所完成的操作是把参数 Pr. 7（加速时间）从出厂设定值 5 s 变更为 10 s，假定当前运行模式为外部/PU 切换模式（Pr. 79=0）。

（4）多段速运行模式操作

在外部运行模式或组合运行模式 2 下，变频器可以通过外接的开关器件组合通断改变输入端子状态来实现输出频率的控制。这种控制频率的方式称为多段速控制功能。

FR-E740 型变频器的速度控制端子是 RH、RM 和 RL。通过这些开关的组合可以实现 3 段速、7 段速的控制。

转速的切换：由于转速的档位是按二进制顺序排列，故 3 个输入端可以组合成 3 段速至 7 段速（0 状态不计）转速的情况。其中 3 段速由 RH、RM、RL 单个通断实现，7 段速由 RH、RM、RL 通断组合实现。

7 段速的各自运行频率由参数 Pr. 4~Pr. 6（设置前 3 段速的频率）、Pr. 24~Pr. 27（设置第 4 段速至第 7 段速的频率）设定。对应控制端状态及参数关系如图 5-15 所示。

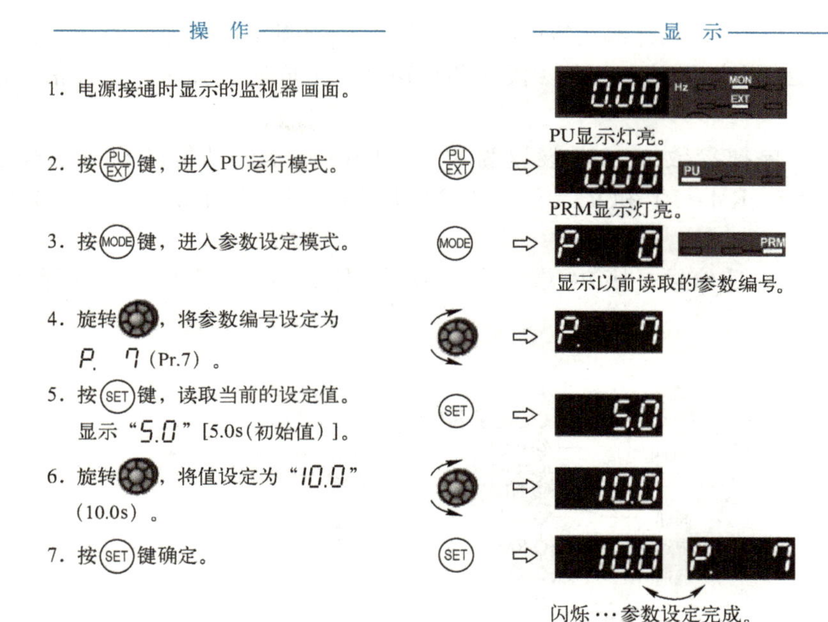

图 5-14 变更参数 Pr. 7 设定值示例

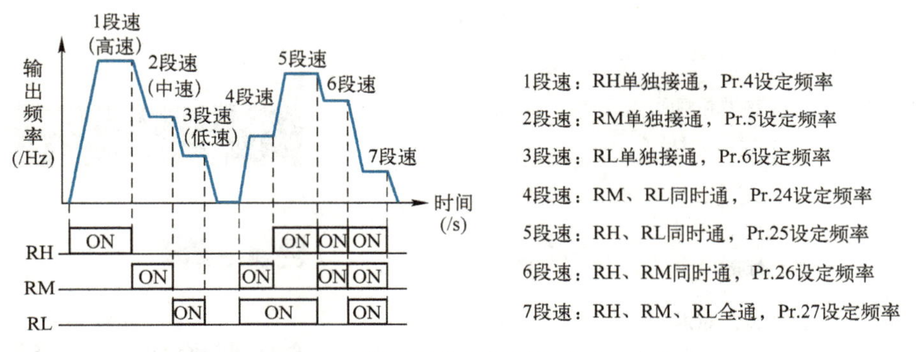

图 5-15 多段速控制对应的控制端状态及参数关系

多段速运行模式相关参数意义及设定范围见表 5-15。

表 5-15 多段速运行模式参数设定范围、最小设定单位、初始值

参数编号	名 称	设定范围	最小设定单位	初始值	功能说明
Pr. 4	3 段速设定（高速）	0~400	0. 01 Hz	60	设定 3 段速（高速）频率
Pr. 5	3 段速设定（中速）	0~400	0. 01 Hz	30	设定 3 段速（中速）频率
Pr. 6	3 段速设定（低速）	0~400	0. 01 Hz	10	设定 3 段速（低速）频率
Pr. 24	多段速设定（4 速）	0~400，9999	0. 01 Hz	9999	设定多段速（4 速）频率
Pr. 25	多段速设定（5 速）	0~400，9999	0. 01 Hz	9999	设定多段速（5 速）频率
Pr. 26	多段速设定（6 速）	0~400，9999	0. 01 Hz	9999	设定多段速（6 速）频率
Pr. 27	多段速设定（7 速）	0~400，9999	0. 01 Hz	9999	设定多段速（7 速）频率

多段速设定在 PU 运行和外部运行中都可以设定，运行期间参数值也能被改变。只有 3 段速（Pr. 24~Pr. 27 设定为 9999）和 2 段速两种速度以上同时选择时，低速信号的设定频率优先。

最后指出，如果把参数 Pr. 183 设置为 8，将 RMS 端子的功能转换成多段速控制端 REX，就可以用 RH、RM、RL 和 REX 通断组合实现 15 段速。详细说明可参阅 FR-E740 使用手册。

图 5-16 所示为低速信号（接 RL 端）应用示例，假定当前运行模式为外部/PU 切换模式（Pr. 79=0）。

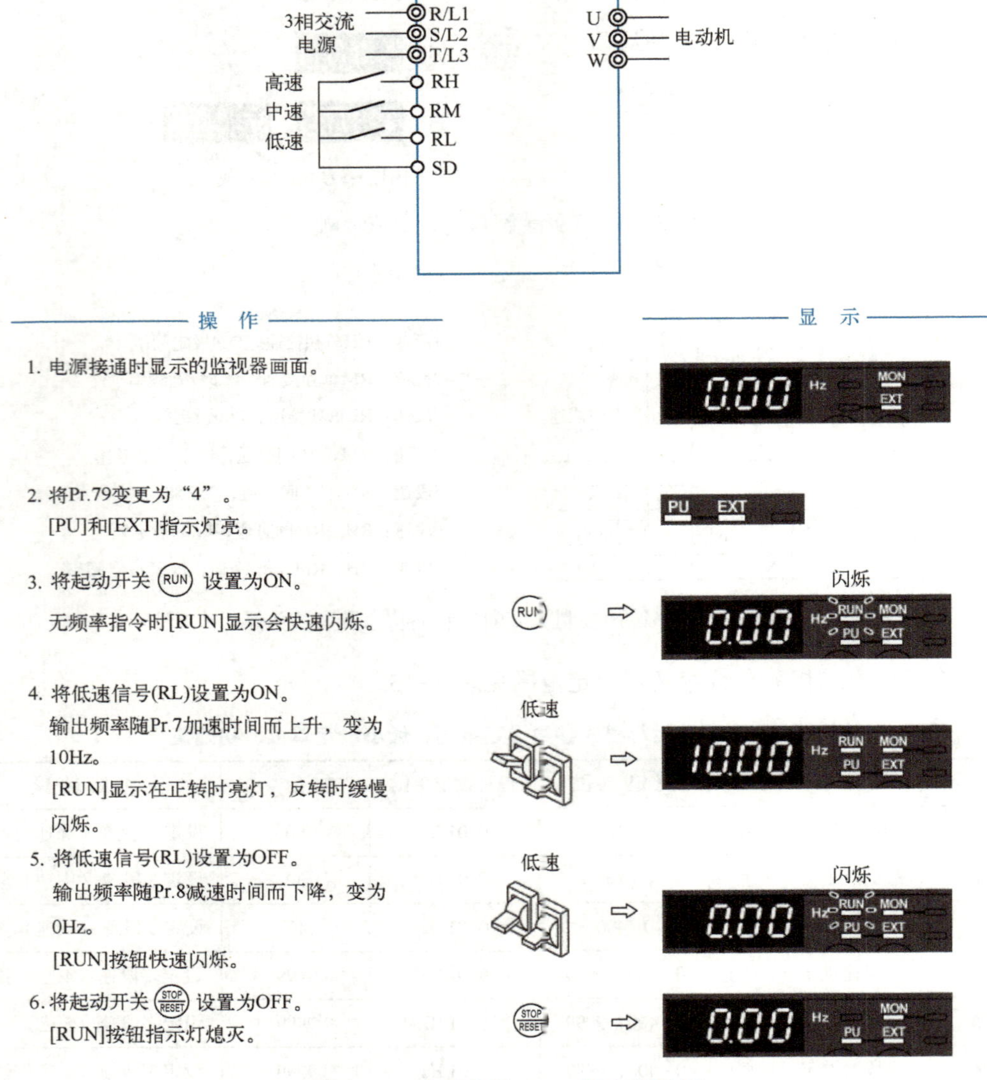

图 5-16 变更参数 Pr. 79 设定值示例

（5）通过模拟量输入（端子 2、4）设定频率

变频器的频率设定，除了用 PLC 输出端子控制多段速设定外，也有连续设定频率的要求。例如在变频器安装和接线完成进行运行试验时，常用调速电位器连接到变频器的模拟量输入信号端进行连续调速试验。需要注意的是，如果要用模拟量输入（端子 2、4）设定频率，则 RH、RM、RL 端子应断开，否则多段速设定优先。

1）模拟量输入信号端子的选择。FR-E740 型变频器提供两个模拟量输入信号端子（端子 2、4）用作连续变化的频率设定。在出厂设定情况下，只能使用端子 2，端子 4 无效。

要使端子 4 有效，需要在输入端子 STF、STR、…、RES 之中选择一个，将其功能定位为 AU 信号输入。当这个端子与 SD 端短接时，AU 信号为 ON，端子 4 变为有效，端子 2 变为无效。

例如：选择 RES 端子用作 AU 信号输入，则设置参数 Pr. 184 = “4”，在 RES 端子与 SD 端子之间连接一个开关，当此开关断开时，AU 信号为 OFF，端子 2 有效；反之，当此开关接通时，AU 信号为 ON，端子 4 有效。

2）模拟量信号的输入规格。如果使用端子 2，模拟量信号可为 0~5 V 或 0~10 V 的电压信号，用参数 Pr. 73 指定，其出厂设定值为 1，指定为 0~5 V 的输入规格，并且不能可逆运行。参数 Pr. 73 的取值范围为 0、1、10、11，具体内容见表 5-16。

如果使用端子 4，模拟量信号可为电压输入（0~5 V、0~10 V）或电流输入（4~20 mA），用参数 Pr. 267 和电压/电流输入切换开关设定，并且要输入与设定相符的模拟量信号。参数 Pr. 267 的取值范围为 0、1、2，具体内容见表 5-16。

表 5-16　模拟量输入选择（Pr. 73、Pr. 267）

<table>
<tr><th>参数编号</th><th>名称</th><th>设定范围</th><th>最小设定单位</th><th>初始值</th><th colspan="2">功能说明</th></tr>
<tr><td rowspan="4">Pr. 73</td><td rowspan="4">模拟量输入选择</td><td>0</td><td rowspan="4">1</td><td rowspan="4">1</td><td>端子 2 输入 0~10 V</td><td rowspan="2">无可逆运行</td></tr>
<tr><td>1</td><td>端子 2 输入 0~5 V</td></tr>
<tr><td>10</td><td>端子 2 输入 0~10 V</td><td rowspan="2">有可逆运行</td></tr>
<tr><td>11</td><td>端子 2 输入 0~5 V</td></tr>
<tr><td rowspan="3">Pr. 267</td><td rowspan="3">端子 4 输入选择</td><td>0</td><td rowspan="3">1</td><td rowspan="3">0</td><td>端子 4 输入 4~20 mA</td><td>I V</td></tr>
<tr><td>1</td><td>端子 4 输入 0~5 V</td><td rowspan="2">I V</td></tr>
<tr><td>2</td><td>端子 4 输入 0~10 V</td></tr>
</table>

图 5-17 所示为利用模拟量输入（端子 2）设定频率应用示例，假定当前运行模式为外部/PU 切换模式（Pr. 79 = 0）。

（6）参数清除操作

如果用户在参数调试过程中遇到问题，希望重新开始调试，可用参数清除操作方法实现。即在 PU 运行模式下，设定 Pr. CL 参数清除为“1”，可使参数恢复为初始值（但如果

设定参数 Pr. 77 为“1”，则无法清除）。

参数清除操作需要在参数设定模式下，用 M 旋钮选择参数 Pr. CL，并设定为 1，操作步骤如图 5-18 所示。

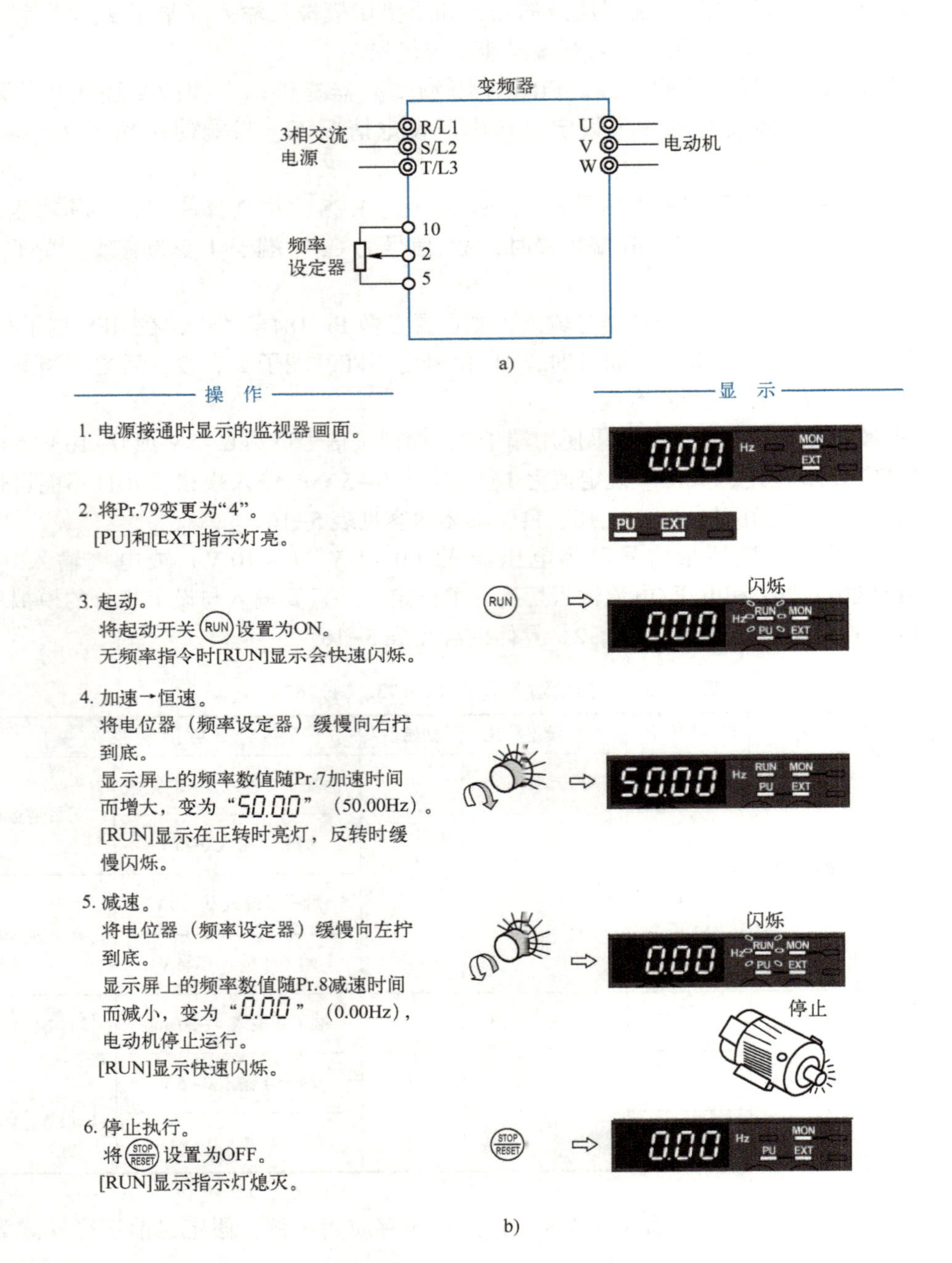

图 5-17 模拟量输入（端子 2）设定频率应用示例

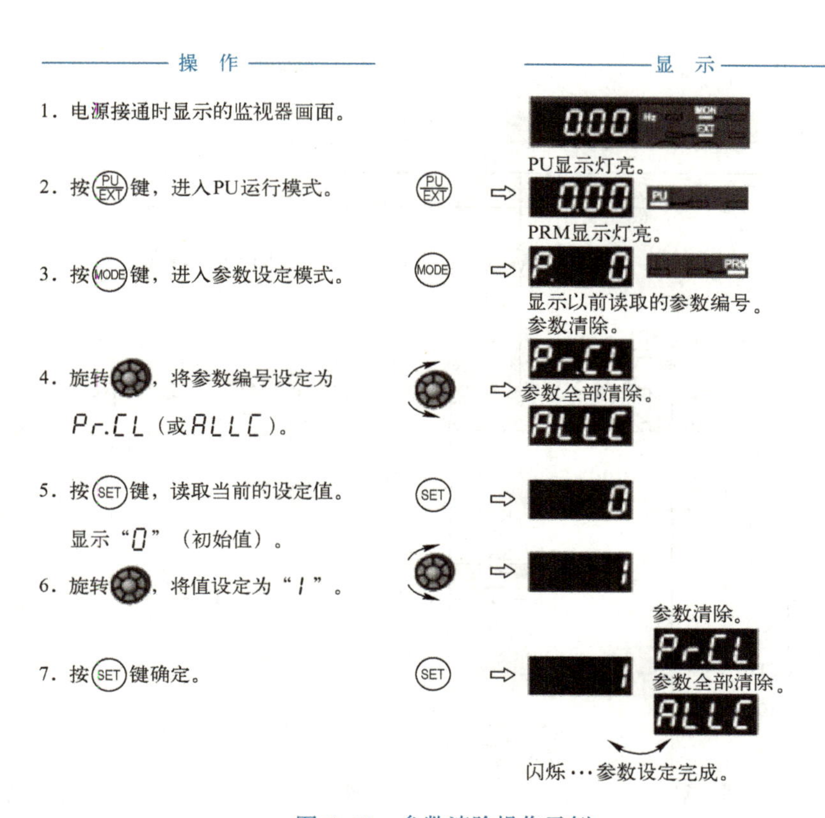

图 5-18　参数清除操作示例

【任务实施】

5.3.3　化工企业变频控制系统设计

1. 硬件接线图设计

根据图 5-10 所示化工企业工艺流程以及 M1、M2、M3 控制要求，可对变频控制系统硬件接线图进行设计，如图 5-19 所示。

图 5-19 中，变频器 VF1、VF2 和 VF3 分别控制电动机 M1、M2 和 M3。VF1 频率设定通过电位器 R_{p1} 或选择开关来进行多段速设定，同时通过输出 AM 信号，即变频器运行速度信号给 VF2 和 VF3，VF2 和 VF3 在自动情况下进行同步跟随。

VF2 和 VF3 通过选择 RES 端子（设置为切换 4 号端子信号），可以工作在自动和手动两种情况下。手动情况下，通过控制电位器 R_{p2}、R_{p3} 对 VF2、VF3 进行调速。

VF1 发生故障后，其 A1、C1 端子动作，继电器 KA4 动作，其触点动作使 VF2、VF3 停止工作。且只有在 VF1 恢复正常的情况下才能再次起动。

热继电器 FR1、FR2 和 FR3 实现过载保护功能。当出现过载现象时，热继电器动合触点闭合，使变频器处于输出停止状态，从而实现过载保护功能。

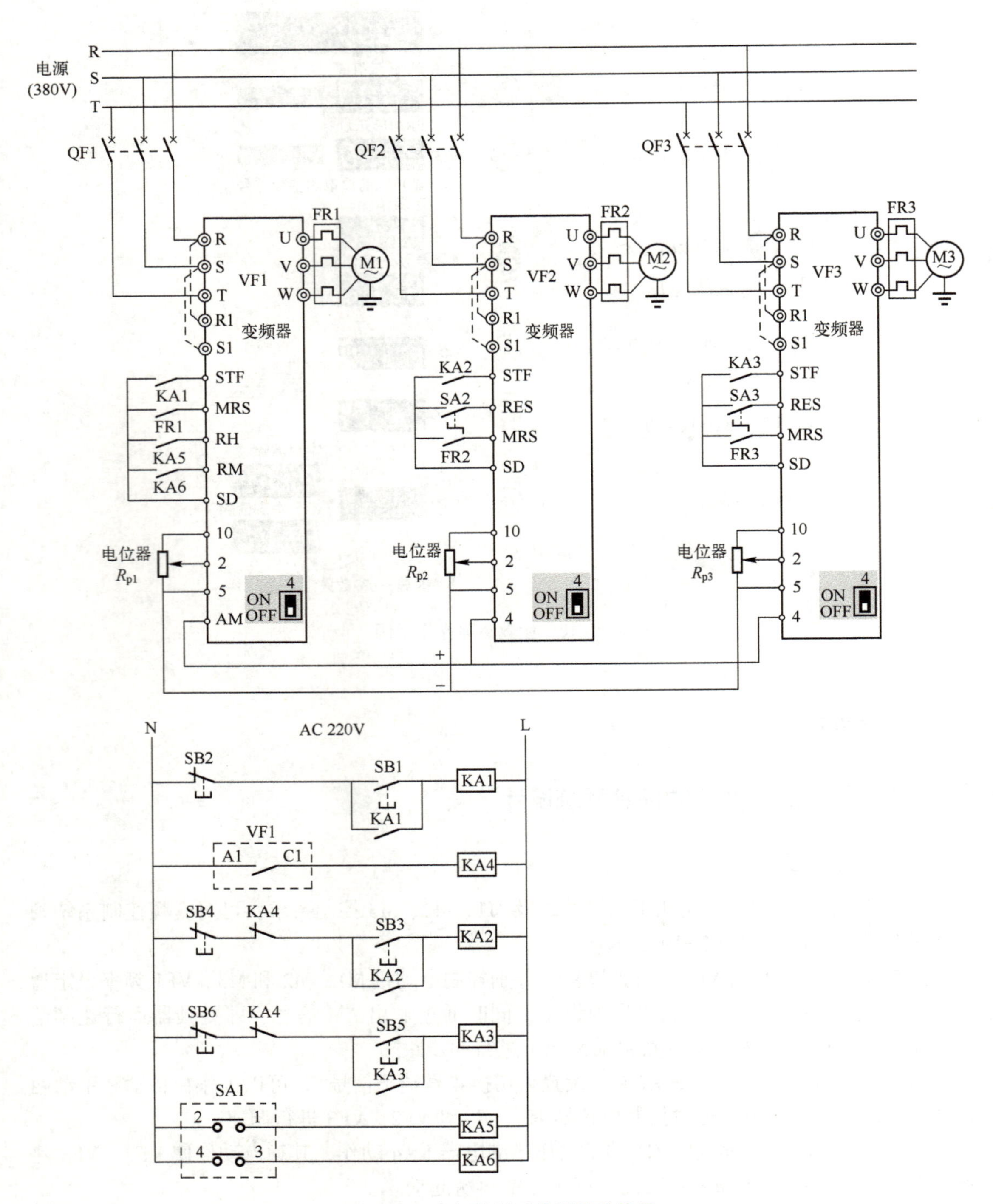

图 5-19　变频控制系统硬件接线图

此外，为确保多段速合理应用，本项目SA1选择多位转换开关H5881/3。该转换开关提供了6个选择位，而本项目只需要用到两个选择位，其余几位用于拓展功能。

2. 变频器参数设置

根据图5-10所示化工企业变频控制系统驱动电动机M1、M2和M3的控制要求，需要对变频器进行有关参数设置，分别见表5-17～表5-19。

表5-17 变频器VF1参数设置表

参数编号	参数名称	设定值
Pr. 0	转矩提升	6%
Pr. 4	多段速设定（RH）	50. 0 Hz
Pr. 5	多段速设定（RM）	25. 0 Hz
Pr. 73	模拟量输入选择	1（端子2输入0～5 V）
Pr. 79	运行模式选择	2（固定外部运行模式）
Pr. 158	AM端子功能选择	1（输出频率）
Pr. 178	STF功能选择	60（正转指令）
Pr. 183	MRS功能选择	7（外部热继电器输入）
Pr. 192	ABC功能选择	97（故障输出）

表5-18 变频器VF2参数设置表

参数编号	参数名称	设定值
Pr. 0	转矩提升	4%
Pr. 73	模拟量输入选择	1（端子2输入0～5 V）
Pr. 79	运行模式选择	2（固定外部运行模式）
Pr. 178	STF功能选择	60（正转指令）
Pr. 183	MRS功能选择	7（外部热继电器输入）
Pr. 184	RES功能选择	4（端子4选择输入）
Pr. 267	端子4输入选择	2（端子4输入0～10 V）

表5-19 变频器VF3参数设置表

参数编号	参数名称	设定值
Pr. 73	模拟量输入选择	1（端子2输入0～5 V）
Pr. 79	运行模式选择	2（固定外部运行模式）
Pr. 158	AM端子功能选择	1（输出频率）

（续）

参数编号	参数名称	设定值
Pr. 178	STF 功能选择	60（正转指令）
Pr. 183	MRS 功能选择	7（外部热继电器输入）
Pr. 184	RES 功能选择	4（端子4选择输入）
Pr. 192	ABC 功能选择	97（故障输出）
Pr. 267	端子4输入选择	2（端子4输入0~10V）

3. 系统联机调试

1）按照图5-19所示变频控制系统硬件接线图接线并检查、确认接线正确。

2）利用FR-E740型变频器操作面板按表5-17~表5-19设定参数。

3）接通电源联机试车，直到完全满足系统控制要求为止。

研讨与训练

5.1　简述变频器的基本概念。

5.2　简述变频器的分类。

5.3　简述变频器的基本结构与控制原理。

5.4　简述变频器的典型应用与发展前景。

5.5　简述变频器的产品选型原则与应用注意事项。

5.6　简述FR-E740型变频器型号命名意义与变频器端子功能。

5.7　简述FR-E740型变频器运行模式。

5.8　图5-20所示为某电梯轿厢开关门控制系统速度曲线示意图。试用PLC与变频器联机对该控制系统进行设计并实施。该电梯轿厢开关门控制系统控制要求如下：

1）按开门按钮SB1，电梯轿厢门打开，打开的速度曲线如图5-20a所示。即按开门按钮SB1后起动（20Hz），2s后加速（40Hz），6s后减速（10Hz），10s后开门停止。

2）按关门按钮SB2，电梯轿厢门关闭，关门的速度曲线如图5-20b所示。即按关门按钮SB2后起动（20Hz），2s后加速（40Hz），6s后减速（10Hz），10s后关门停止。

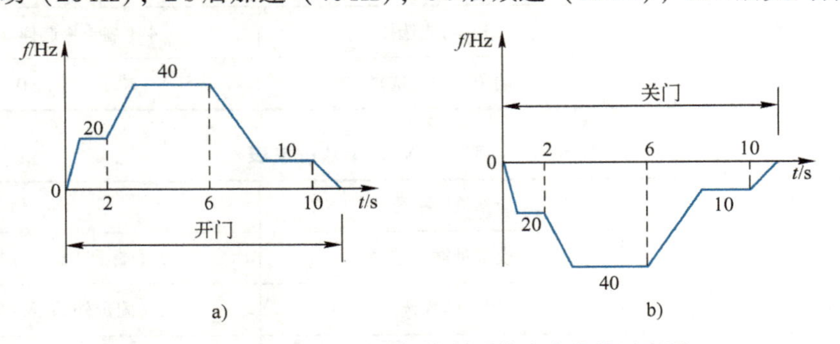

图5-20　电梯轿厢开关门控制系统速度曲线示意图

a）开门速度曲线　b）关门速度曲线

3）电动机运行过程中，若热保护动作，则电动机无条件停止运行。

4）电动机的加、减速时间自行设定。

5）采用变频器的3段调速功能来实现，即通过变频器的输入端子RH、RM、RL，并结合变频器的参数Pr.4、Pr.5、Pr.6进行变频器的多段调速；而输入端子RH、RM、RL与SD端子的通和断则通过PLC的输出信号进行控制。

项目 6

探秘触摸屏

触摸屏是工程技术人员与 PLC 等终端之间双向沟通的桥梁，也是目前最简单、方便和自然的一种人机交互（HMI）方式。自 1974 年开始出现世界上最早的电阻式触摸屏以来，随着科技的发展和应用需求的增长，各种触摸屏技术相继诞生以适应各种行业和层次的应用。已经形成商业化的触摸屏技术包括：电阻技术触摸屏、电容技术触摸屏、红外线技术触摸屏和表面声波（SAW）技术触摸屏等，并已广泛应用到了手机、平板计算机、零售业、公共信息查询、多媒体信息系统、医疗仪器、工业自动控制、娱乐与餐饮业、自动售票系统、教育系统等许多领域。掌握触摸屏组态设计以及通过数据通信与 PLC 等终端构建智能化控制系统已成为高水平工控技术人员必备技能之一。

通过本项目，可了解触摸屏的产生与定义、基本结构与工作原理、典型应用和发展前景，熟悉三菱 GOT2000 系列触摸屏的软、硬件系统，掌握 GT-Works3 触摸屏组态设计软件应用，能按照工程项目要求进行组态设计以及正确连接三菱 GOT2000 系列触摸屏与 PLC 等终端。

任务 6.1 认识触摸屏

[知识目标]

1. 了解触摸屏起源、定义与分类。
2. 了解触摸屏基本结构与控制原理。
3. 了解触摸屏典型应用与发展前景。

[能力目标]

1. 能够利用互联网查找触摸屏相关资料。
2. 能够撰写触摸屏应用调研报告。

【任务描述】

通过互联网查找、收集触摸屏应用工程案例以及应用场景，了解触摸屏的起源、发展、特点和基本应用，列举市场上的触摸屏品牌和主流型号，完成触摸屏应用调研报告。

[任务要求]

1. 通过互联网了解触摸屏的起源、发展以及触摸屏常用品牌与主流型号。
2. 在互联网上收集触摸屏应用工程案例。
3. 讨论触摸屏的特点、典型应用领域。
4. 完成触摸屏应用调研报告。

[任务环境]

1. 具备网络功能的触摸屏实训室。
2. 触摸屏应用技术课程网站。

【关联知识】

6.1.1 触摸屏的产生与定义

1. 触摸屏产生

触摸屏是图形操作终端（Graph Operation Terminal，GOT）在工业控制中的通俗叫法，是目前最新的一种人机交互设备。

触摸屏起源于 20 世纪 70 年代，早期多装于工控计算机、POS 终端等工业或商用设备之中。

2007 年 iPhone 智能手机的推出，成为触控行业发展的一个里程碑。苹果公司把一部至少需要 20 个按键的移动电话，设计为仅需三四个键，剩余操作全部交由触摸屏完成。除了获得更加直接、便捷的操作体验之外，还使手机的外形变得更加时尚轻薄，增加了人机直接交互的亲切感，开启了触摸屏向主流操控界面发展的征程。

我国触摸屏研发与应用起步较晚，国家从 2008 年开始启动支持触摸屏产业化的重大专项，产业开始发展，随着国家后续政策的陆续出台及国家的大力支持，国产触摸屏市场占有率呈稳步上升态势。

2. 触摸屏定义

工控行业对触摸屏做了如下定义：

“触摸屏是一种可接收触点等输入信号的感应式液晶显示装置，当接触了屏幕上的图形按钮时，屏幕上的触觉反馈系统可根据预先编程的程序驱动各种连接装置，它取代机械式的按钮面板，借由液晶显示装置显示画面制造出生动的影音效果。触摸屏作为一种最新的计算机输入设备，是目前最简单、方便和自然的一种人机交互方式。”

6.1.2 触摸屏基本结构与工作原理

1. 触摸屏基本结构

触摸屏产品由硬件和软件两部分组成，如图 6-1 所示。

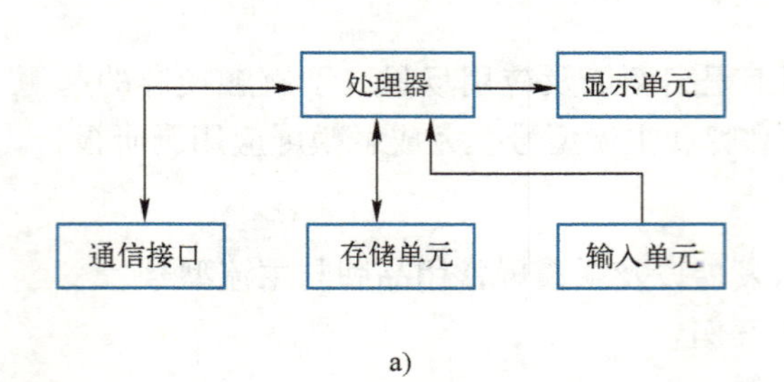

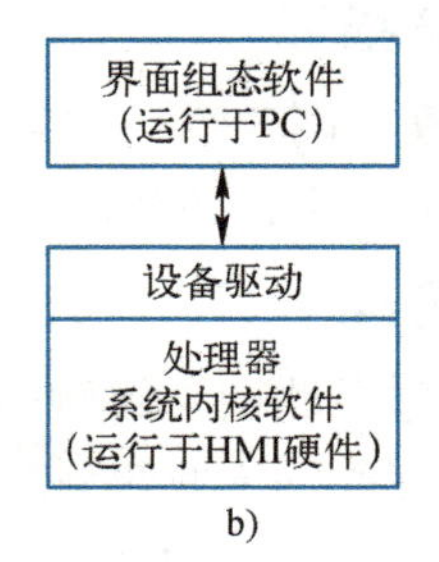

图 6-1 触摸屏基本结构
a）硬件组成 b）软件组成

触摸屏硬件部分包括处理器、显示单元、输入单元、通信接口和数据存储单元。其中处理器的性能决定了触摸屏产品的性能高低，是其核心单元。根据触摸屏的产品等级不同，处理器可分别选用 8 位、16 位、32 位和 64 位处理器等。

触摸屏软件一般分为两部分，即运行于触摸弄硬件中的系统软件和运行于计算机的画面组态软件。实际应用时，用户必须先使用画面组态软件制作“工程文件”，再通过计算机和触摸屏产品的通信，把编制好的“工程文件”下载到触摸屏的处理器中运行。

2. 触摸屏工作原理

按照触摸屏的工作原理和传输信息的介质，可以把触摸屏分为电阻式、电容式、红外线式以及表面声波式等类型。每一类触摸屏都有其各自的优缺点，要使用触摸屏，要懂得每一类触摸屏技术的工作原理和特点。

（1）电阻式触摸屏

电阻式触摸屏基本结构与典型应用如图 6-2 所示。

电阻式触摸屏利用压力感应进行工作，由触摸屏屏体和触摸屏控制器两部分组成。其中触摸屏屏体实质上是一块与显示器表面配合密切的电阻薄膜屏。

电阻薄膜屏是一种多层复合薄膜，由一层玻璃或硬塑料平板作为基层，表面涂有一层透明氧化金属导电层，上面再覆一层外表面经过硬化处理、光滑防刮的塑料层，该塑料层的内表面也涂有一层导电层，两层导电层之间有许多细小的透明隔离点把两层导电层绝缘隔开。

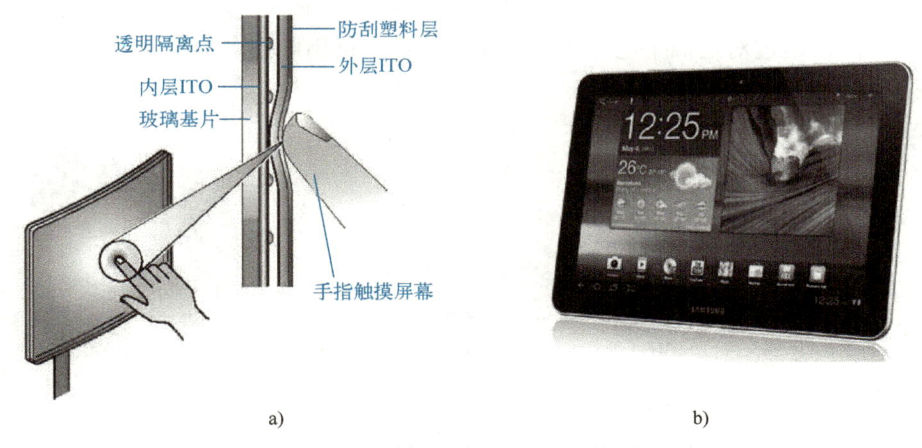

a)　　　　b)

图 6-2　电阻式触摸屏基本结构与典型应用

a）基本结构　b）典型应用

电阻式触摸屏的关键在于材料的性能，常用的透明导电涂层材料有以下两种。

第一种是氧化铟锡（ITO）。ITO 是弱导电体，当厚度降到 180 nm 以下时会突然变得透明，透光率为 80%，若再薄，透光率反而下降，到 30 nm 厚度时透光率又上升到 80%。ITO 是所有电阻式触摸屏及电容式触摸屏都能用到的主要材料，实际上四线电阻式和电容式触摸屏的工作面都是 ITO 涂层。

第二种是镍金涂层。五线电阻式触摸屏的外导电层使用的是延展性好的镍金涂层材料，可有效延长触摸屏使用寿命，但是工艺成本较昂贵。镍金导电层虽然延展性好，但是只能作为透明导体，不适合作为电阻式触摸屏的工作面，只能作为感知探测层。

当手指触摸屏幕时，两层导电层在触摸点位置就有接触，使电阻发生变化，在 X 和 Y 两个方向上产生信号，然后送往触摸屏控制器。控制器检测到这一接触并计算出触点坐标（X、Y）的位置，再模拟鼠标的方式运作。

电阻式触摸屏根据电阻薄膜屏引出线数量，可分为四线、五线等多线电阻式触摸屏。

电阻式触摸屏的优点是性价比和反应灵敏度均较高，且无论是四线电阻式触摸屏还是五线电阻式触摸屏都是对外界完全隔离的工作环境，故不怕灰尘和水汽，能适应各种恶劣的环境，适合在工业控制领域及办公室内使用。电阻式触摸屏的缺点是其外层薄膜容易被划伤而导致触摸屏不可用，且多层结构会导致很大的光损失，对于手持设备通常需要加大背光源来弥补透光性不好的问题，但这样也会增加电池的消耗。

（2）电容式触摸屏

电容式触摸屏技术是利用人体的电流感应进行工作的，其基本结构与典型应用如图 6-3 所示。

电容式触摸屏是一块四层复合玻璃屏，玻璃屏的内表面和夹层各涂有一层 ITO，最外层是一薄层（矽土玻璃保护层），夹层（ITO 涂层）作为工作面，四个角上引出四个电极，内层 ITO 为屏蔽层以保证良好的工作环境。

当用户触摸电容式触摸屏时，由于人体电场、用户手指和触摸屏工作面形成一个耦合电容，对于高频电流来说，电容呈现的容抗 X_C 小，于是手指从接触点吸走一个很小的电流。

这个电流分别从触摸屏四角上的电极中流出，并且流经这四个电极的电流与手指到四角的距离成正比，控制器通过对这四个电流比例的精确计算，得出触摸点的位置。

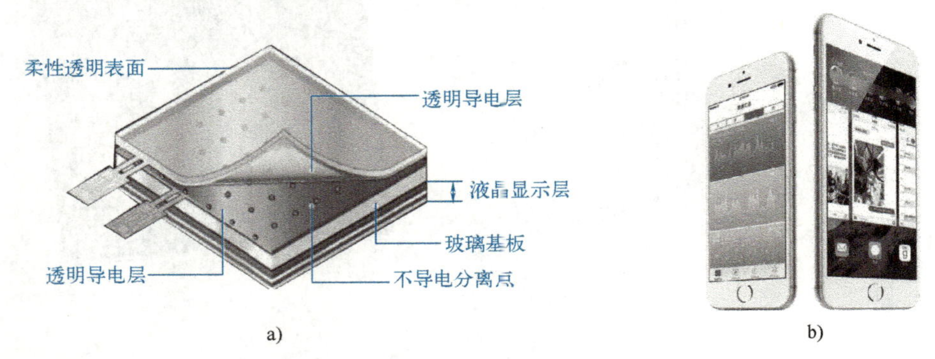

图 6-3 电容式触摸屏基本结构与典型应用

a）基本结构 b）典型应用

电容式触摸屏的透光率和清晰度均优于四线电阻式触摸屏，但与表面声波式触摸屏和五线电阻式触摸屏相比还存在差距。电容式触摸屏反光严重，而且四层复合电容式触摸屏对不同波长光线的透光率不相同，存在色彩失真的问题。此外，光线在各层间的反射，还造成图像字符的模糊。

电容式触摸屏的另一个缺点是用戴手套的手或手持的不导电的物体触摸时没有反应，这是因为增加了更为绝缘的介质。

电容式触摸屏最主要的缺点是漂移。当环境温度、湿度改变或周围电场发生改变时，都会引起电容式触摸屏的漂移，造成不准确。例如，开机后显示器温度上升会造成漂移，用户触摸屏幕的同时另一只手或身体一侧靠近显示器也会导致漂移等。

由于电容式触摸屏具有耐用度高、使用寿命长和只需触摸、无需按压操作等优点，在智能手机、金融商业系统和户政查询系统等领域已得到广泛应用。

（3）红外线式触摸屏

红外线式触摸屏是利用 X、Y 轴方向上密布的红外线矩阵来检测并定位的，其基本结构与典型应用如图 6-4 所示。

图 6-4 红外线式触摸屏基本结构与典型应用

a）基本结构 b）典型应用

红外线式触摸屏由装在触摸屏外框上的红外线发射与接收感测元件构成，在屏幕表面上形成红外线探测网，任何触摸物体可改变触点上的红外线而实现触摸屏操作。

当用户触摸红外线式触摸屏时，触控操作的物体（比如手指）就会挡住该位置的横竖两条红外线，因而可以判断触摸点在屏幕上的位置而实现操作响应。

早期红外线式触摸屏存在分辨率低、触摸方式受限制和易受环境干扰而误动作等技术上的局限。此后第二代红外线式触摸屏部分解决了抗光干扰的问题，第三代和第四代在提升分辨率和稳定性能上也有所改进，但在关键指标或综合性能上都没有质的飞跃。

第五代红外线式触摸屏是全新一代的智能技术产品，它实现了 1000×720 像素高分辨率、多层次自调节和自恢复的硬件适应能力和高度智能化的识别，可长时间在各种恶劣环境下任意使用。并且可针对用户定制扩充功能，如网络控制、声感应、人体接近感应、用户软件加密保护和红外数据传输等。

由于红外线式触摸屏具有性价比高、安装容易、能较好地感应轻微触摸与快速触摸等特点，已在医疗器械、智能电视机等领域得到广泛应用。

（4）表面声波式触摸屏

表面声波是超声波的一种，是在介质（例如玻璃或刚性材料）表面浅层传播的机械能量波。表面声波式触摸屏基本结构与典型应用如图 6-5 所示。

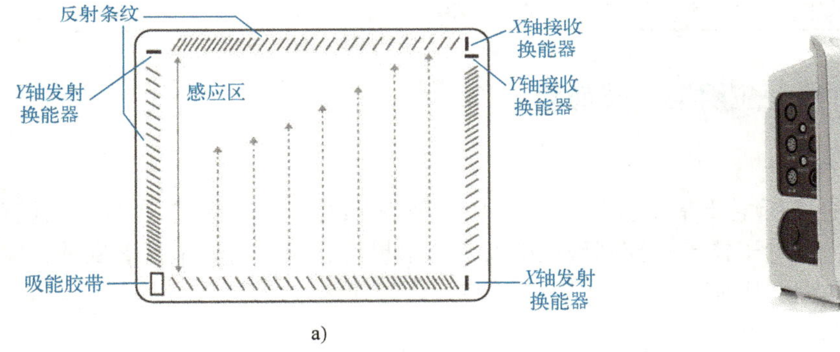

a）

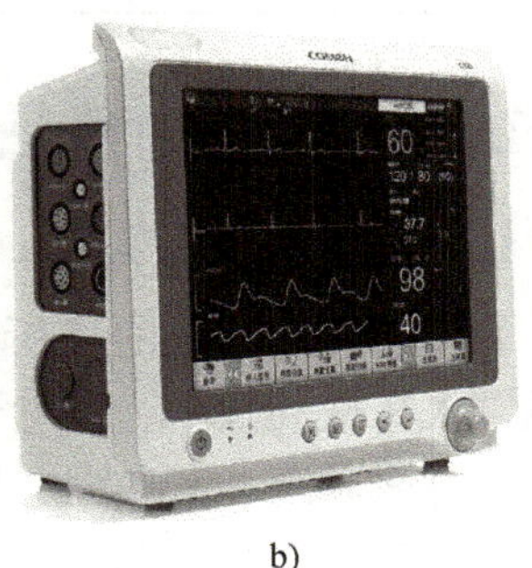

b）

图 6-5　表面声波式触摸屏基本结构与典型应用
a）基本结构　b）典型应用

表面声波式触摸屏由触摸屏、声波发生器、反射器和声波接收器组成。其中触摸屏部分可以是一块平面、球面或是柱面的玻璃平板，安装在液晶显示器或等离子显示器屏幕的前面。这块玻璃平板只是一块纯粹的钢化玻璃，区别于其他触摸屏技术的是它没有任何贴膜和覆盖层。玻璃屏的左上角和右下角各固定竖直和水平方向的超声波发射换能器，右上角则固定两个相应的超声波接收换能器。玻璃屏的四个周边则刻有 45° 由疏到密间隔非常精密的反射条纹。声波发生器的作用是发送一种高频声波跨越屏幕表面，形成表面声波探测网。当用户触摸表面声波式触摸屏时，触点上的声波即被阻止，因而可以判断出触摸点在屏幕上的位置而实现操作的响应。

表面声波式触摸屏清晰度较高、抗刮伤性良好、反应灵敏、不受温度及湿度等环境因素的影响，其分辨率高、寿命长（维护良好的情况下可达 5000 万次触摸），透光率高（92%），没有漂移、只需安装时一次校正，有第三轴（即压力轴）效应，目前在医疗器械、

ATM（自动取款机）等领域得到广泛应用。

值得注意的是，表面声波式触摸屏需要经常维护，因为灰尘、油污甚至饮料的液体沾在触摸屏的表面，都会阻塞触摸屏表面的导波槽，使表面声波不能正常传送，或使波形改变造成控制器无法正常识别，从而影响触摸屏的正常使用，用户需严格注意环境卫生。必须经常擦拭触摸屏表面以保持屏面的光洁，并定期全面彻底擦除。

表 6-1 列出了各类型触摸屏优缺点，供用户选用时参考。

表 6-1　触摸屏性能比较

性能指标	四线电阻式触摸屏	五线电阻式触摸屏	表面声波式触摸屏	电容式触摸屏	红外线式触摸屏
清晰度	一般	较好	很好	一般	一般
反光性	很少	有	很少	较严重	
透光率（%）	60	75	92	85	
分辨率/像素	4096×4096	4096×4096	4096×4096	1024×1024	可达 1000×720
防刮擦	弱	较好、怕锐器	非常好	一般	
反应速度/ms	10~20	10	10	15~24	50~300
使用寿命	5×10^6次以上	3.5×10^7次以上	5×10^7次以上	2×10^7次以上	较短
缺陷	怕划伤	怕锐器划伤	长时间灰尘积累	怕电磁场干扰	怕光干扰

6.1.3　触摸屏典型应用与发展前景

1. 触摸屏典型应用

触摸屏应用最早的场所主要是工业现场，它是一种与 PLC 进行人机交互的终端设备。但随着人机交互技术、微电子技术和控制理论的发展，触摸屏技术也得到了显著发展，应用范围也越来越广，其典型应用如下。

（1）工业控制领域的应用

触摸屏可以对工业控制数据进行动态显示和监控，将数据以棒状图、实时趋势图等方式直观地显示出来，用于查看 PLC 内部状态及存储器中的数据，直观地反映工业控制系统的流程。

用户可以通过触摸屏来改变 PLC 内部状态位、存储器数值，使用户直接参与过程控制。

此外，随着计算机技术和数字电子技术的发展，很多工业控制设备都具备串口通信能力，所以只要有串口通信能力的工业控制设备，都可以连接触摸屏等人机界面产品，实现人机交互。

（2）显示功能的应用

触摸屏色彩丰富，支持多种图片文件格式，使得制作的画面更生动、更形象。

触摸屏支持中文以及其他多个语种的文本，字体可以任意设定。

触摸屏含有大容量的存储器及可扩展的存储接口，使画面的数据保存更加方便。

（3）通信功能的应用

触摸屏提供多种通信方式，包括 RS-232、RS-422 及 RS-485、Host USB 和 Slave USB

等，可与多种设备直接连接，并可以通过以太网组成强大的网络化控制系统。如通过RS-232与小型PLC通信以监控PLC的运行，通过USB（通用串行总线）与PC相连下载组态工程文件，或与打印机相连打印历史数据曲线图和报警信息。

（4）实时报警功能的应用

当现场和设备出现问题、故障或者控制系统发生错误时，触摸屏可以直接显示出来，发出报警声，提示操作者，并能给出多种处理方案，以便操作者进行选择，做出适当处理。也可按预定方案，给执行机构发出指令，进行适当处理。

2. 触摸屏发展前景

触摸屏技术方便了人们对计算机的操作使用，是一种极有发展前途的交互式输入技术，不断涌现的新型触摸屏如下。

（1）触摸笔

利用触摸笔进行操作的触摸屏类似白板，除显示界面、窗口和图标外，触摸笔还具有签名、标记的功能。这种触摸笔对比早期只提供选择菜单用的光笔，基本功能极大增强。

（2）触摸板

触摸板采用了压感电容式触摸技术。它由三部分组成：最底层是中心传感器，用于监视触摸板是否被触摸，然后对信息进行处理；中间层提供了交互用的图形、文字等；最外层是触摸表层，由强度很高的塑料材料构成。当手指点触外层表面时，在1 ms内就可以将此信息送到传感器，并进行登录处理。除与PC兼容外，还具有亮度高、图像清晰和易于交互等特点，因而被应用于指点式信息查询系统（如电子公告板），收到了非常好的效果。

（3）触摸屏模组

整个触摸屏模组由LCD（液晶显示）、触摸屏、触摸屏控制器、主CPU和LCD控制器构成。多点触摸屏控制器是触摸屏模组的核心，触摸屏控制器采用PSoC（可编程系统芯片）技术，故PSoC的灵活性、可编程性和高集成度等特性被广泛应用于触摸屏控制器。目前搭建的触摸屏幕有32 in、46 in和70 in（1 in=0.0254 m），支持1080 p Full HD分辨率，无须任何额外设置就可以支持多点触摸控制，可以纵向或横向摆放。更为方便的是，它采用标准的HDMI（高清多媒体接口）、FireWire（火线）和USB接口，插上电源并连接Mac、Linux或Windows PC即可开始使用。

总之，未来触摸屏具有专业化、多媒体化、立体化和大屏幕化等特点。随着信息社会的发展，人们需要获得各种各样的公共信息，以触摸屏技术为交互窗口的公共信息传输系统，通过采用先进的计算机技术，运用文字、图像、音乐、解说、动画和录像等多种形式，直观、形象地把各种信息介绍给用户，给用户带来极大的方便。随着技术的迅速发展，触摸屏对于计算机技术的普及利用将发挥重要的作用。

【任务实施】

6.1.4 撰写触摸屏应用调研报告

1. 收集触摸屏相关信息

搜索关键词“什么是触摸屏”“触摸屏的由来”“触摸屏的特点”“触摸屏的发展”“触

摸屏品牌”“触摸屏主流型号”“触摸屏应用工程案例”。

2. 撰写触摸屏应用调研报告

查找触摸屏应用相关素材，学习小组分工完成调研报告（“触摸屏在工业控制领域应用现状”“触摸屏常用品牌与主流型号”“触摸屏外围设备”“触摸屏发展现状”中任选一个完成）。

参考格式如下：

××××调研报告

封面

包含调研报告名称、学习小组成员、所在院系和指导教师等基本信息。

摘要

对调研报告内容进行概括性描述，要求文字简明扼要，200~300 字。

引言

前言或问题提出。内容主要包括：①提出调研的问题；②介绍调研的背景；③指出调研的目的；④说明调研的意义。

调研方法

内容主要包括：①调研对象及其取样；②调研方法的选取；③调研程序与方法；④调研结果的统计方法。

调研过程及结果

调研报告主体部分，内容主要包括：①调研过程简述；②调研结果分析。要求分析实事求是，切忌主观臆断。

结论

主要针对调研结果进行分析，并对调研需要改进的地方进行阐述。要求文字简练、严谨和逻辑性强。

参考文献

参考文献中应有一定数量的近期出版、发表的著作或文章。参考文献著录格式应符合相关规定。

附录

调研报告中不便于在正文中体现的调查表、测量数据统计表等证明文件，使用附件形式放在参考文献的后面一页。

6.1.5 下载课程学习资源

登录三菱电机自动化（中国）有限公司网站（www. mitsubishielectric-fa. cn），收集、学习如下资料。

1）《GOT2000 画面设计手册》。

2）《GT-Works3 操作手册》。

任务6.2　认识三菱GOT2000系列触摸屏和工作环境

[知识目标]

1. 了解GOT2000系列触摸屏型号命名含义与基本结构。
2. 了解GOT2000系列触摸屏控制原理。

[能力目标]

1. 能正确运行与操作GOT2000系列触摸屏。
2. 能正确连接GOT2000系列触摸屏与计算机。

【任务描述】

通过参观触摸屏应用技术实训室，了解GOT2000系列触摸屏硬件配置以及运行与操作模式。能正确识别触摸屏型号以及含义、GOT2000系列触摸屏控制面板各部分名称与功能；能正确、规范操作实训装置。

[任务要求]

1. 认识实训室触摸屏，能正确识别型号以及型号含义。
2. 认识GOT2000系列触摸屏控制面板各部分名称以及功能。
3. 按要求连接GOT2000系列触摸屏与计算机并检验是否有效。
4. 按要求正确、规范操作实训装置。

[任务环境]

1. 每学习小组配备GOT2000系列触摸屏实训装置一套。
2. 每学习小组配备若干导线、工具等。

【关联知识】

6.2.1　初识三菱GOT2000系列触摸屏

三菱公司推出的触摸屏（人机界面）主要有三大系列：GOT2000系列、GOT1000系列和GOT-F900系列。其中GOT2000为最新系列产品，具有以太网、RS-232和RS-422/485通信接口等丰富的标准配置，包括搭载多点触摸、手势功能的高等级型号GT27、高性价比的中端型号GT25、性能与价格兼备的型号GT23以及凝聚显示器核心功能的型号GT21等产品；GOT1000系列又分为基本功能机型GT15和高性能机型GT11两个系列；GOT-F900系列触摸屏具备功能齐全、价格低廉和性能稳定等特点。三菱触摸屏常用系列产品如图6-6所示。

本项目以三菱GOT2000系列触摸屏为例进行介绍。其型号命名为：

GT27	15	□	- X	T	B	A	□
①	②	③	④	⑤	⑥	⑦	⑧

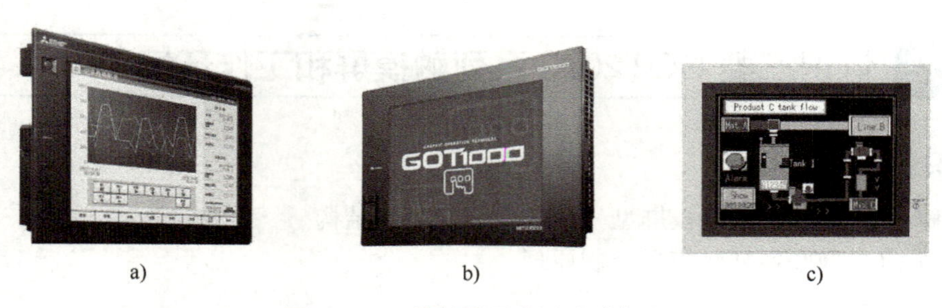

a) b) c)

图 6-6 三菱触摸屏常用系列产品

a) GOT2000 b) GOT1000 c) GOT-F900

其中①~⑧的含义如下：

① 代表型号。27：GT27。25：GT25。23：GT23。21：GT21。

② 代表画面尺寸。15∶15 in（1 in = 0.0254 m）。12∶12.1 in。10∶10.4 in 或 10.1 in 宽。08∶8.4 in。07∶7 in 宽。06∶6.5 in。05∶5.7 in。04∶4.5 in 或 4.3 in。03∶3.8 in。

③ 代表结构。无：标准型。HS：手持式。F：开放式框架型。T：耐环境加强（金属框架）。

④ 代表分辨率。WX：WXGA。X：XGA。S：SVGA。V：VGA。W：WVGA。Q：QVGA。R：480×272 点。P：384×128 点以下。

⑤ 代表显示颜色。T：TFT（薄膜晶体管）彩色。M：TFT 黑色。

⑥ 代表面板颜色。B：黑。W：白。S：银。N：无框架。

⑦ 代表电源类型。A：AC 100~240 V。D：DC 24 V。L：DC 5 V。

⑧ 代表其他。无：以太网、RS-422/485 内置，仅限 GT21。S：RS-232、RS-422/485 或仅限 RS-422 内置，仅限 GT21。S2：RS-232×2ch 内置，仅限 GT21。-GF：CC-link IE（工业工程）现场网络通信模块套装品，仅限 GT27、GT25。

三菱 GT2712-S 型触摸屏基本结构如图 6-7、表 6-2 所示。

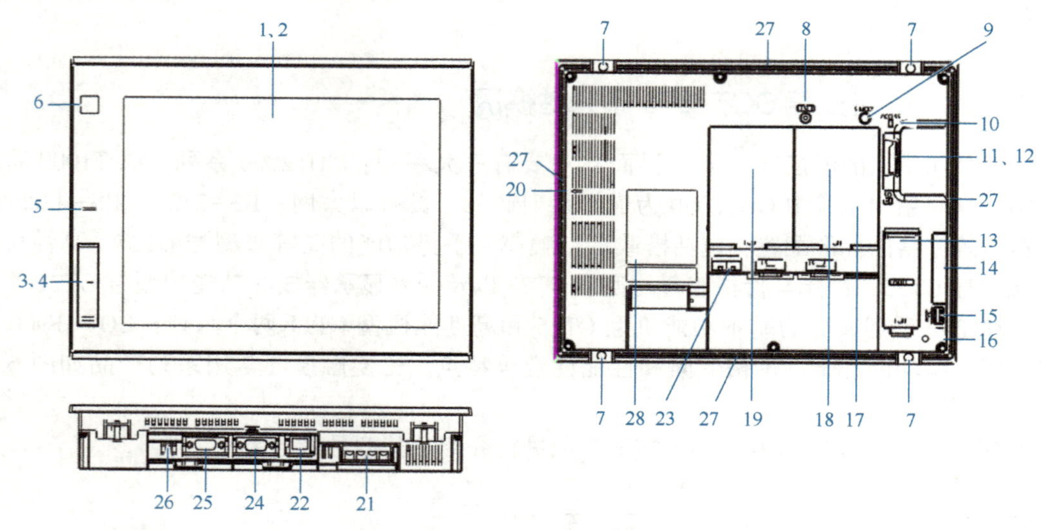

图 6-7 三菱 GT2712-S 型触摸屏基本结构

表 6-2　三菱 GOT2000 系列触摸屏基本结构

编　号	名　　称	功　　能
1	显示面	显示实用菜单和用户自制画面
2	触摸面板	实用菜单和用户自制画面内的触摸开关操作用
3	USB 接口（主机，前面）	USB 鼠标连接、USB 键盘连接、USB 条形码阅读器连接、数据传送和数据保存用（接口形状：TYPE-A） 兼容型号：GT2715-XTBA/D、GT2712-STBA/D、GT2710-STBA/D、GT2710-VTBA/D、GT2708-STBA/D、GT2708-VTBA/D、GT2705-VTBD
4	USB 接口（设备，前面）	计算机连接用（接口形状：Mini-B） 兼容型号：GT2715-XTBA/D、GT2712-STBA/D、GT2710-STBA/D、GT2710-VTBA/D、GT2708-STBA/D、GT2708-VTBA/D、GT2705-VTBD
5	POWER LED	蓝色亮灯：正常供电 橙色亮灯：屏幕保护 橙色、蓝色闪烁：背光灯出现故障 熄灯：没有供电
6	人体感应器	感应人体动作的传感器 对象机种：GT2715-XTBA/D、GT2712-STBA/D
7	安装配件孔	安装配件插入用孔
8	复位开关	硬件复位用开关
9	S. MODE 开关	在 GOT 启动时安装 OS（操作系统）用的开关
10	SD 卡访问 LED	亮灯：安装 SD 卡 闪烁：访问 SD 卡 熄灯：未安装 SD 卡或安装（可取出）SD 卡
11	SD 卡接口（盖板内部）	SD 卡安装用
12	SD 卡护盖	带允许/禁止访问 SD 卡的开关功能 护盖打开：禁止访问 护盖关闭：允许访问
13	电池（盖板内部）	电池收纳空间
14	侧面接口（盖板内部）	通信模块安装用
15	USB 接口（主机，背面）	USB 鼠标连接、USB 键盘连接、USB 条形码阅读器连接、数据传送和数据保存用（接口形状：TYPE-A）
16	线夹安装孔	防止 USB 电缆松脱的线夹安装孔
17	终端电阻设置用开关（盖板内侧）	使用或不使用 RS-422/485 通信端口终端电阻的切换开关
18	扩展辅助接口	选项模块安装用 兼容型号：GT2715-XTBA/D、GT2712-STBA/D、GT2712-STWA/D、GT2710-STBA/D、GT2710-VTBA/D、GT2710-VTWA/D、GT2708-STBA/D、GT2708-VTBA/D
19	扩展接口	通信模块、选项模块安装用
20	纵向安装记号	按纵向显示安装时，将箭头朝上安装
21	电源端子	电源输入端子、LG 端子（除 GT2705-VTBD）和 FG 端子
22	以太网接口	连接机器通信用、计算机连接用［接口形状：RJ-45（模块插头）］

（续）

编　号	名　　称	功　　能
23	以太网通信状态LED	SD/RD LED亮灯：数据发送/接收 SD/RD LED熄灯：数据未发送/未接收 SPEED LED亮灯：100 Mbit/s通信 SPEED LED熄灯：10 Mbit/s通信或未连接
24	RS-232接口	连接机器通信用［接口形状：D-sub9针（公）］
25	RS-422/485接口	连接机器通信用［接口形状：D-sub9针（母）］
26	USB接口（设备，背面）	计算机连接用（接口形状：Mini-B） 兼容型号：GT2712-STWA/D、GT2710-VTWA/D
27	特殊安装配件用的安装孔	为了使GOT对立ATEX、KCs规格，将GOT安装到控制盘上的安装配件用孔 对象机种：GT2712-STWA/D、GT2710-VTWA/D
28	额定标签	—

6.2.2　三菱GOT2000系列触摸屏运行与操作

在工控领域中，触摸屏一般与PLC联机实现人与机器的信息交互。触摸屏所进行的动作最终由PLC来完成，触摸屏仅仅是改变或显示PLC的数据。下面通过图6-8所示联机实例说明触摸屏的运行与操作原理。

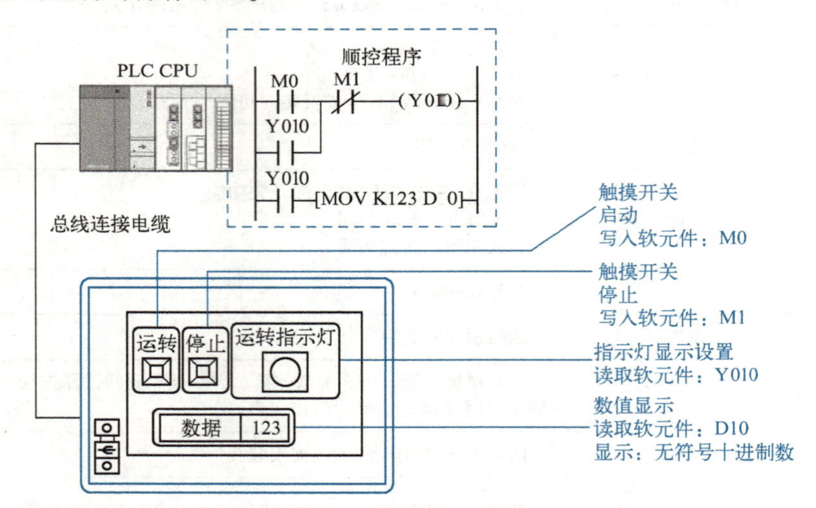

图6-8　触摸屏与PLC联机实例

运行说明：

1）触摸GOT的“运转”开关，使PLC的位软元件“M0”为ON，如图6-9所示。

2）若位软元件“M0”为ON，则位软元件“Y010”被置为ON。此外，由于GOT的运转指示灯设定为监控位软元件“Y010”，因此运转指示灯显示“ON”状态，如图6-10所示。

3）由于位软元件“Y010”为ON，因此十进制数“123”被存入字软元件“D10”中。此外，由于GOT的数据显示设定为监控字软元件“D10”，因此数据显示为“123”，如图6-11所示。

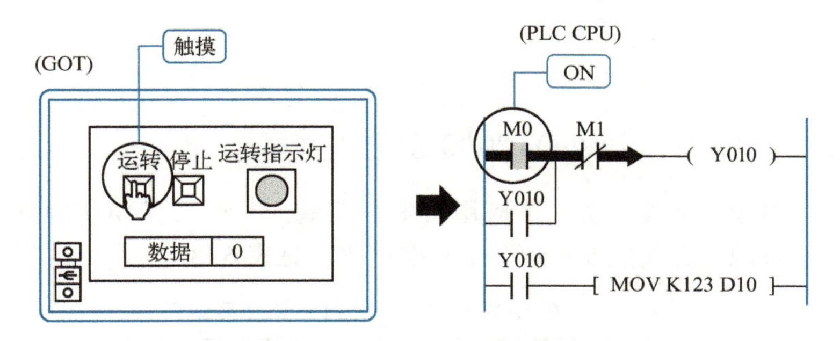

图 6-9　触摸屏、PLC 联机运行与操作原理（一）

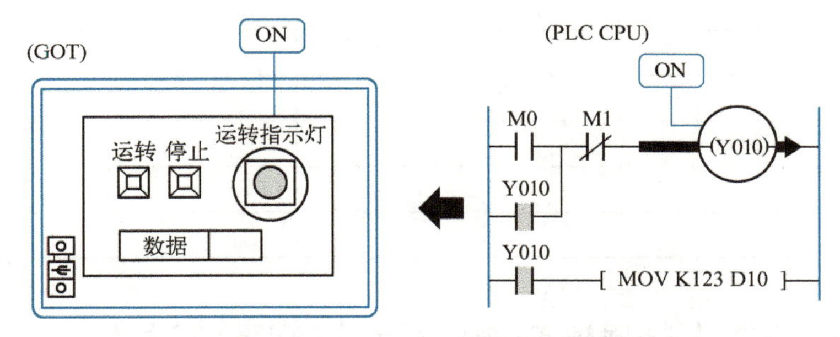

图 6-10　触摸屏、PLC 联机运行与操作原理（二）

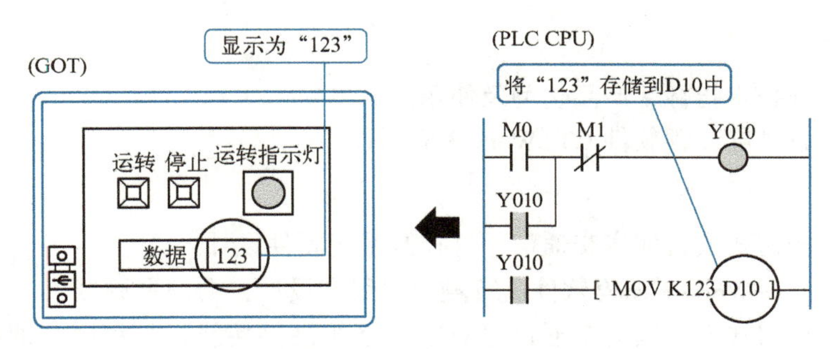

图 6-11　触摸屏、PLC 联机运行与操作原理（三）

4）触摸 GOT 的“停止”开关，使 PLC 的位软元件“M1”为 ON，则位软元件“Y010”被置为“OFF”，同时运转指示灯显示“OFF”状态，如图 6-12 所示。

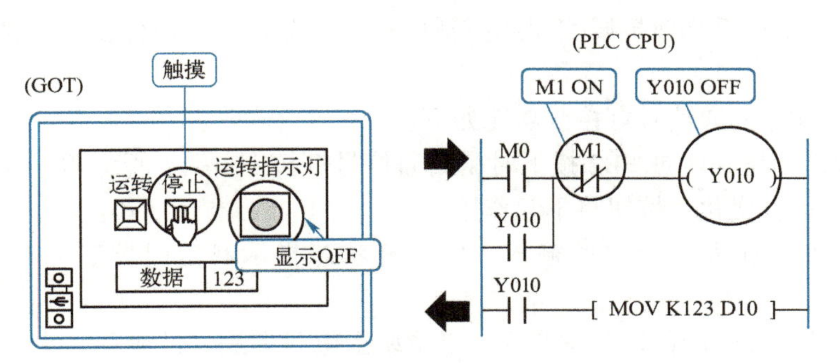

图 6-12　触摸屏、PLC 联机运行与操作原理（四）

【任务实施】

6.2.3 认识实训室三菱 GOT2000 系列触摸屏

在实训室管理员指导下参观触摸屏应用技术实训室，了解三菱 GOT2000 系列触摸屏硬件配置以及软元件资源，并按照要求填写信息登记表，见表 6-3。

表 6-3 三菱 GOT2000 系列触摸屏信息登记表

触摸屏型号	通信接口型号	画面尺寸	分辨率/像素	电源类型	状态指示灯名称以及含义

任务 6.3 按钮式人行横道交通信号灯控制系统设计

[知识目标]

1. 了解触摸屏技术指标、产品选型及使用注意事项。
2. 掌握三菱触摸屏编程软件 GT-Works3 应用技巧。

[能力目标]

1. 能够进行按钮式人行横道交通信号灯控制系统硬件设计。
2. 能够利用 GT-Works3 编程软件进行触摸屏组态设计，会仿真调试。
3. 能够进行按钮式人行横道交通信号灯控制系统硬件接线，并利用实训装置进行联机调试。

【任务描述】

某街道路口按钮式人行横道交通信号灯控制系统示意图如图 6-13 所示。使用三菱 FX_{3U} 系列 PLC 和 GOT2000 系列触摸屏实现此控制功能，完成 PLC 软硬件设计、触摸屏画面设计以及联机调试。

按钮式人行横道交通信号灯控制功能如下：

1）当人行道按钮 SB1 或 SB2 按下时，交通信号灯按图 6-14 所示顺序变化。如果交通信号灯已经进入运行变化，按钮将不起作用。

2）触摸屏可完成人行道按钮输入、信号灯状态指示和定时器定时时间动态显示等功能。

3）触摸屏共有 2 个画面。其中画面 1 是系统上电后即进入的画面，在画面 1 上单击任何一个地方，即进入主画面 2。画面 2 是交通信号灯控制与显示主画面，按下触摸键与按下人行道 SB1、SB2 功能相同。画面 2 上用“数值显示”和“棒图”两种形式动态显示定时器

T0～T3 定时时间；利用触摸屏指示灯分别指示车道、人行道交通信号灯工作状态，指示灯颜色要求 OFF 状态时为白色，ON 状态时按照交通信号灯颜色进行设置。按画面 2 中的“返回首页”按钮，返回到画面 1。

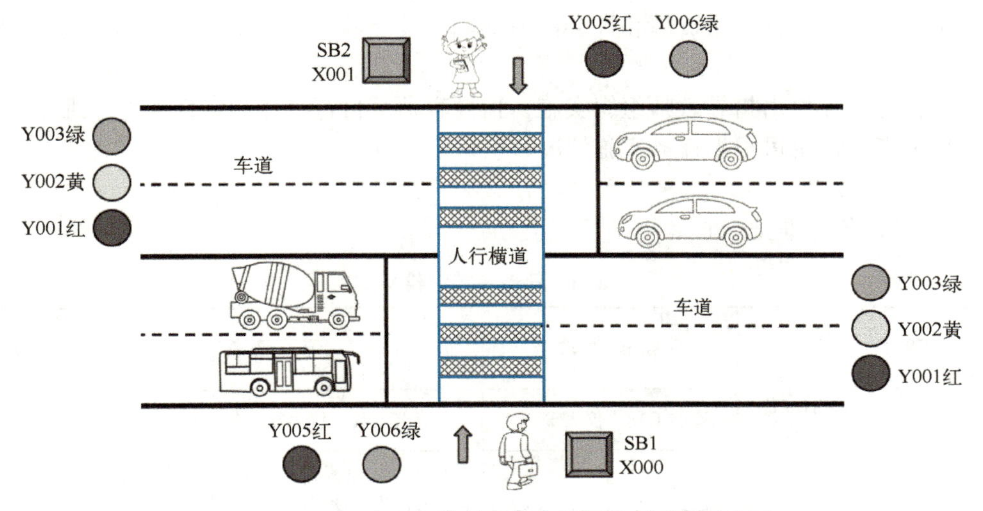

图 6-13　按钮式人行横道交通信号灯控制系统示意图

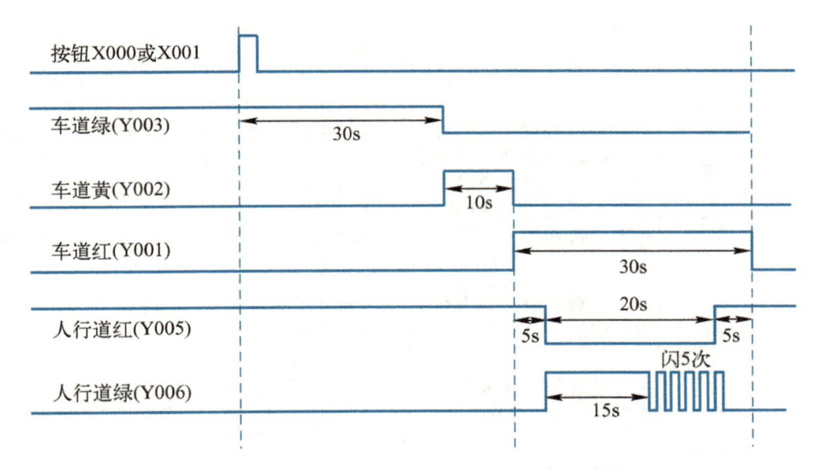

图 6-14　按钮式人行横道交通信号灯时序图

[任务要求]

1. 利用三菱 FX_{3U}系列 PLC 进行按钮式人行横道交通信号灯控制系统软、硬件设计。
2. 根据控制要求进行 GOT2000 系列触摸屏组态设计。
3. 正确连接输入、输出电路，进行仿真、联机仿真。
4. 联机调试。

[任务环境]

1. 两人一组，根据工作任务进行合理分工。
2. 每组配备 FX_{3U}系列 PLC、GOT2000 系列触摸屏实训装置一套。

3. 每组配备若干导线、工具等。

[考核评价标准]

1. 说明

1）本评价标准根据人力资源和社会保障部职业技能鉴定中心的《电工国家职业技能标准》编制。

2）任务考核评价由指导教师组织实施，指导教师可自行具体制定任务评分细则。

3）任务考核评价可根据任务实施情况，引入学生互评。

2. 考核评价标准

任务考核评价标准见表 6-4。

表 6-4 任务考核评价标准

评价内容	序号	项目配分	考核要求	评分细则	扣分	得分
职业素养与操作规范（50 分）	1	工作前准备（5 分）	清点工具、仪表等	未清点工具、仪表等，每项扣 1 分		
	2	安装与接线（15 分）	按控制系统硬件接线图在配线板上正确安装、操作规范	① 未关闭电源开关，用手触摸带电线路或带电进行线路连接或改接，本项记 0 分 ② 线路布置不整齐、不合理，每处扣 2 分 ③ 损坏元件扣 5 分 ④ 接线不规范造成导线损坏，每根扣 5 分 ⑤ 不按接线图接线，每处扣 2 分		
	3	组态设计、梯形图输入与调试（20 分）	熟悉组态设计；熟练利用编程软件将梯形图下载到 PLC；按照被控设备的动作要求进行联机调试，达到控制要求	① 不能熟练进行组态设计，扣 10 分 ② 不能熟练操作软件输入程序，扣 10 分 ③ 不会进行程序删除、插入和修改等操作，每项扣 2 分 ④ 不会联机下载调试程序，扣 10 分 ⑤ 调试时造成元件损坏或者熔断器熔断，每次扣 10 分		
	4	清洁（5 分）	工具摆放整洁；工作台面清洁	乱摆放工具、仪表，乱丢杂物，完成任务后不清理工位，扣 5 分		
	5	安全生产（5 分）	安全着装；按维修电工操作规程进行操作	① 没有安全着装，扣 5 分 ② 出现人员受伤、设备损坏事故，考试成绩为 0 分		
操作（50 分）	6	功能分析（5 分）	能正确分析控制线路功能	功能分析不正确，每处扣 2 分		
	7	硬件接线图（10 分）	绘制硬件接线图	① 接线图绘制错误，每处扣 2 分 ② 接线图绘制不规范，每处扣 1 分		
	8	组态设计（10 分）	组态设计正确	组态设计错误，每处扣 2 分		
	9	梯形图（10 分）	梯形图正确、规范	① 梯形图功能不正确，每处扣 3 分 ② 梯形图画法不规范，每处扣 1 分		
	10	功能实现（15 分）	根据控制要求，准确完成控制系统的安装调试	不能达到控制要求，每处扣 5 分		
评分人：			核分人：		总分	

【关联知识】

6.3.1　触摸屏技术规格、产品选型及使用注意事项

1. 技术规格

(1) 一般规格

GT27 系列触摸屏的一般规格见表 6-5。

表 6-5　GT27 系列触摸屏一般规格

<table>
<tr><th>项　目</th><th colspan="6">规　格</th></tr>
<tr><td>使用环境温度</td><td colspan="6">0~55℃</td></tr>
<tr><td>保存环境温度</td><td colspan="6">-20~60℃</td></tr>
<tr><td>使用环境湿度</td><td colspan="6">10%RH~90%RH、无凝露</td></tr>
<tr><td>保存环境湿度</td><td colspan="6">10%RH~90%RH、无凝露</td></tr>
<tr><td rowspan="5">抗振</td><td rowspan="5">适用 JIS B 3502、IEC 61131-2</td><td></td><td>频率</td><td>加速度</td><td>单侧振幅</td><td>扫描次数</td></tr>
<tr><td rowspan="2">有断续的振动时</td><td>5~8.4 Hz</td><td>—</td><td>3.5 mm</td><td rowspan="2">X、Y、Z 各方向 10 次</td></tr>
<tr><td>8.4~150 Hz</td><td>9.8 m/s²</td><td>—</td></tr>
<tr><td rowspan="2">有连续的振动时</td><td>5~8.4 Hz</td><td>—</td><td>1.75 mm</td><td rowspan="2">—</td></tr>
<tr><td>8.4~150 Hz</td><td>4.9 m/s²</td><td>—</td></tr>
<tr><td>抗冲击</td><td colspan="6">适用 JIS B 3502、IEC 61131-2［147 m/s²（15g）X、Y、Z 方向各 3 次］</td></tr>
<tr><td>使用环境</td><td colspan="6">无油烟、腐蚀性气体和可燃性气体，一般尘埃不严重，无阳光直射（保存时也相同）</td></tr>
<tr><td>使用海拔</td><td colspan="6">2000 m 以下</td></tr>
<tr><td>接地</td><td colspan="6">接地时应使用接地电阻 100 Ω 以下、截面面积 2 mm² 以上的接地线。不能接地时应连接控制柜</td></tr>
</table>

(2) 性能规格

GT2715-X 型触摸屏的性能规格见表 6-6。

表 6-6　GT2715-X 型触摸屏性能规格

项　目		规　格
显示部	显示屏类型	TFT（薄膜晶体管）彩色液晶屏
	画面尺寸	15 in
	分辨率	XGA：1024 像素×768 像素
	显示尺寸/mm（in）（W×H）	304.1（11.97）×228.1（8.98）
	显示字符数	16 点阵标准字体时：64 字×48 行（全角） 12 点阵标准字体时：85 字×64 行（全角）
	显示颜色	65536 色
	亮度调节	32 级
	背景灯	LED（不能更换）
	背景灯寿命	约 60000 h（使用环境温度 25℃，显示亮度 50%时的时间）

（续）

项目		规格
触摸面板	方式	模拟电阻膜方式
	键尺寸	最小 2×2 点 （每键）
	同时按下	最大 2 点
	寿命	100 万次以上（操作力度 0.98 N 以下）
人体感应器	检测距离	1 m
	检测温度	人体温度和周围温度之间的温差在 4℃ 以上
电池	型号	GT11-50BAT 型锂电池
	寿命	约 5 年 （环境温度 25℃）
内置接口	RS-232	传送速度：115200/57600/38400/19200/9600/4800 bit/s 接口形状：D-sub9 针 （公）
	RS-422/485	传送速度：115200/57600/38400/19200/9600/4800 bit/s 接口形状：D-sub9 针 （母）
	以太网	数据传送方式：100BASE-TX/10BASE-T 接口形状：RJ-45 （模块插头）
	USB （主机）	USB （前面/背面） 规格：USB2.0（High-Speed 480 Mbit/s） 接口形状：USB-A
	USB （设备）	USB （前面） 规格：USB2.0（High-Speed 480 Mbit/s） 接口形状：USB Mini-B
	SD 卡	支持 SDHC （最大 32 GB）
	扩展接口	通信模块/选项模块安装用
	扩展辅助接口	选项模块安装用
	侧面接口	通信模块安装用
蜂鸣器输出		单音 （音程、音长可调整）
质量 （安装配件除外）		4.5 kg
POWER LED		发光色：2 色 （蓝色、橙色）
外形尺寸/mm （in） （$W \times H \times D$）		397(15.63)×300(11.81)×60(2.36)

2. 产品选型

目前，触摸屏产品系列较多。且各种类型的触摸屏各有优缺点，能满足用户的各种需求，但在组成、功能等方面，尚无统一的标准，无法进行横向比较。下面是工控领域对触摸屏产品进行选型的基本原则，可以在选择触摸屏时作为参考。

1）机械参数选择。机械参数一般指触摸屏的尺寸规格、机身材质、外观颜色和安装方式等。在不同的工作环境中，现场的安装位置、空间尺寸都不一致，故在进行触摸屏选型之前，需先对工作现场的安装条件进行精准测量，以期达到安装条件与触摸屏机械参数匹配。

2）物理性能选择。物理性能主要指触摸屏防尘、防水、抗振和散热等性能。由于工作环境差异，需根据工作现场实际情况，选择合适的触摸屏。例如工作环境灰尘、水汽、振动和辐射等干扰因素多，则应选用防尘防水级别高而且是一体化机身结构设计的触摸屏。

3）显示性能选择。显示性能指触摸屏的分辨率、色彩、亮度和背光寿命等。这些可以从画质显示需求和现场光线环境来考虑，如果是室内环境，分辨率、色彩亮度能达到计算/图像的基本性能要求即可，如果是室外使用环境，那么亮度是一个重点考虑的要素，基本要在 500 cd/m^2 以上，至于背光寿命，目前主流的触摸屏，其工业级 LED 背光显示都能达到 50000 h 以上。

4）处理性能选择。处理性能是触摸屏最核心的性能，其实质就是内核模块的选配。触摸屏 CPU 型号、运行内存、存储容量、操作系统以及扩展接口等，都必须根据软件或程序的运行环境要求来决定。

3. 触摸屏使用注意事项

1）在拆卸与触摸屏连接的电缆时，勿用手拉扯电缆部分。如果在连接状态下拉扯电缆，可能造成模块或电缆的损坏、电缆接触不良，从而导致误动作。

2）勿使触摸屏掉落或受到强烈撞击，否则可能导致损坏。

3）施加超出触摸屏一般规格的冲击时，有可能在开关的结构上、紧急停止开关会发生反复开关。对于用户的使用条件，在确认不会导致问题的基础上判断是否使用。

4）勿对触摸面板边缘部分进行反复操作，否则有可能导致故障。

5）在向存储用存储器（ROM）及 SD 卡进行数据写入的过程中，勿关闭触摸屏的电源。否则可能导致数据损坏、触摸屏无法动作。

6）用于耐环境加强型触摸屏正面的防护膜（不可交换）具有 UV 防护功能，可减缓紫外线对触摸面板、液晶屏造成的老化现象。如果长期受到紫外线照射时，触摸屏正面可能会变黄。如果触摸屏将长期受到紫外线照射时，建议使用 UV 保护膜（选配件）。

7）请勿将控制线及通信电缆与主电路及动力线等捆扎在一起或相互靠得太近，应相距 100 mm 以上距离。

8）在进行接线作业时，必须将系统中正在使用的所有外部供应电源全部断开之后再进行操作。如果未全部断开，可能会引起触电、产品损坏和误动作。

9）在触碰模块前，必须先与接地的金属物等接触，释放掉人体等所携带的静电。如果不释放掉静电，可能导致模块故障或者误动作。

10）为了保证触摸屏及系统的网络安全（可用性、完整性和机密性），对于来自不可信网络或经由网络的设备的非法访问、拒绝服务攻击以及计算机病毒等其他网络攻击，应采取设置防火墙与虚拟专用网络（VPN），以及在计算机上安装杀毒软件等对策。

6.3.2　认识 GT-Works3 触摸屏组态设计软件

6-1　GT-Works3 新建工程及工程界面

GT-Works3 是三菱新一代集成化人机界面组态设计软件，具有读写全系列 GOT 工程数据、创建人机界面工程、仿真调试和监控 PLC 等功能，适用于 GOT1000、GOT2000 系列触摸屏，可支持计算机代替触摸屏运行可视化监控系统。

可以在三菱电机自动化（中国）有限公司的网站（www.mitsubishielectric-fa.cn）下载 GT-Works3 和用户手册，也可以通过本书的配套资源获取。本书以该软件 Ver_1.290C 版本为例，介绍软件的使用方法。

1. 新建工程向导

在创建画面之前，通常要求通过新建工程向导设置所使用的 GOT、所连接的 PLC 类型以及画面的标题等。具体步骤如下：

1）单击“开始”→“程序”→“MELSOFT 应用程序”→“GT-Works3”→“GT Designer3”，打开软件，弹出“工程选择”对话框，如图 6-15 所示。

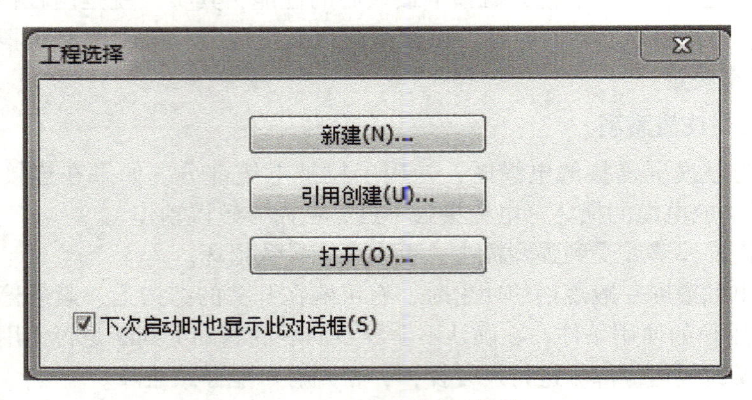

图 6-15 “工程选择”对话框

2）单击“新建”按钮，出现“新建工程向导”对话框，如图 6-16 所示。“引用创建”“打开”按钮用于打开原有项目文件，此处不予介绍。

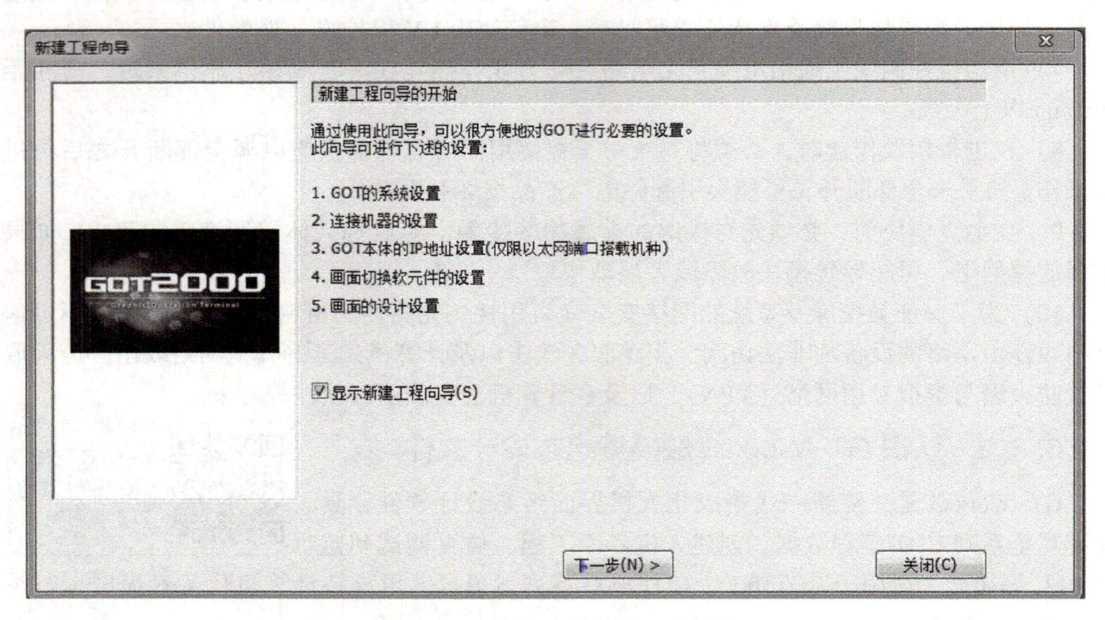

图 6-16 “新建工程向导”对话框

3）单击“下一步”按钮，出现“GOT 系统设置”对话框，本项目以“GT27 * * -V (640×480)”类型、设置方向“横向”为例进行选择，如图 6-17 所示。值得注意的是，GT Designer3 由 GT Designer3（GOT2000）和 GT Designer3（GOT1000）2 个组态软件构成，

分别对应 GOT2000 系列、GOT1000 系列触摸屏，故所选的 GOT 类型一定要与硬件型号一致。

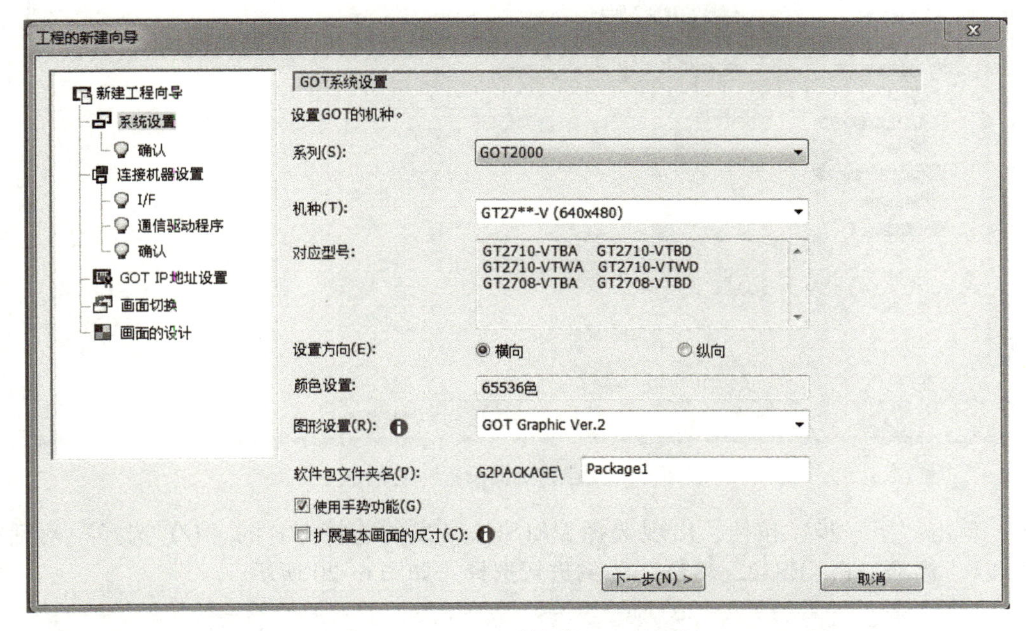

图 6-17 “GOT 系统设置”对话框

4）单击“下一步”按钮，出现“GOT 系统设置的确认”对话框，如图 6-18 所示。

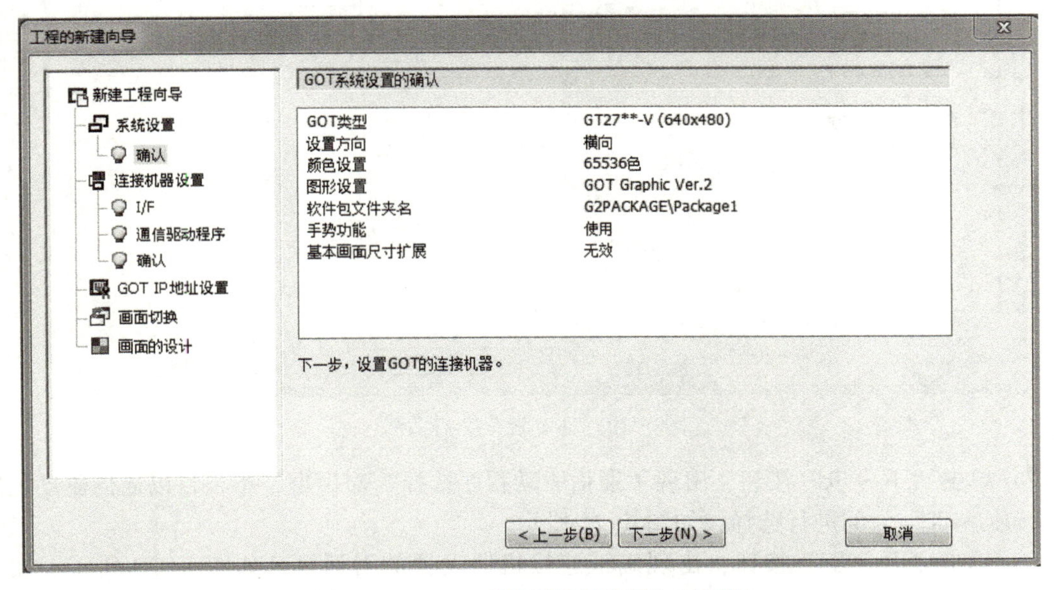

图 6-18 “GOT 系统设置的确认”对话框

5）单击“下一步”按钮，出现选择 GOT 的连接机器的对话框，本项目以“MELSEC-FX”为例进行选择，如图 6-19 所示。

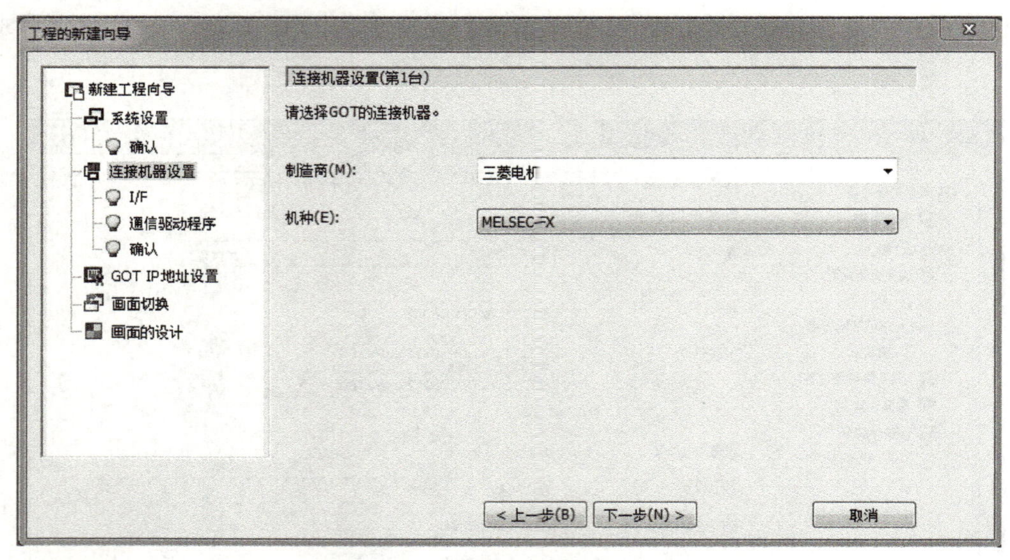

图 6-19 “连接机器设置”对话框

6）单击“下一步”按钮，出现选择 MELSEC-FX 的连接 I/F 的“I/F 选择”对话框，本项目以“标准 I/F（RS422/485）”为例进行选择，如图 6-20 所示。

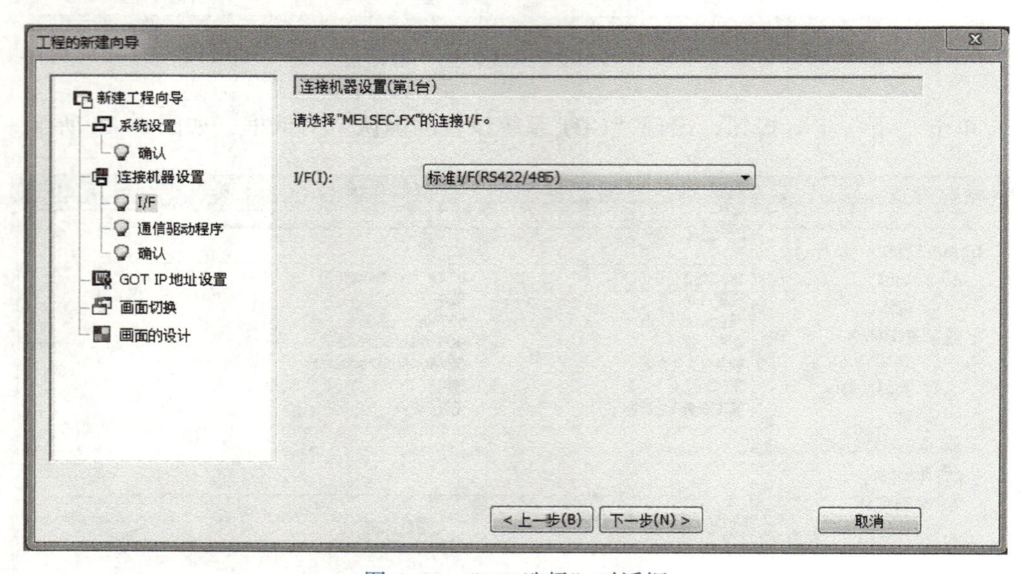

图 6-20 “I/F 选择”对话框

7）单击“下一步”按钮，出现“通信驱动程序选择”对话框，本项目以通信驱动程序“MELSEC-FX”为例进行选择，如图 6-21 所示。

8）单击“下一步”按钮，出现确认连接机器设置的对话框，如图 6-22 所示。按下“追加”按钮，可以设置其他连接机器。

9）单击“下一步”按钮，出现“画面切换软元件的设置”对话框，如图 6-23 所示。在该对话框中用户可以设置基本画面等的切换软元件，本项目以基本画面切换软元件数据寄存器 D200 为例进行设置。

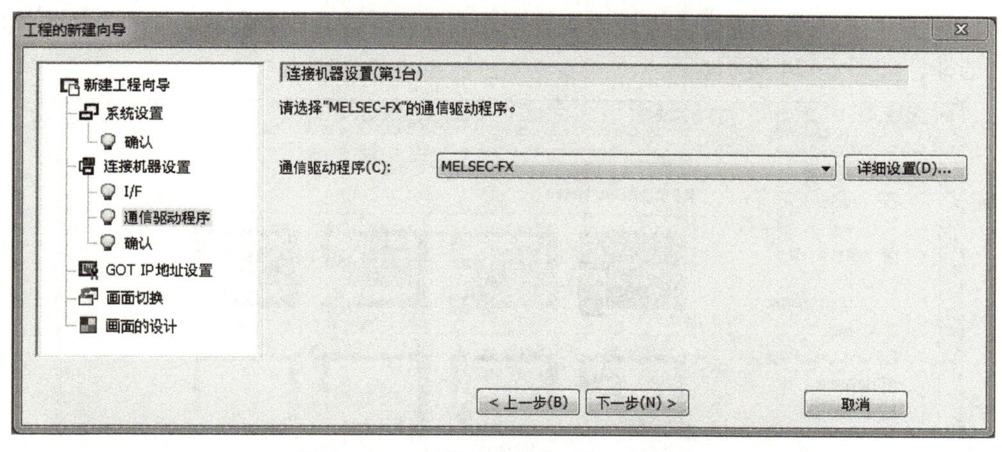

图 6-21　“通信驱动程序选择”对话框

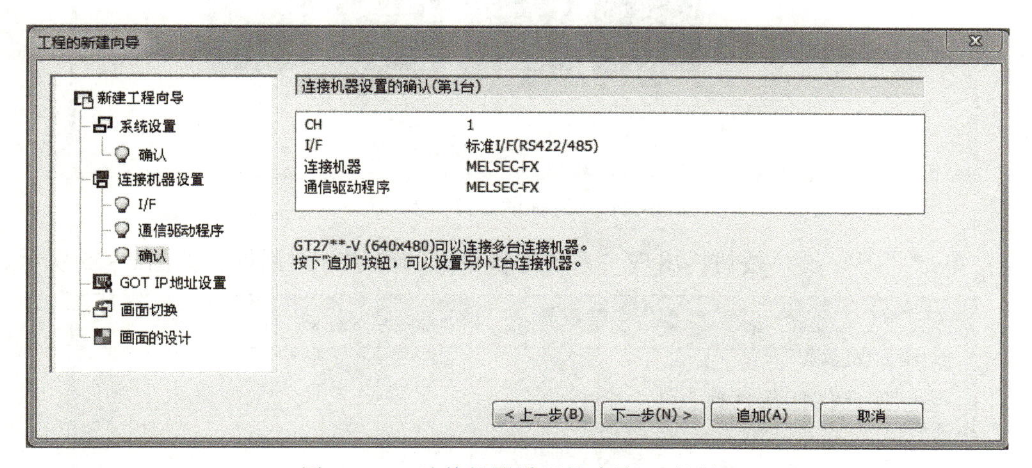

图 6-22　“连接机器设置的确认”对话框

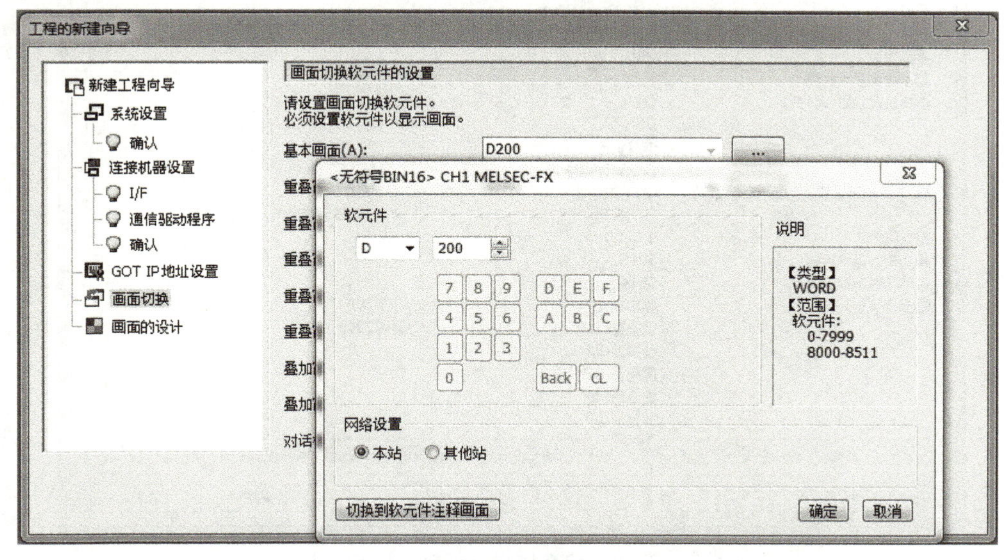

图 6-23　“画面切换软元件的设置”对话框

10）单击“下一步”按钮，出现“画面的设计”对话框，本项目以选择“基本黑”为例进行选择，如图 6-24 所示。

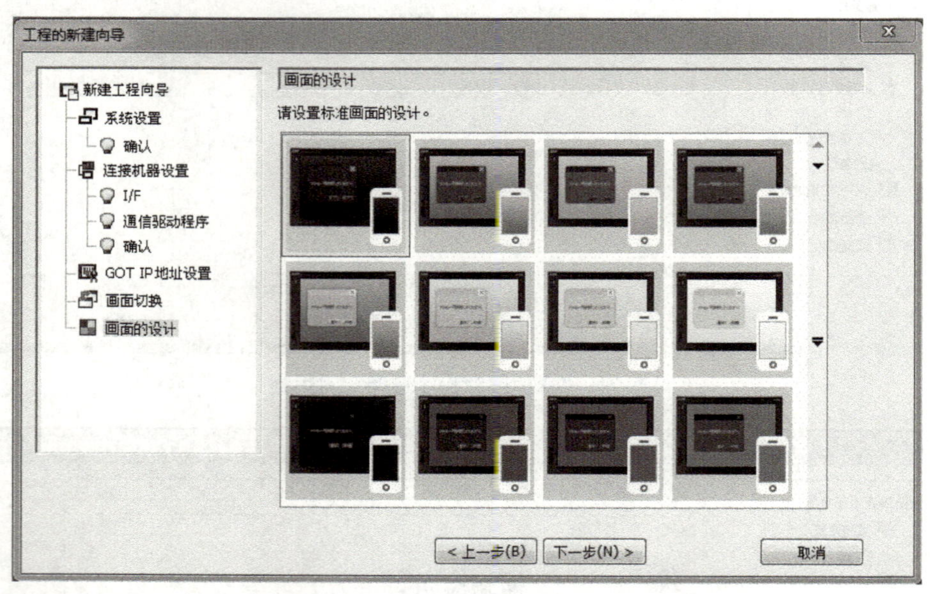

图 6-24 “画面的设计”对话框

11）单击“下一步”按钮，出现“系统环境设置的确认”对话框，如图 6-25 所示。

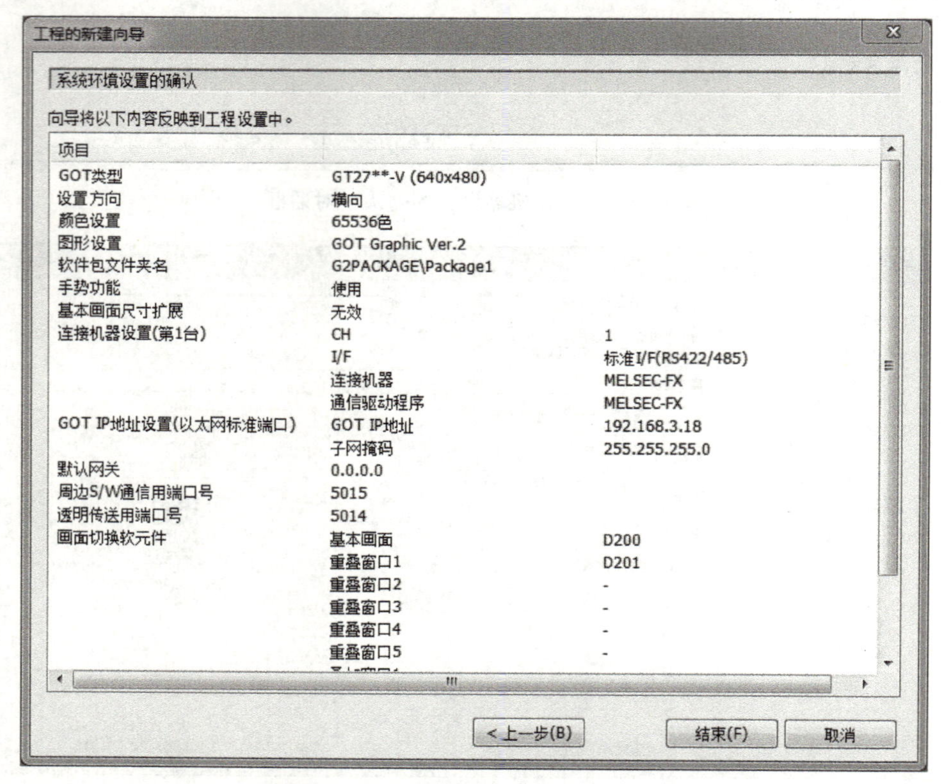

图 6-25 “系统环境设置的确认”对话框

12）系统环境设置确认无误后，单击“结束”按钮，出现如图 6-26 所示的 GT Designer3 组态设计界面。

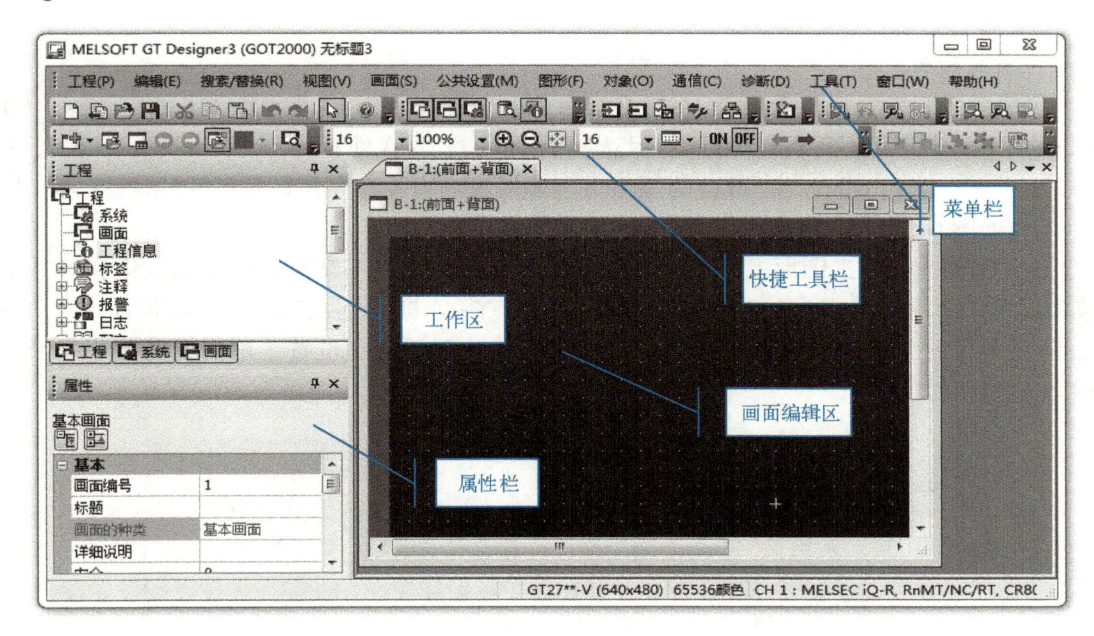

图 6-26　GT Designer3 组态设计界面

由图 6-26 可知，组态设计界面主要分成以下 5 个分区。

1）菜单栏。共 13 个下拉菜单，如果选择了所需要的菜单，相应的下拉菜单就会显示，然后可以选择各种功能。若下拉菜单的最右侧有“▶”标记，则可以显示选择项目的下级菜单；当功能名称旁边有“…”标记时，将光标移至该项目就会出现设置对话框。

2）快捷工具栏。工具栏又可分为标准工具栏、显示工具栏、画面工具栏、图形工具栏、对象工具栏、通信工具栏、模拟器工具栏和注释工具栏等。工具栏中的快捷图标仅在相应的操作范围内才可见。此外，在工具栏上的所有按钮都有注释，只要慢慢移动光标到按钮上面就能看到中文注释。

3）画面编辑区。创建工程画面。

4）工作区。将创建的画面、公共设置等整体工程的设置以树状目录的形式显示。此外，通过双击及右击可以进行设置、复制等操作。

5）属性栏。显示所选择的画面/对象/图形的属性。也可以在此对上述对象进行设置。

2. 画面创建

GT Designer3 组态软件的功能非常强大，使用比较复杂，为了方便说明软件的应用，本项目以读者熟悉的图 2-46 所示三相异步电动机Y-△减压起动控制电路为例说明画面创建过程。

（1）控制要求

1）首页设计。利用文字说明项目的名称等信息，在该界面中，触摸任何地方都能进入到操作界面。

2）操作界面设计。该界面有两个按钮，一个是起动按钮，一个是停止按钮。三个指示灯分别和 PLC 程序中的 Y001、Y002、Y003 相连，分别指示电动机电源、Y联结和△联结。

为了动态地表示起动过程，可以用棒图和仪表分别来显示起动的过程，两界面能自由地切换。

（2）设计过程

1）首页设计。

① 单击“开始”→“程序”→“MELSOFT 应用程序”→“GT-Works3”→“GT Designer3”，即进入 GT Designer3 工程选择界面，按照软件提示选择触摸屏的型号为“GT27 ** -V（640×480）”、PLC 的型号为“MELSEC-FX”等参数后，单击“结束”按钮，进入如图 6-26 所示组态设计界面。

② 文字输入。单击图形工具栏中的A，此时光标变成十字交叉，单击画面编辑区，弹出如图 6-27 所示的“文本”对话框，输入文字“Y-△减压起动”。选择文本的类型、方向、颜色和尺寸，单击“确定”按钮，再把文本移动到适当的位置。用同样的方法，可以输入其他说明性文字。

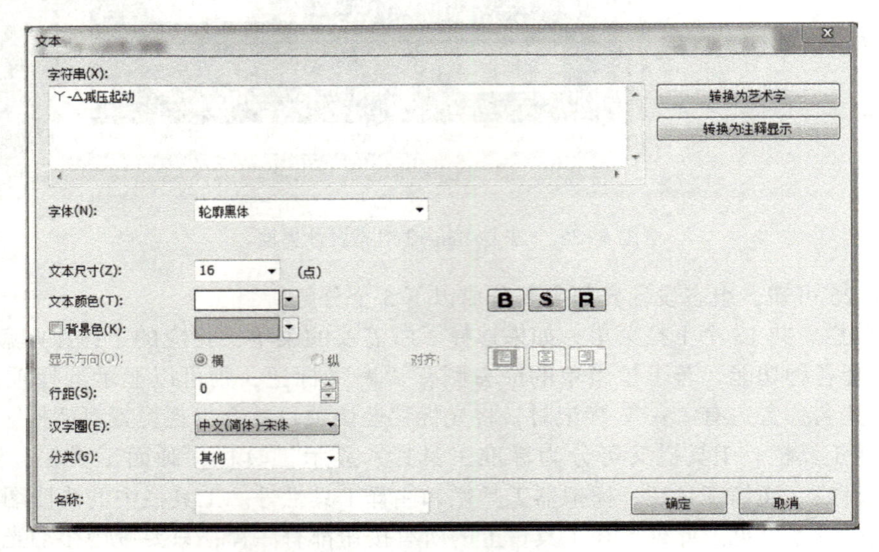

图 6-27 “文本”对话框

③ 设计时钟和日期。单击对象工具栏中的，光标变成十字交叉，单击画面编辑区，弹出个人计算机当前时钟，单击标准工具栏中的，使光标变回箭头，双击时钟，弹出“时间显示”对话框，如图 6-28 所示。在该对话框中，可以选择时钟数值的尺寸、颜色和图形等。重复上述操作，在如图 6-28 所示“时间显示”对话框中选择“日期”单选按钮，即可进行日期设计。

④ 画面切换按钮制作。根据项目设计要求，在该界面中需覆盖一个透明的翻页按钮，即触摸到任何位置都能进行画面切换。单击对象工具栏中的开关按钮，弹出开关功能选择下级菜单，选择画面切换开关，光标变成十字交叉，在画面编辑区单击，出现绿色方框，双击绿色方框，弹出“画面切换开关”对话框，如图 6-29 所示。在该对话框中，切换画面种类选择“基本”；画面编号选择“2（操作页面）”，单击“确定”按钮，再把按钮拉至覆盖整个画面的大小，则首页制作完成，首页设计效果图如图 6-30 所示。

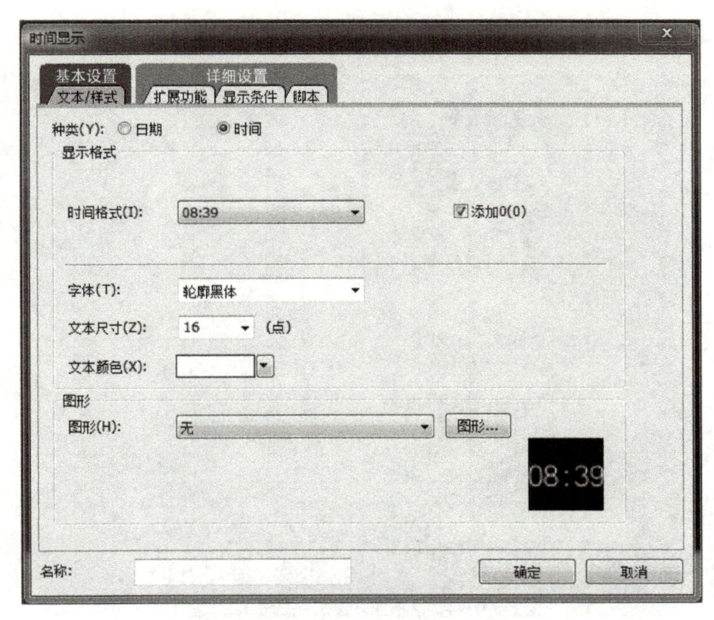

图 6-28　“时间显示”对话框

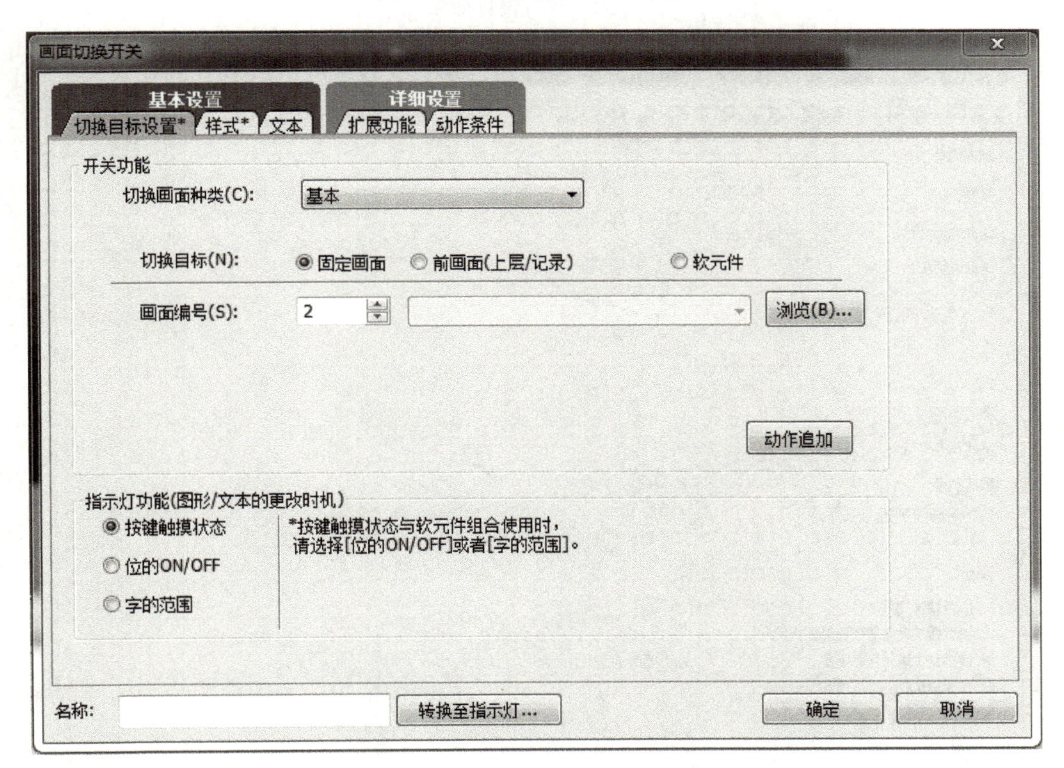

图 6-29　“画面切换开关”对话框

2）操作界面设计。

① 新建界面。单击画面工具栏中的，弹出如图 6-31 所示“画面的属性”对话框。画面编号设置为“2”，标题为“操作页面”，安全等级为“0”，单击“确定”按钮，进入

如图 6-26 所示组态设计界面，操作页面新建完毕。

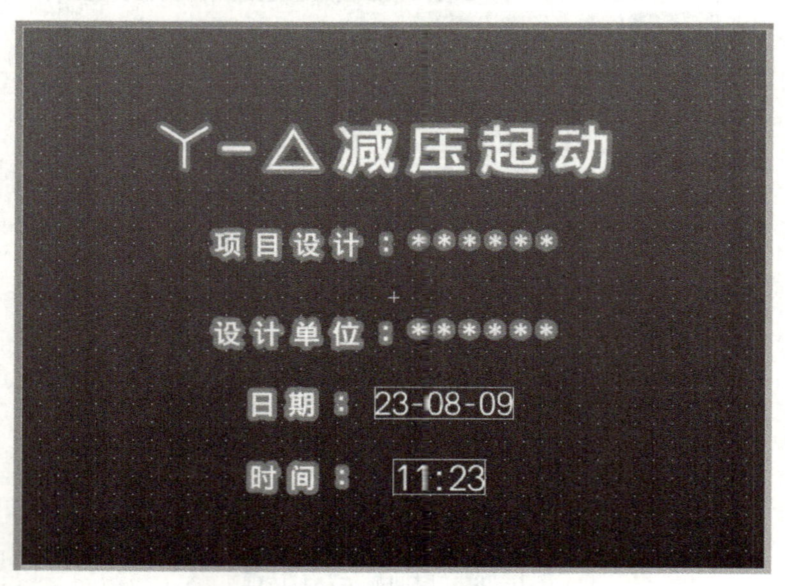

图 6-30　首页设计效果图

画面的属性
基本　按键窗口的基本设置　按键窗口的扩展设置　对话框窗口　候补选择窗口
画面编号(N):　2
标题(M):　操作页面
画面的种类:　基本画面
详细说明(E):
安全(S):　0
画面尺寸(Z)...
画面的设计
个别设置画面的设计(V):
选项
执行站号切换(W)
执行缓冲存储器模块号切换(F)
弹出显示报警(U):　显示位置:　中央
作为操作权的排他控制对象(A)
画面手势不适用区域
位置(O):　上　下
尺寸(I):　32　(点)
显示画面手势不适用区域(D)　※以青绿边框显示。
确定　取消

图 6-31　“画面的属性”对话框

② 制作控制按钮、指示灯。GT Designer3 组态软件具有丰富的图库资源，图库中的图形形象逼真。用户可以直接通过图形工作栏、对象工具栏或图形、对象菜单栏调用图库中的图形作为按钮和交通信号灯，设计界面如图 6-32 所示。

图 6-32　控制按钮、交通信号灯设计界面

③ 按钮与 PLC 软元件的连接。此处以起动按钮为例进行介绍。双击该按钮，弹出“位开关”对话框，如图 6-33 所示。软元件选择“M0”，动作设置选择“点动”，单击“确定”按钮，起动按钮 M0 设置完毕。用同样的方法，可以设置停止按钮。

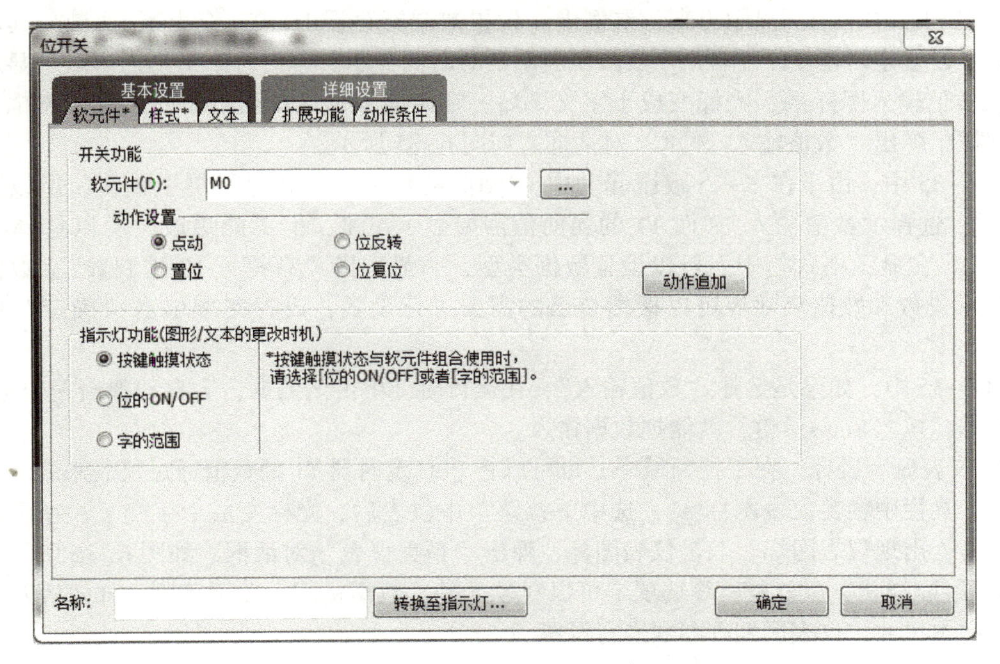

图 6-33　“位开关”对话框

④ 指示灯与 PLC 的连接。此处以 Y001 为例进行介绍。双击该指示灯，弹出“位指示灯”对话框，如图 6-34 所示。软元件选择“Y001”，按要求设置好图形颜色等参数后，单击“确定”按钮。用同样的方法，可设置“Y002”“Y003”。

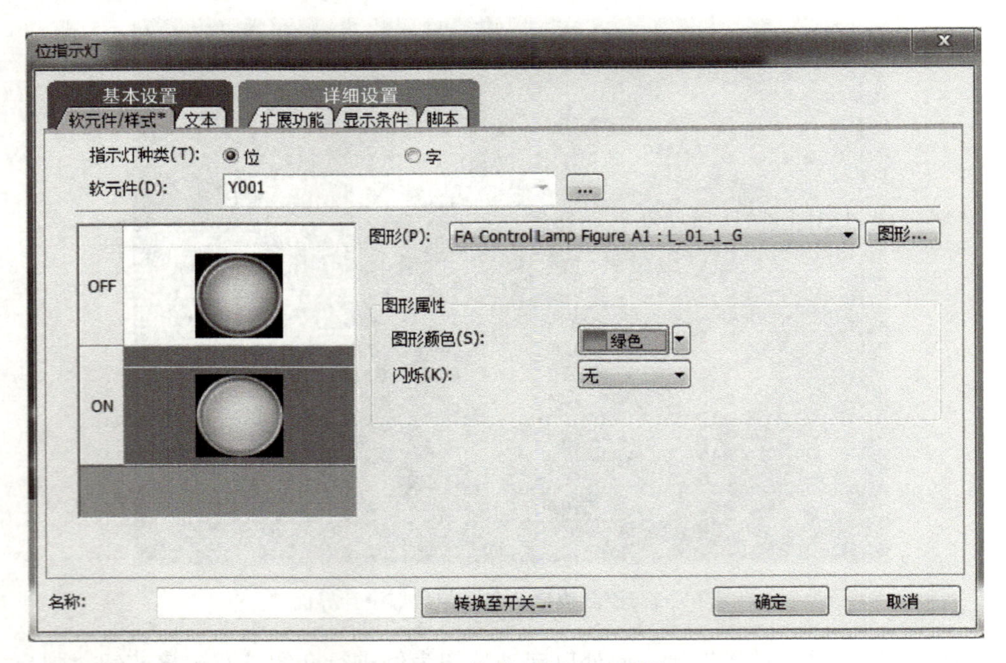

图 6-34 “位指示灯”对话框

⑤ 数据输入和显示设计。在使用触摸屏时，经常要在触摸屏中设置数据并输入到 PLC 中，或把 PLC 中的数据显示出来。本例中是设置数据寄存器 D200，作为Y-△减压起动延时时间；设置定时器 T1，作为Y-△减压起动延时时间显示。单击对象工具栏中数值显示图标或数值输入图标，光标变成十字交叉后，在画面编辑区单击一下，出现数据框，双击数据框，弹出“数值输入/显示”对话框，如图 6-35 所示。

图 6-35 中，由于在Y-△减压起动中，D200 的数值需要在触摸屏上设置，所以设置 D200 时，选择“数值输入”。而 T1 的当前值需要显示出来，但不能更改，所以选择“数值显示”。在显示格式栏中，可以设置数据类型，一般选择“有符号 10 进制数”，数值颜色、显示位数和数值尺寸等可以根据自己的需要进行设置，设置完毕单击“确定”按钮即可。

图 6-35 中，如果是选择“数值输入”，在运行时，单击该数据，会自动弹出一个键盘，输入数据，按〈Enter〉键，就能把数据输入。

⑥ 仪表显示设计。在工控领域中，也可以将 PLC 定时器 T1 的数值通过仪表来表示。单击对象工具栏中精美仪表图标，选中下拉菜单中仪表后，光标变成十字交叉，在画面编辑区单击，出现仪表图标，双击仪表图标，弹出“精美仪表”对话框，如图 6-36 所示。选择“软元件/样式”“文本”等选项卡可以对软元件、数据格式、监视范围、样式等及文本字体、文本尺寸、仪表属性等参数进行设置。

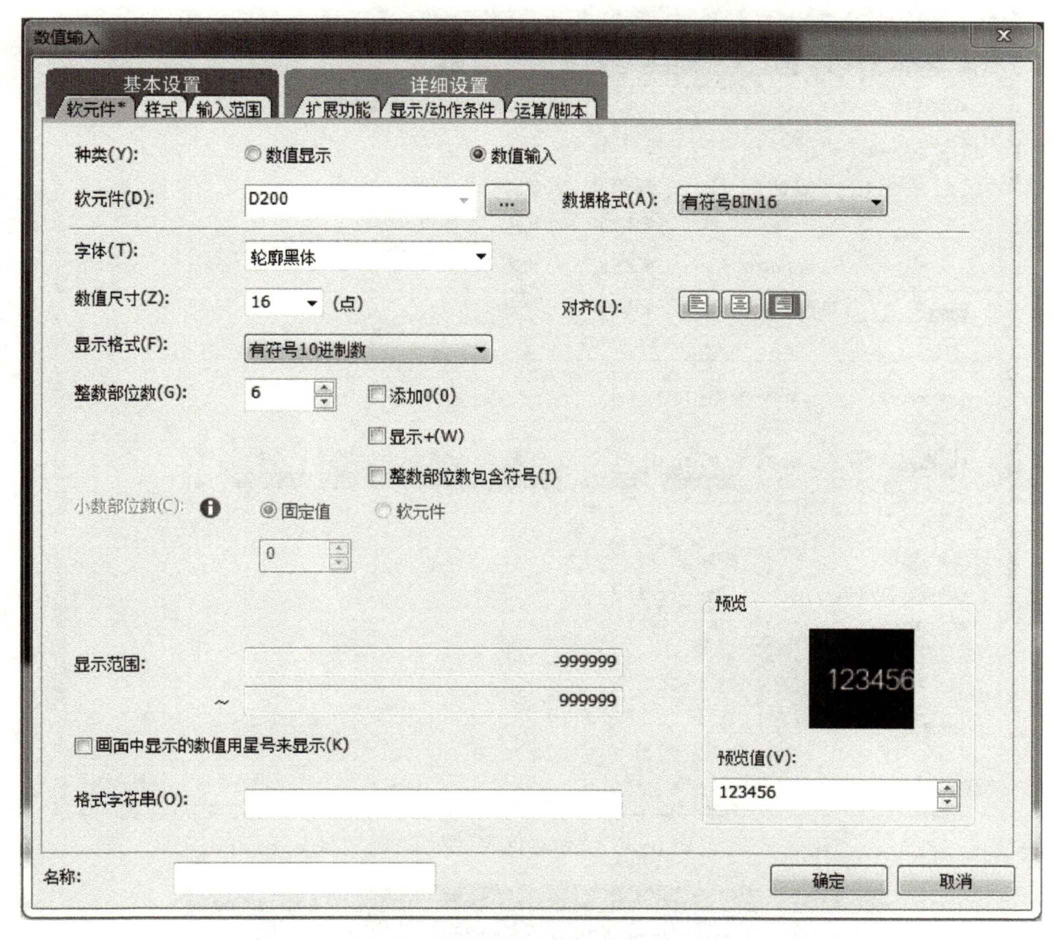

图 6-35　“数值输入/显示”对话框

⑦ 画面切换按钮设计。单击对象工具栏中的开关按钮，弹出开关功能选择下级菜单，选择画面切换开关，光标变成十字交叉，在画面编辑区单击，出现绿色方框，双击绿色方框，弹出“画面切换开关”对话框，如图 6-29 所示。在画面种类中选择“基本画面”，切换固定画面序号选择“1（首页）”；按钮的形状和颜色根据需要进行设置。设置完毕后单击“确定”按钮即可。

适当整理画面，使各个器件排列整齐美观，操作界面制作完成，设计效果图如图 6-37 所示。

3）数据传输。数据的下载和上载传输是指将制作完成的画面工程下载到 GOT 或将 GOT 中的数据上载到计算机，操作步骤如下：

① 通信设置。单击“通信”→“通信设置”，显示“通信设置”对话框，如图 6-38 所示。设置通信端口（计算机实际所用端口）并设置超时时间，单击“确定”按钮即可。设置完成后，可进行通信测试。

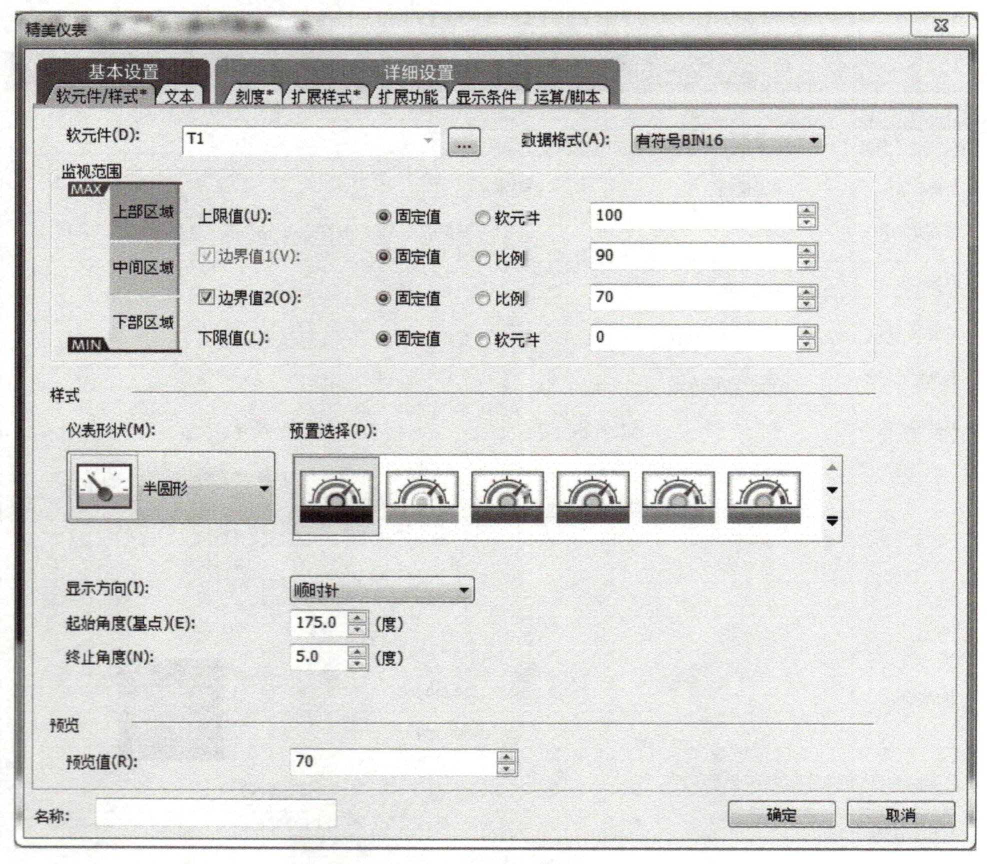

图 6-36 “精美仪表”对话框

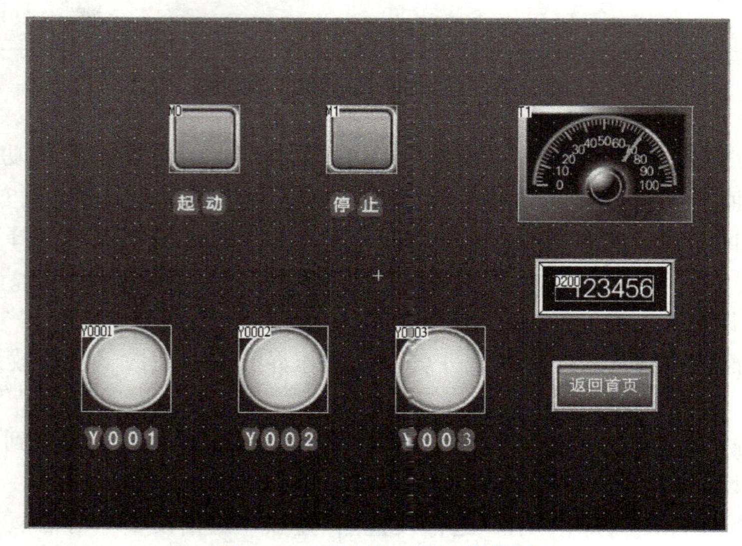

图 6-37 操作界面设计效果图

② 与 GOT 通信。单击“通信”→“写入到 GOT”，显示如图 6-38 所示“通信设置”对话框，进行参数设置后单击“确定”按钮，显示“与 GOT 的通信”对话框，如图 6-39

所示。单击“GOT 写入”标签，可以对计算机侧、GOT 侧相关数据进行设置，设置完成后，单击“GOT 写入”按钮，即可完成数据下载功能。值得注意的是，“与 GOT 的通信”对话框中单击“GOT 读取”“GOT 校验”标签，可以实现数据上载与 GOT 校验功能。此外，在“通信”菜单中，单击“从 GOT 读取”或“与 GOT 校验”菜单选项，进行“通信设置”对话框参数设置后，均可以显示“与 GOT 的通信”对话框。

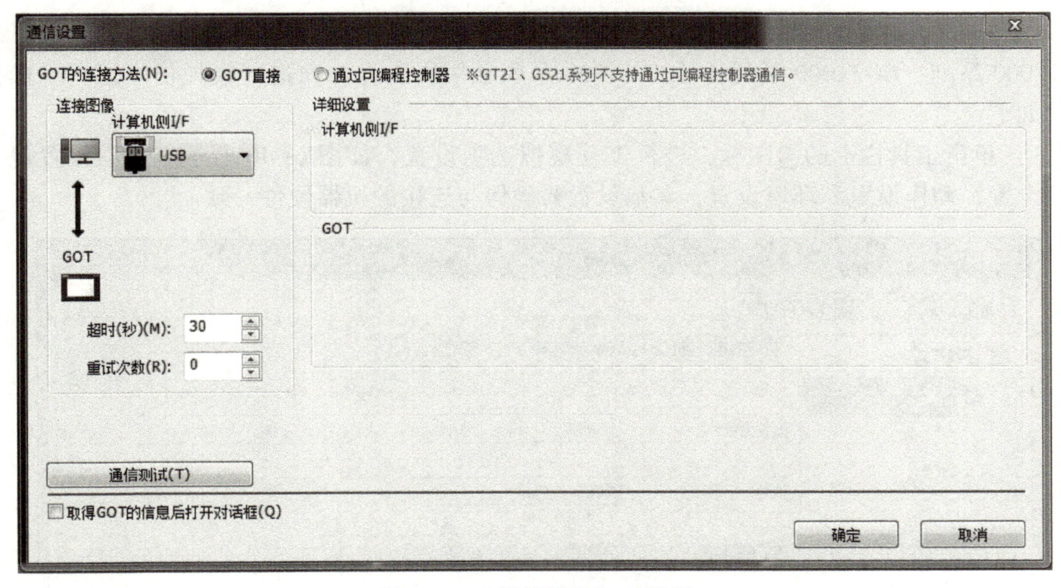

图 6-38 “通信设置”对话框

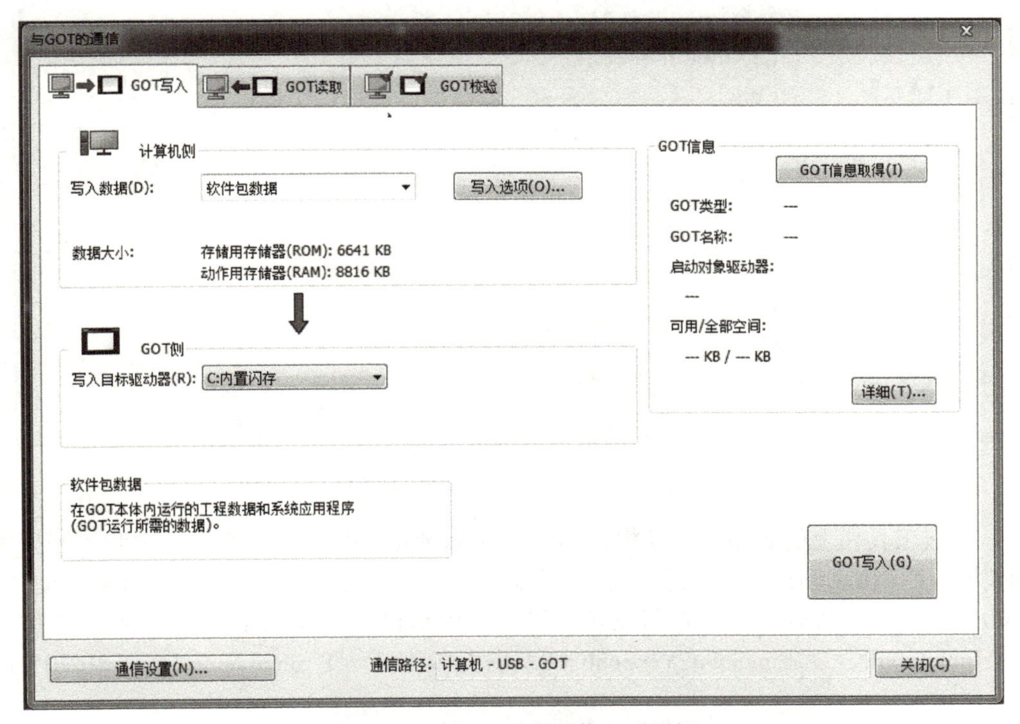

图 6-39 “与 GOT 的通信”对话框

4）创建工程保存。GT Designer3 组态软件所创建工程文件保存步骤如下：

① 单击“工程”→“另存为”，显示“另存为”对话框。

② 选择保存路径，设置文件名。

③ 单击“保存”按钮，保存工程文件。

3. 画面仿真调试

GT Simulator3 是 GOT 模拟仿真软件，可在没有连接 PLC 或其他设备的情况下，对 GOT2000 系列、GOT1000 系列和 GOT-A900 系列触摸屏工程画面进行模拟仿真运行。操作步骤如下：

1）单击工具栏上的图标，进行工程模拟选项设置，如图 6-40 所示。选项设置包括通信设置、动作设置和环境设置，参数设置要确保与连接的机器硬件一致。

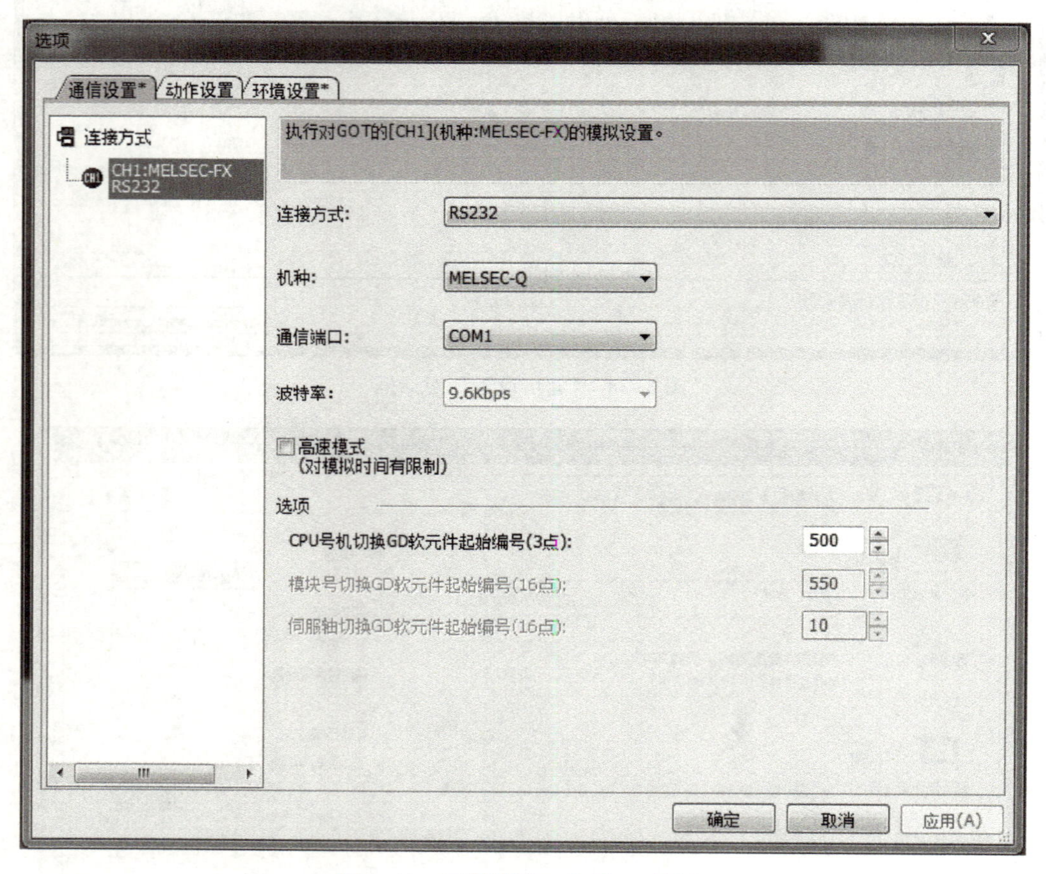

图 6-40　工程模拟“选项”对话框

2）单击工具栏上的图标起动模拟器，其仿真界面如图 6-41 所示。按照控制要求进行控制功能模拟仿真调试，直至全部满足控制要求为止。值得注意的是，当需要使用 GT Simulator3 模拟仿真功能，且无外围设备连接时，计算机应安装以下任意一种 PLC 仿真软件：GX Simulator2、GX Simulator Version6. 00A 以上版本或 MT Simulator2 Version1. 70Y 以上版本。

3）要结束模拟仿真调试，可单击工具栏上的图标。

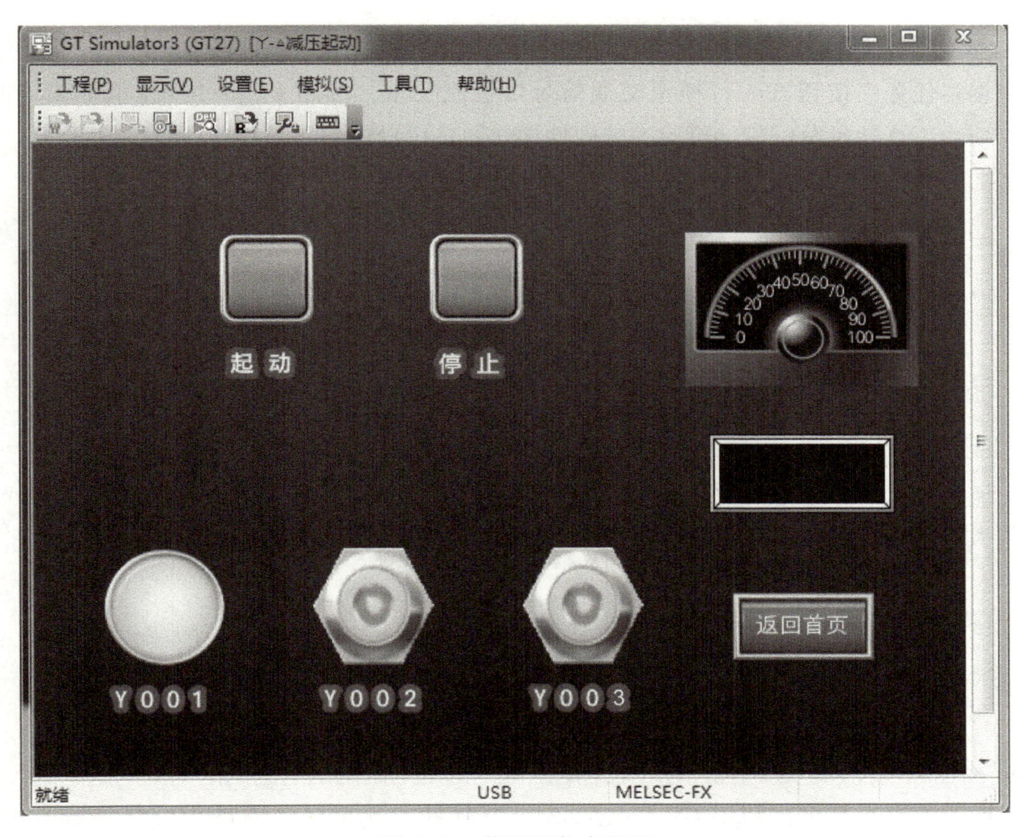

图6-41　模拟器仿真界面

【任务实施】

6.3.3　按钮式人行横道交通信号灯控制系统设计

1. I/O 地址分配

根据本任务中按钮式人行横道交通信号灯控制要求，选用 FX_{3U}-16MR 型 PLC 和 GT2710-VTBA 型触摸屏。PLC 和触摸屏的 I/O 地址分配表见表 6-7。

表 6-7　I/O 地址分配表

PLC I/O 地址分配				触摸屏 I/O 地址分配			
PLC 输入		PLC 输出		触摸屏输入		触摸屏输出	
软元件	功能说明	软元件	功能说明	软元件	功能说明	软元件	功能说明
X0	人行横道按钮	Y1	车道红灯	M21	人行横道按钮	Y1~Y3、Y5、Y6	交通信号灯指示
X1	人行横道按钮	Y2	车道黄灯	M22	人行横道按钮	T0~T3	定时时间动态显示
		Y3	车道绿灯				
		Y5	人行横道红灯				
		Y6	人行横道绿灯				

2. 硬件接线图设计

根据本任务中按钮式人行横道交通信号灯控制要求，选用 FX_{3U}-16MR 型 PLC。根据表 6-7 所示 I/O 地址分配表，可对系统硬件接线图进行设计，如图 6-42 所示。

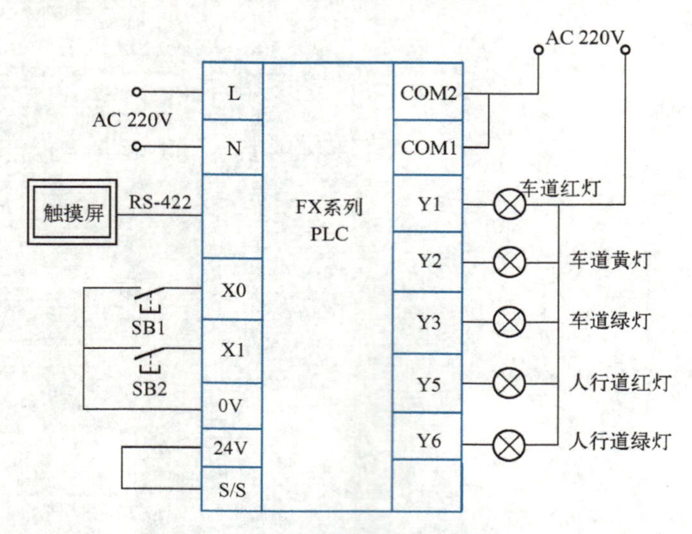

图 6-42 控制系统硬件接线图

3. 触摸屏组态设计

根据系统控制要求，利用 GT Designer3 组态软件对触摸屏画面进行设计，如图 6-43 所示。

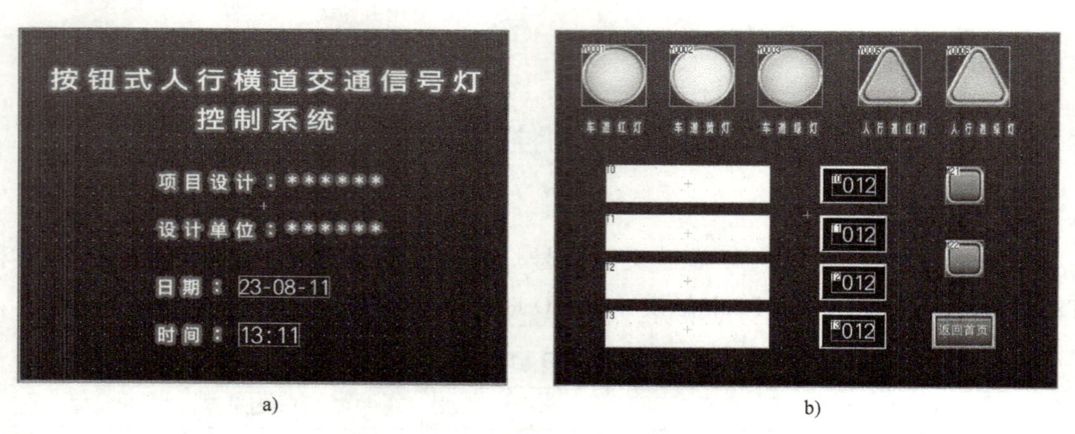

图 6-43 触摸屏组态设计

a）画面 1 b）画面 2

4. PLC 程序设计

根据控制要求，未按下按钮 SB1 或 SB2 时，人行道红灯和车道绿灯亮；按下按钮 SB1 或 SB2 时，人行道指示灯和车道指示灯按照图 6-14 所示时序图运行，它具有两个分支的并行流程。其状态转移图如图 6-44 所示，对应梯形图程序如图 6-45 所示。

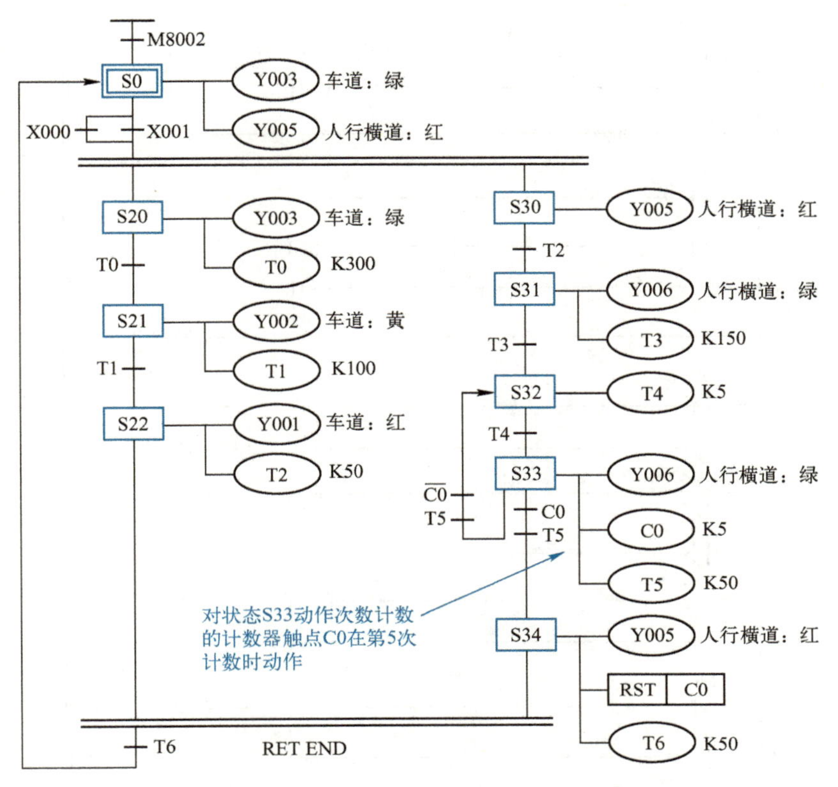

图 6-44　按钮式人行横道交通信号灯状态转移图

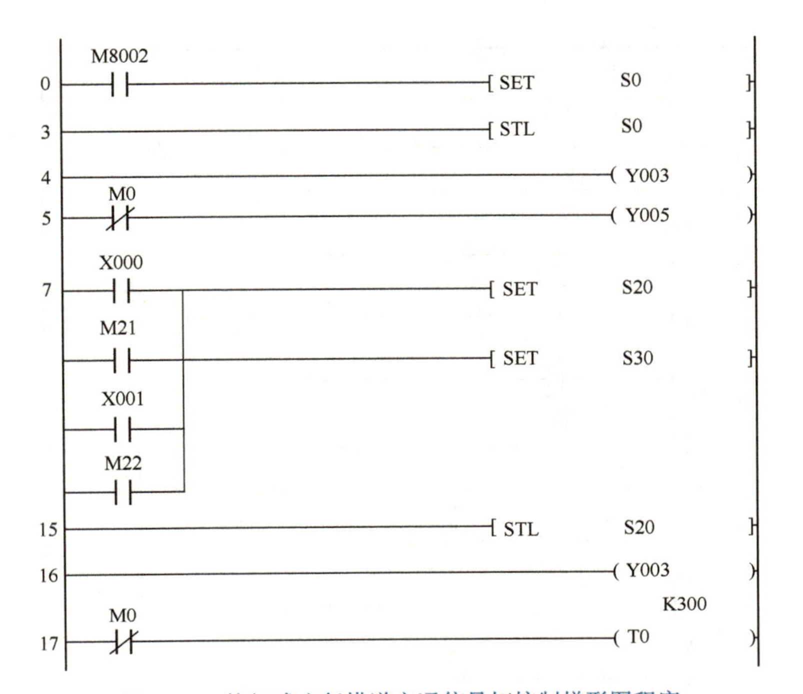

图 6-45　按钮式人行横道交通信号灯控制梯形图程序

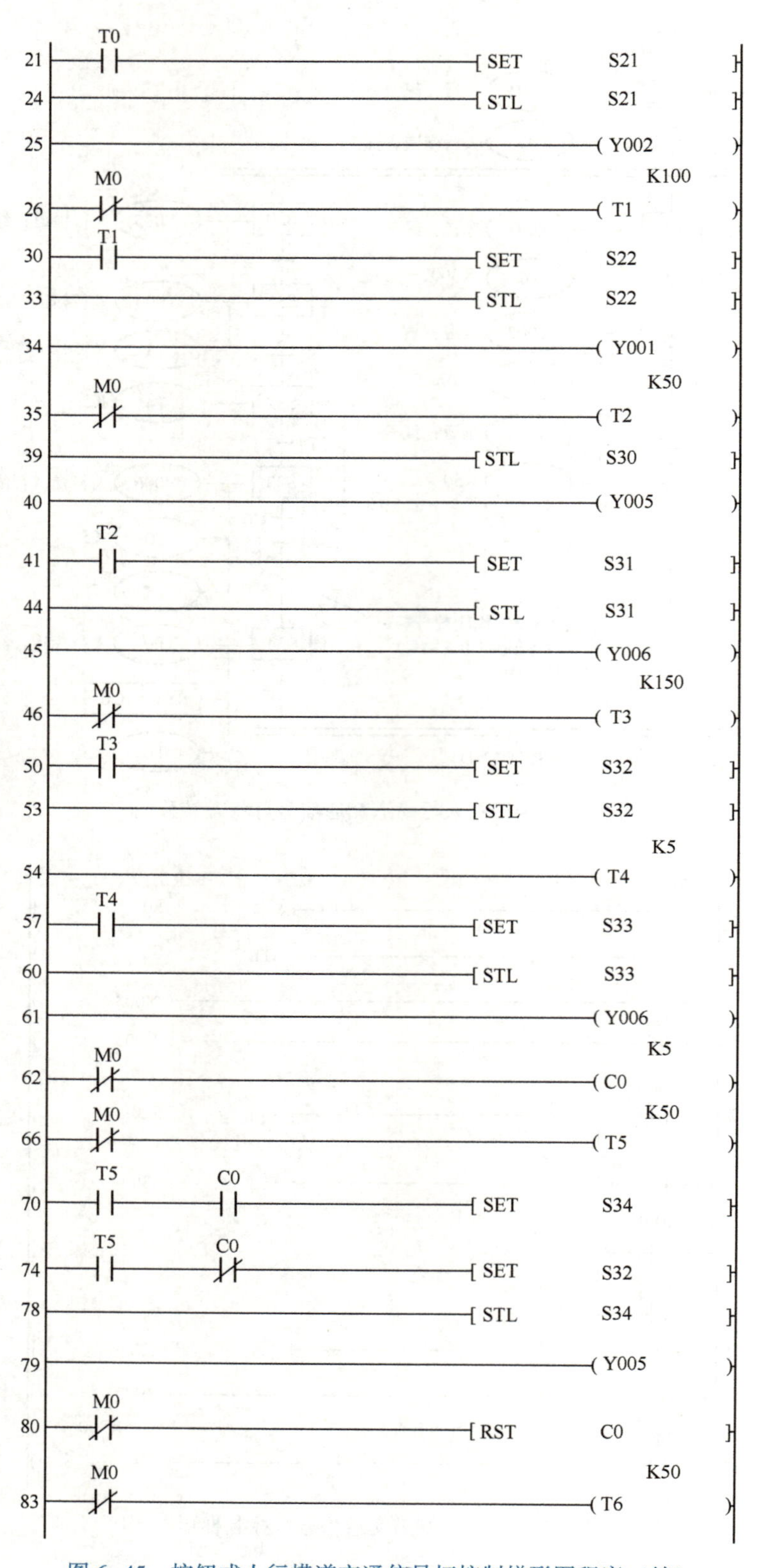

图 6-45 按钮式人行横道交通信号灯控制梯形图程序（续）

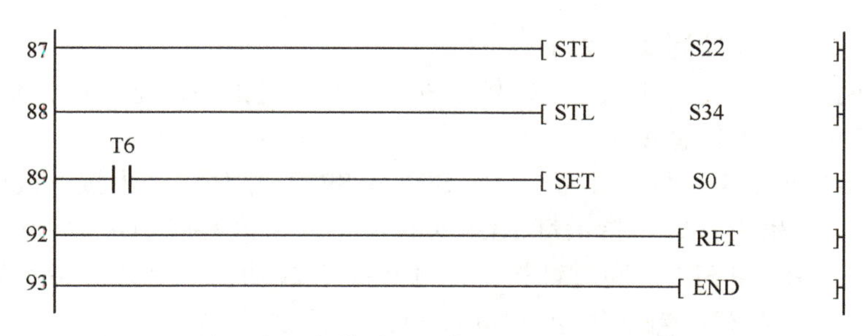

图 6-45 按钮式人行横道交通信号灯控制梯形图程序（续）

程序说明：

1）PLC 从 STOP→RUN 变换时，初始状态 S0 动作，车道信号为绿灯，人行横道信号为红灯。

2）按下触摸屏上的触摸键或人行横道按钮 SB1（或 SB2），则状态转移到 S20 和 S30，车道为绿灯，人行横道为红灯。

3）30 s 后，车道为黄灯，人行横道仍为红灯。

4）再过 10 s 后，车道变为红灯，人行横道仍为红灯。同时定时器 T2 开始计时，5 s 后 T2 触点接通，人行横道变为绿灯。

5）15 s 后，人行横道绿灯开始闪烁，0.5 s 闪烁一次。

6）闪烁中 S32、S33 反复循环工作，计数器 C0 设定值为 5，当循环达到 5 次时，C0 常开触点闭合，动作状态向 S34 转移，人行道变为红灯，其间车道仍为红灯，5 s 后返回初始状态。

7）在状态转移过程中，即使按动触摸屏触摸键或人行横道按钮 SB1（或 SB2）也无效。

5. 安装与调试

1）按图 6-42 所示控制系统硬件接线图接线并检查，确认接线正确。其中触摸屏的 RS-232C 通信端口与计算机连接，RS-422 通信端口与 PLC 相连。

2）利用 GX-Works2 软件编写如图 6-45 所示的梯形图程序，并将经仿真调试无误的控制程序下载至 PLC 中。

3）利用 GT-Works3 组态软件制作如图 6-43 所示的组态画面，并经与 PLC 联机仿真调试无误后下载到触摸屏中。写入后，观察触摸屏画面是否与计算机画面一致。

4）PLC 程序及触摸屏画面符合控制要求后再接通主电路试车，进行系统统调，直到完全满足系统控制要求为止。

研讨与训练

6.1 简述触摸屏的基本概念。

6.2 简述触摸屏的分类。

6.3 简述触摸屏的基本结构与工作原理。

6.4 简述触摸屏的典型应用与发展前景。

6.5 简述触摸屏的产品选型原则与应用注意事项。

6.6 设计一个知识竞赛抢答器控制系统，要求用 FX_{3U} 系列 PLC 和 GOT 2000 系列触摸屏进行控制和显示，具体控制要求如下。

1）儿童（两人）、学生（1 人）、专家（两人）共 3 组抢答，竞赛者若要回答主持人所提出的问题，需抢先按下抢答按钮。

2）为了给参赛儿童组优待，儿童两人（SB1 和 SB2）中任一个人按下按钮时均可抢答，“儿童”指示灯 HL1 和“彩灯”指示灯 HL4 同时点亮表示抢答成功；为了对专家组做一定限制，只有两人（SB4 和 SB5）同时都按下时才可抢答成功，“专家”指示灯 HL3 和“彩灯”指示灯 HL4 才能点亮；当学生组（SB3）抢先按下按钮时，“学生”指示灯 HL2 和“彩灯”指示灯 HL4 同时点亮表示抢答成功。

3）若在主持人按下开始按钮后 30 s 内有人抢答，则幸运彩灯点亮表示祝贺，同时触摸屏显示“恭喜你，抢答成功!”。否则，30 s 后显示“很遗憾！抢答失败!”，再过 3 s 后返回原显示主界面。

4）触摸屏可完成开始、介绍题目、返回、清零和加分等功能，并可显示各组的总得分。

5）触摸屏共有 5 个画面。其中画面 1 是系统上电后即进入的画面，在画面 1 上单击任何一个地方，即进入主画面 2。画面 2 是知识抢答的主画面，主持人按“介绍题目”对题目进行介绍后，按“开始抢答”按钮，开始一轮抢答，若有人在 30 s 内抢答，则“儿童”“学生”“专家”“彩灯”4 个指示灯中有两个指示灯会变成红色显示，同时自动跳转到抢答成功画面 4，5 s 后自动返回主画面 2；若无人抢答，则自动跳转到抢答失败画面 5，3 s 后自动返回主画面 2。按下画面 2 上的“介绍题目”按钮，则指示灯熄灭，按“加分”按钮，画面自动跳转到统计画面 3，同时给正确答案的队加 10 分，在画面 3 上用“数值显示”和“棒图”两种形式显示 3 队的得分情况。主持人按下“总分”按钮时，也进入画面 3，显示场上各队的得分情况。按画面 3 中的“返回”按钮，返回到主画面 2。

6.7　登录三菱电机自动化（中国）有限公司网站（www. mitsubishielectric-fa. cn），收集、学习如下资料。

1）《GOT2000 系列主机使用说明书（硬件）》。

2）《GOT2000 系列连接手册（三菱电动机连接）》。

项目 7

PLC、变频器与触摸屏综合控制系统设计

PLC 本质上是一种新型的工业控制计算机，其应用已从独立单机控制向多机链接的网络控制发展，也就是把 PLC 和计算机以及变频器、触摸屏等智能装置通过传输介质连接起来，以实现迅速、准确和实时的通信，从而构成功能强大、性能更好的自动控制系统。

通过本项目，可了解数据通信基本概念、数据传送方式以及通信接口标准，熟悉三菱 FX 系列 PLC 的通信功能、并联链接、N：N 链接以及 PLC 与变频器、触摸屏通信相关知识，并利用数据通信实现多地控制生产线、工业洗衣机控制功能。

任务7.1 多地控制生产线N:N通信网络控制系统设计

[知识目标]

1. 了解数据通信基本概念、数据传送方式以及串行通信接口标准。
2. 了解FX系列PLC的CC-Link网络、CC-Link/LT网络和AS-i网络通信功能。
3. 掌握FX系列PLC的并联链接、N:N链接通信技术。

[能力目标]

1. 能够进行多地控制生产线网络控制系统设计。
2. 能够根据网络控制系统控制要求选择并设置相关参数。
3. 能够进行多地控制生产线网络控制系统硬件接线，并利用实训装置进行联机调试。

【任务描述】

某工厂甲乙丙三地生产线各由一台FX_{3U}系列PLC进行控制，其中甲地PLC称为主站，乙地和丙地PLC称为从站。因生产需要，现三台PLC之间通过FX_{3U}-485-BD和N:N链接网络功能进行数据通信，要求实现以下功能：

1）通过M1000~M1003，利用主站的X000~X003控制1号从站的Y010~Y013。

2）通过M1064~M1067，利用1号从站的X000~X003控制2号从站的Y014~Y017。

3）通过M1128~M1131，利用2号从站的X000~X003控制主站的Y020~Y023。

4）主站的数据寄存器D1为1号从站的计数器C1提供设定值。C1的触点状态由M1070映射到主站的Y5输出点。

使用三菱FX_{3U}系列PLC和FX_{3U}-485-BD通信模块实现此控制功能，完成PLC软、硬件设计以及联机调试。

[任务要求]

1. 利用三菱FX_{3U}系列PLC进行多地控制生产线网络控制系统软、硬件设计。
2. 根据控制要求利用FX_{3U}-485-BD通信模块连接三台PLC。
3. 正确连接输入、输出电路，进行仿真、联机仿真。
4. 联机调试。

[任务环境]

1. 两人一组，根据工作任务进行合理分工。
2. 每组配备FX_{3U}系列PLC、FX_{3U}-485-BD通信模块实训装置一套。
3. 每组配备若干导线、工具等。

[考核评价标准]

1. 说明

1）本评价标准根据中国人力资源和社会保障部职业技能鉴定中心的《电工职业技能标准》编制。

2）任务考核评价由指导教师组织实施，指导教师可自行制定具体任务评分细则。

3）任务考核评价可根据任务实施情况，引入学生互评。

2. 考核评价标准

任务考核评价标准见表 7-1。

表 7-1　任务考核评价标准

评价内容	序号	项目配分	考核要求	评分细则	扣分	得分
职业素养与操作规范（50 分）	1	工作前准备（5 分）	清点工具、仪表等	未清点工具、仪表等，每项扣 1 分		
	2	安装与接线（15 分）	按控制系统硬件接线图在配线板上正确安装、操作规范	① 未关闭电源开关，用手触摸带电线路或带电进行线路连接或改接，本项记 0 分 ② 线路布置不整齐、不合理，每处扣 2 分 ③ 损坏元件扣 5 分 ④ 接线不规范造成导线损坏，每根扣 5 分 ⑤ 不按接线图接线，每处扣 2 分		
	3	梯形图输入与调试（20 分）	熟悉利用编程软件将梯形图下载到 PLC；按照被控设备的动作要求进行联机调试，达到控制要求	① 不能熟练操作软件输入程序，扣 10 分 ② 不会进行程序删除、插入和修改等操作，每项扣 2 分 ③ 不会联机下载调试程序，扣 10 分 ④ 调试时造成元件损坏或者熔断器熔断，每次扣 10 分		
	4	清洁（5 分）	工具摆放整洁；工作台面清洁	乱摆放工具、仪表，乱丢杂物，完成任务后不清理工位扣 5 分		
	5	安全生产（5 分）	安全着装；按维修电工操作规程进行操作	① 没有安全着装，扣 5 分 ② 出现人员受伤、设备损坏事故，考试成绩为 0 分		
操作（50 分）	6	功能分析（5 分）	能正确分析控制线路功能	功能分析不正确，每处扣 2 分		
	7	硬件接线图（10 分）	绘制硬件接线图	① 接线图绘制错误，每处扣 2 分 ② 接线图绘制不规范，每处扣 1 分		
	8	N:N 设计（10 分）	N:N 设计正确	N:N 链接设计错误，每处扣 2 分		
	9	梯形图（10 分）	梯形图正确、规范	① 梯形图功能不正确，每处扣 3 分 ② 梯形图画法不规范，每处扣 1 分		
	10	功能实现（15 分）	根据控制要求，准确完成控制系统的安装调试	不能达到控制要求，每处扣 5 分		
评分人：			核分人：		总分	

【关联知识】

7.1.1　认识数据通信

1. 数据通信概念

数据通信是依照一定的通信协议，利用数据传输技术在两个终端之间传递数据信息的一种通信方式和通信业务。它可实现计算机和计算机、计算机和终端以及终端与终端之间的数据信息传递。

数据通信时，按照同时传送的数据位数分类可以分为并行通信与串行通信。通常根据信息传送的距离决定采用哪种通信方式。

1）并行通信。通信时各数据位同时发送或接收。并行通信的优点是传送速度快，但由于一个并行数据有 n 位二进制数，就需要 n 根传输线，所以常用于近距离的通信，在远距离传送的情况下，采用并行通信会导致通信线路复杂、成本高。

2）串行通信。通信时所传送数据按顺序一位一位地发送或接收。串行通信的突出优点是仅需一根或两根传输线，故在长距离传送时通信线路简单、成本低。但与并行通信相比较，传送速度慢，故常用于长距离传送且对速度要求不高的场合。近年来串行通信在速度方面有了很快的发展，通信速率已可达到 Mbit/s 的数量级，因此串行通信技术在分布式控制系统中得到了广泛应用。

2. 数据传送方式

在通信线路上按照数据传送的方向可以将数据通信划分为单工、半双工和全双工通信方式，如图 7-1 所示。

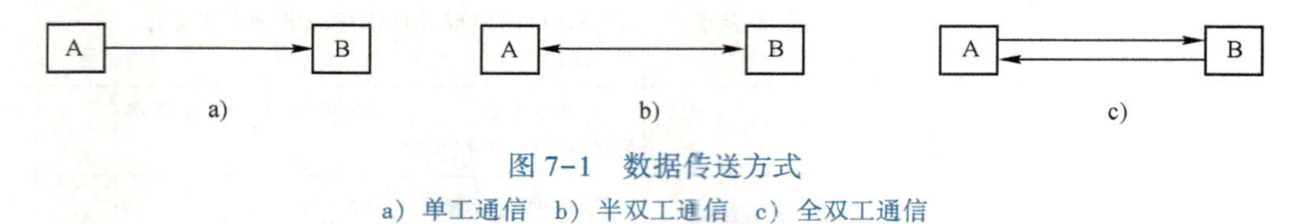

图 7-1　数据传送方式

a）单工通信　b）半双工通信　c）全双工通信

1）单工通信。指数据的传送始终保持同一个方向，而不能进行反向传送，如图 7-1a 所示。其中 A 端只能作为发送端发送数据，B 端只能作为接收端接收数据。

2）半双工通信。指数据可以在两个方向传送，但同一时刻只限于一个方向传送，如图 7-1b 所示。其中 A 端和 B 端都具有发送和接收的功能，但传送线路只有一条，某一时刻只能 A 端发送 B 端接收，或 B 端发送 A 端接收。

3）全双工通信。全双工通信方式能在两个方向上同时发送和接收数据，如图 7-1c 所示。其中 A 端和 B 端都可以一边发送数据，一边接收数据。

3. 串行通信接口标准

1）RS-232C 串行接口标准。RS-232C 是 1969 年由美国电子工业联合会（EIC）公布的串行通信接口标准，其既是一种协议标准，又是一种电气标准。RS-232C 规定了终端和通信设备之间信息交换的方式和功能，FX 系列 PLC 与计算机间的通信就是通过 RS-232C 标准接口来实现的。它采用按位串行通信的方式，在通信距离较短、波特率要求不高的场合可以直接采用，既简单又方便。但由于其接口采用单端发送、单端接收，因此在使用中有数据通信速率低、通信距离短和抗共模干扰能力差等缺点。RS-232C 可实现点对点通信，是目前 PC 应用最广泛的一种串行接口。

2）RS-422A 串行接口标准。RS-422A 是 1977 年由美国电子工业联合会制定的串行通信标准 RS-499 的子集。RS-422A 采用平衡驱动、差分接收电路，从根本上取消了信号地线，故抗干扰能力强。RS-422A 在最大传输速率 10 Mbit/s 时，允许的最大通信距离为 12 m；传输速率为 100 kbit/s 时，最大通信距离为 1200 m。一台驱动器可以连接 10 台接收器，可实现点对多通信。

3）RS-485 串行接口标准。RS-485 是从 RS-422A 基础上发展而来的，所以 RS-485 许多电气规定与 RS-422 相似，如采用平衡传输方式，都需要在传输线上接终端电阻器等。使用 RS-485 通信接口和双绞线可组成串行通信网络，构成分布式系统，系统中最多可有 32 个站，新的接口器件已允许连接 128 个站。

RS-232C、RS-422A 和 RS-485 三种串行接口标准主要性能指标见表 7-2。

表 7-2　三种串行接口标准主要性能指标

接口标准	逻辑形式	抗干扰能力	传输介质	传送方向	传输方式	最大传输距离	最大传输速率
RS-232C	负逻辑	弱	扁平或多芯电缆	全双工	单端	15 m	20 kbit/s
RS-422A	正逻辑	强	2 对双绞线	全双工	差分	1219 m	10 Mbit/s
RS-485	正逻辑	强	一对双绞线	半双工	差分	1219 m	10 Mbit/s

计算机目前都有 RS-232C 通信端口（不含笔记本计算机），三菱 FX 系列 PLC 采用 RS-422A 通信端口，三菱 FR 变频器采用 RS-422A 通信端口。GOT2000 系列触摸屏有两个通信端口，一个采用 RS-232C，另一个采用 RS-422A/485。

7.1.2　认识 FX 系列 PLC 通信功能

FX 系列 PLC 具有很强的通信功能，通过通信用功能扩展板、适配器和通信模块等可以实现与其他 PLC、变频器、触摸屏和计算机之间的通信。FX 系列 PLC 可以通过 CC-link、CC-link/LT 和 AS-i 等网络进行通信，还可以采用无协议方式进行通信。本项目仅对 FX 系列 PLC 通信功能进行简单介绍，详细的情况见《FX 系列微型可编程控制器用户手册（通信篇）》。

1. CC-Link 网络

CC-Link 是基于串行通信的 CC-Link 协议，主要用于连接工厂自动化设备和控制系统，具有高速、可靠、灵活、安全和易扩展等特点，已经成为现代工业自动化领域中最受欢迎的通信协议之一。

CC-Link 采用主/从结构，由一个主站和多个从站组成。主站负责管理整个网络，向从站分配操作指令和读取数据；从站则负责执行主站下达的任务，并将运行状态和数据返回给主站。

具有 FX_{3U}-16CCL-M 主站模块的 FX 系列 PLC 可以作主站，最多可以连接 8 台远程 I/O 站和 8 台远程设备站+智能设备站。网络中还可以连接三菱和其他厂家符合 CC-Link 通信标准的产品，例如变频器、AC 伺服装置、传感器和电磁阀等，FX_{3S}不支持 CC-Link。利用 FX_{3U}-16CCL-M 为主站的 CC-Link 系统如图 7-2 所示。

值得注意的是，三菱的大中型 PLC（MELSEC A 和 QnA）作为主站的 CC-Link 中，FX 系列 PLC 可以作远程设备站。在 MELSEC Q 系列 PLC 作为主站的 CC-Link 中，FX 系列 PLC 可以作远程设备站和智能设备站。CC-Link 通信所使用的物理层为 RS-485，可支持最多 64 个节点，最高传输速率为 10 Mbit/s，总的通信距离最大 1200 m（与传输速率无关）。

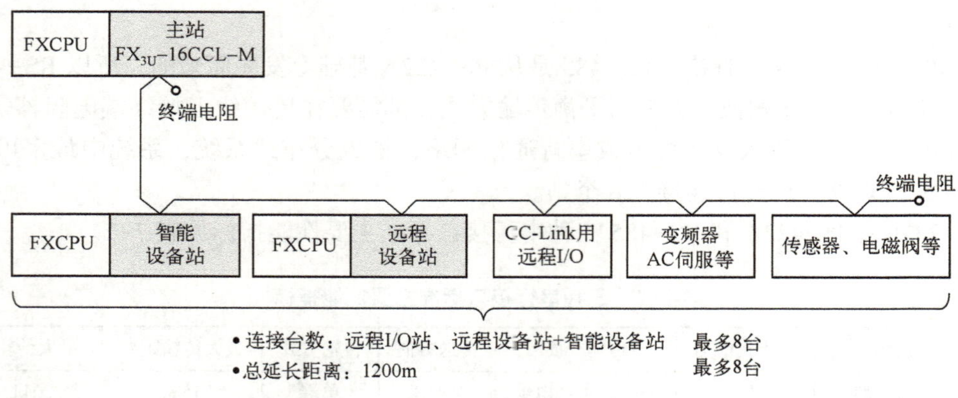

图 7-2 FX_{3U}-16CCL-M 为主站的 CC-Link 系统

2. CC-Link/LT 网络

CC-Link/LT 是基于串行通信的 CC-Link/LT 协议，属于轻量级 CC-Link 协议，主要应用于连接低成本、低功耗的设备。同时，CC-Link/LT 和 AS-i 也都属于 I/O 链接网络。FX_{2N}-64CL-M 是 CC-Link/LT 网络的主站模块，它可以连接 64 个远程 I/O 站，主干线最大长度为 500 m，最大链接点数为 256 点（包括 PLC 的 I/O 点），最高传输速率为 2.5 Mbit/s。利用 FX_{2N}-64CL-M 为主站的 CC-Link/LT 系统如图 7-3 所示。

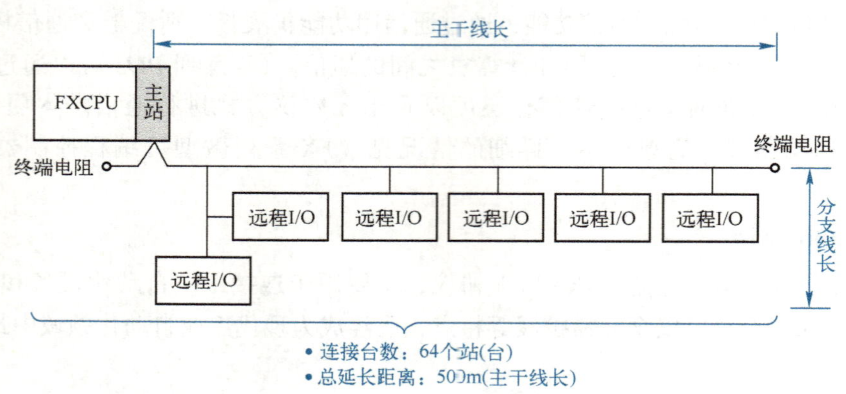

图 7-3 FX_{2N}-64CL-M 为主站的 CC-Link/LT 系统

3. AS-i 网络

AS-i（执行器传感器接口）网络是用于现场自动化设备的双向数据通信网络，位于工厂自动化网络的最底层，是自动化技术中一种最简单、成本最低的解决方案，已被纳入 IEC62026 标准。AS-i 响应时间小于 5 ms，使用未屏蔽的双绞线，由总线提供电源。FX_{2N}-32ASI-M 是 AS-i 网络的主站模块，最长通信距离为 100 m，使用两个中继器可以扩展到 300 m，传输速率为 167 kbit/s，该模块最多可以连接 31 个从站，占用 8 个 I/O 点。AS-i 具有自动分配地址的功能，能方便地更换有故障的模块。利用 FX_{2N}-32ASI-M 为主站的 AS-i 系统如图 7-4 所示。

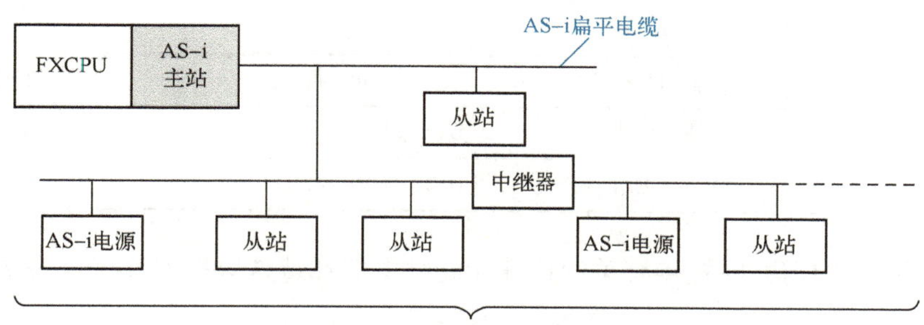

图 7-4　FX_{2N}-32ASI-M 为主站的 AS-i 系统

7.1.3　认识并联链接与 N:N 链接

1. 并联链接

并联链接是指使用 RS-485 的通信适配器或功能扩展板，实现同一子系列的两台 FX 系列 PLC 之间的信息自动交换。其中一台 PLC 作为主站，另一台作为从站。不需要用户编写通信程序，只需设置与通信相关的参数，两台 PLC 之间就可以自动地传输数据。FX 系列 PLC 并联链接（普通模式）通信发送、接收软元件数据关系如图 7-5 所示。

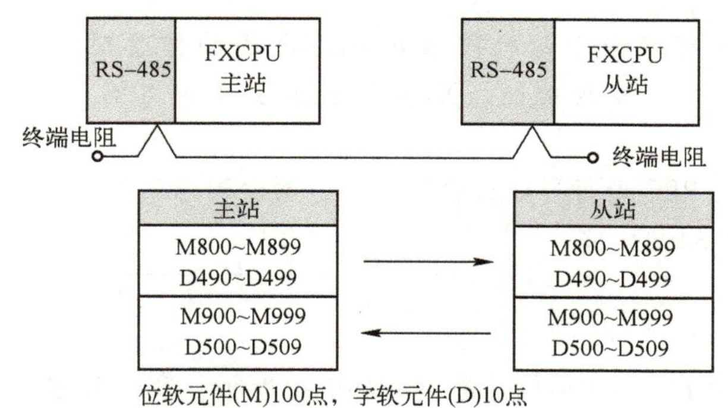

图 7-5　并联链接（普通模式）通信发送、接收软元件数据关系

由图 7-5 可知，主站 M800～M899、D490～D499 发送的数据，被从站同样地址的软元件接收。反之，从站 M900～M999、D500～D509 发送的数据，被主站同样地址的软元件接收。

并联链接有普通模式与高速模式两种链接模式，通过特殊辅助继电器 M8162 进行设置，根据链接模式的不同，链接软元件的类型和点数不同，见表 7-3。

表 7-3　并联链接的链接模式

链接模式	通信设备	软元件	通信时间
普通模式（M8162 为 OFF）	主站→从站	M800～M899（100 点） D490～D499（10 点）	70 ms+主站扫描时间+从站扫描时间
	从站→主站	M900～M999（100 点） D500～D509（10 点）	

（续）

链接模式	通信设备	软元件	通信时间
高速模式 （M8162为ON）	主站→从站	D490、D491（2点）	20 ms+主站扫描时间+从站扫描时间
	从站→主站	D500、D501（2点）	

FX_{3U}系列PLC中与并联链接有关的特殊功能继电器和特殊数据寄存器见表7-4。

表7-4 并联链接关联的特殊功能继电器和特殊数据寄存器

软元件	功能
M8070	为ON时，PLC作为并联链接的主站
M8071	为ON时，PLC作为并联链接的从站
M8072	PLC运行在并联链接时为ON
M8073	在并联链接时，M8070和M8071中任何一个设置出错时为ON
M8162	为OFF时为普通模式；为ON时为高速模式
D8070	并联链接的监视时间，默认值为500 ms

应用技巧：

1）并联链接可以用于两台同系列PLC之间的信息交换。如果为不同系列的PLC，建议使用N:N链接功能。N:N链接最多支持8台PLC的链接，便于功能扩展。

2）FX_{3U}系列PLC进行并联链接通信时，两台同系列PLC均需要配置FX_{3U}-485-BD等通信模块并相互连接。

2. N:N链接

N:N链接是指使用RS-485通信适配器或功能扩展板，实现最多8台FX系列PLC之间信息的自动交换。其中一台PLC作为主站，其余的为从站。数据是自动传输的，通过对指定共享数据区中的软元件刷新，在各PLC之间自动地进行数据通信。FX系列PLC的N:N链接（模式2）通信发送、接收软元件数据关系如图7-6所示。

由图7-6可知，主站（0号站）M1000~M1063、D0~D7发送的数据，被其他从站同样地址的软元件接收。反之，从站（7号站）M1448~M1511、D70~D77发送的数据，被主站同样地址的软元件接收。

根据要链接的点数，N:N链接刷新范围有三种模式可以选择。三种模式相关的通信软元件见表7-5，主要区别在于所进行通信的位信息、字信息通信量不同。

由表7-5可见，N:N链接中的每台PLC的辅助继电器和数据寄存器中分别有一片系统指定的共享数据区。对于某一台PLC来说，分配给它的共享数据区的数据自动地传送到别的站的相同区域，分配给其他PLC的共享数据区中的数据是别的站自动传送来的。每台PLC就像读取自己内部的数据区一样，使用别的站自动传来的数据。

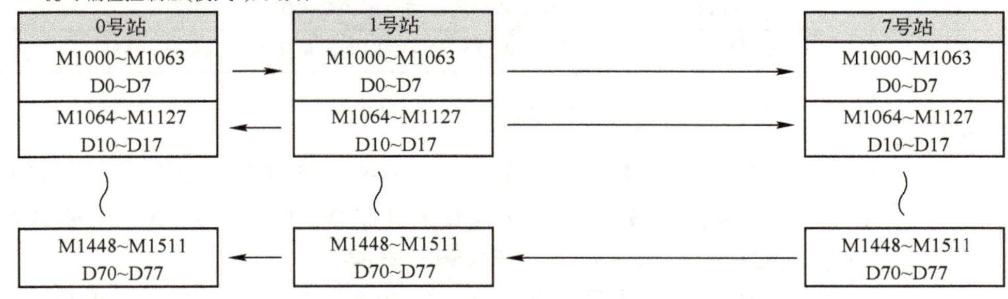

图 7-6　N:N 链接（模式 2）通信发送、接收软元件数据关系

表 7-5　N:N 链接刷新范围模式

站号		模式 0		模式 1		模式 2	
		位软元件（M）	字软元件（D）	位软元件（M）	字软元件（D）	位软元件（M）	字软元件（D）
		0 点	各站 4 点	各站 32 点	各站 4 点	各站 64 点	各站 8 点
主站	站号 0	—	D0～D3	M1000～M1031	D0～D3	M1000～M1063	D0～D7
从站	站号 1	—	D10～D13	M1064～M1095	D10～D13	M1064～M1127	D10～D17
	站号 2	—	D20～D23	M1128～M1159	D20～D23	M1128～M1191	D20～D27
	站号 3	—	D30～D33	M1192～M1223	D30～D33	M1192～M1255	D30～D37
	站号 4	—	D40～D43	M1256～M1287	D40～D43	M1256～M1319	D40～D47
	站号 5	—	D50～D53	M1320～M1351	D50～D53	M1320～M1383	D50～D57
	站号 6	—	D60～D63	M1384～M1415	D60～D63	M1384～M1447	D60～D67
	站号 7	—	D70～D73	M1448～M1479	D70～D73	M1448～M1511	D70～D77

N:N 链接的设置只有在程序运行或 PLC 启动时才有效。除了站号，其余参数均由主站设置。D8178 设置的刷新范围模式适用于 N:N 链接中所有的工作站。使用 FX_{3G} 和 FX_{3U}/FX_{3UC}时，用 M8179 设定使用的串行通信的通道。表 7-6 为 N:N 链接关联特殊软元件。

表 7-6　N:N 链接关联特殊软元件

软元件	名　　称	功　　能	初始值
M8038	参数设定	设定通信参数用的指标位	
M8179	通道设定	M8179 为 ON 时使用通道 2，通道 1 不使用 M8179	
M8183	主站数据传送序列错误	主站发生数据传送序列错误时为 ON	
M8184～M8190	从站数据传送序列错误	1～7 号从站发生数据传送序列错误时为 ON	

（续）

软元件	名　称	功　能	初始值
M8191	正在执行数据传送序列	正在执行 N:N 数据传送序列时为 ON	
D8176	站号设定	主站为 0，从站为 1~7	0
D8177	从站个数	要进行通信的从站个数（1~7）	7
D8178	刷新范围模式	相互进行通信的软元件点数的模式（0~2）	0
D8179	重试次数	通信出错时的自动重试次数（0~10）	3
D8180	监视时间	用于判断通信异常的时间，单位为 10 ms（5~255）	5

应用技巧：

1）N:N 链接的设定程序必须从第 0 步 M8038 的常开触点开始编写，否则不能执行 N:N 链接通信功能。不要用程序或编程工具使 M8038 置为 ON。站号必须连续设置，若有重复或空的站号则不能进行正常通信链接。

2）FX3 系列 PLC 可以使用两个通道，使用通道 2 时，应使用 OUT 指令将 M8179 置为 ON。但是两个通道不要同时使用 N:N 链接或分别使用并联链接和 N:N 链接。

3）在主站的程序中，可以用 M8184~M8190 的常开触点控制指示故障从站的指示灯。

【任务实施】

7.1.4　多地控制生产线 N:N 通信网络控制系统设计

1. I/O 地址分配

根据本任务多地控制生产线 N:N 通信网络控制系统控制要求，选用生产线上 FX_{3U}系列 PLC 配备通信模块 FX_{3U}-485-BD 来实现该控制功能。PLC 的 I/O 地址分配见表 7-7（本任务中主站和从站 I/O 分配基本相同，在此只给出主站 I/O 地址分配表）。

表 7-7　I/O 地址分配表

输　入			输　出		
元器件代号	地址号	功能说明	元器件代号	地址号	功能说明
SB1	X000	1 号从站 M1 起动	HL1	Y005	1 号从站计数器状态指示
SB2	X001	1 号从站 M2 起动	KM1	Y020	主站 M1 控制
SB3	X002	1 号从站 M3 起动	KM2	Y021	主站 M2 控制
SB4	X003	1 号从站 M4 起动	KM3	Y022	主站 M3 控制
			KM4	Y023	主站 M4 控制

2. 硬件接线图设计

根据本任务多地控制生产线 N:N 通信网络控制系统控制要求以及表 7-7 所示 I/O 地址分配表，可对系统硬件接线图进行设计，如图 7-7 所示（本任务中主站和从站硬件接线图基本相同，在此只给出主站硬件接线图）。

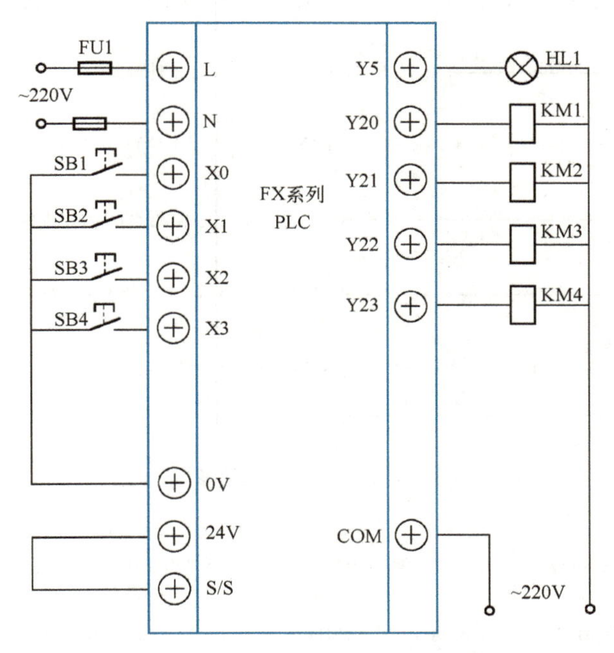

图 7-7　控制系统主站硬件接线图

3. PLC 程序设计

根据控制要求，主站和从站参考程序分别如图 7-8～图 7-10 所示。

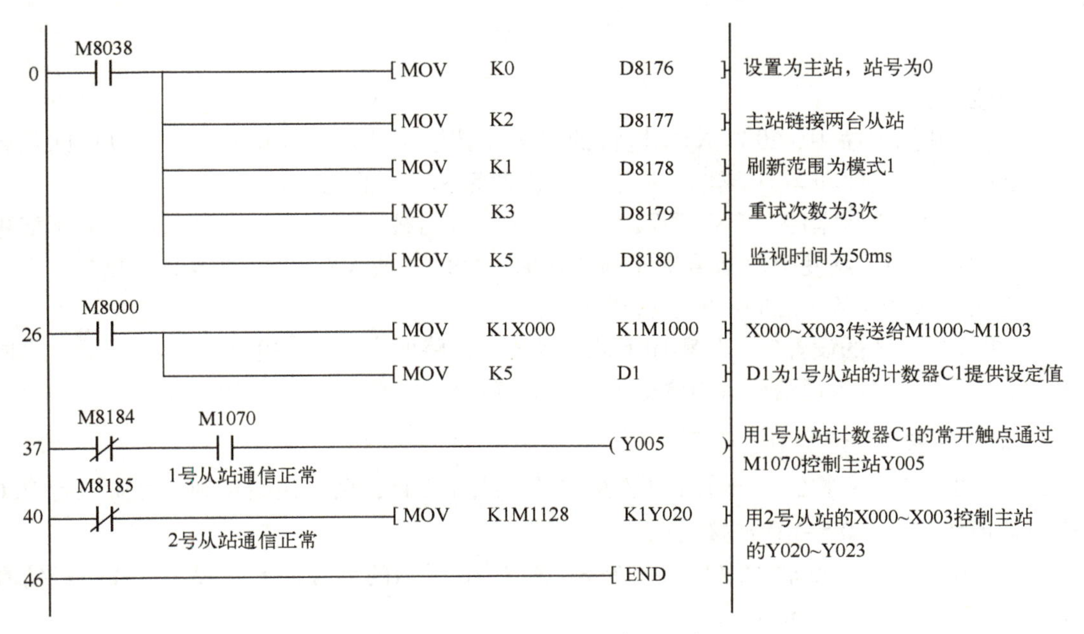

图 7-8　N:N 链接主站参考程序

M8038
0
MOV K1 D8176
设置为从站，站号为1
X001
6
RST C1
复位计数器C1
M8183 主站通信正常
9
MOV K1M1000 K1Y010
用主站的X000~X003控制1号从站的Y010~Y013
X000
D1
C1
主站通过D1为C1提供设定值
M8183 C1
19
M1070
C1触点状态传送给主站
M8185 2号从站通信正常
22
MOV K1X000 K1M1064
用1号从站的X000~X003控制2号从站的Y014~Y017
28
END

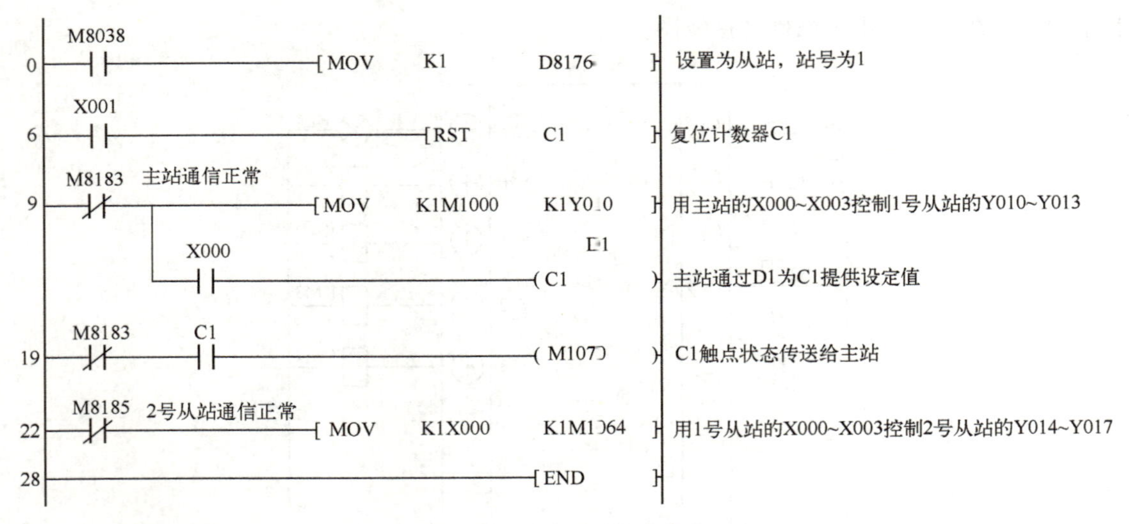

图 7-9 N:N 链接 1 号从站参考程序

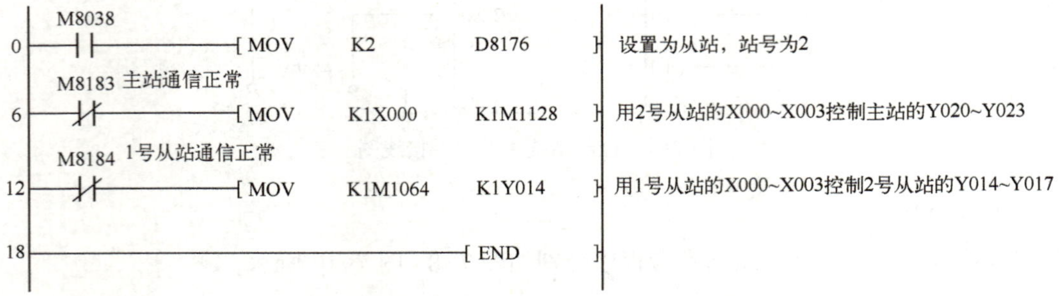

M8038
0
MOV K2 D8176
设置为从站，站号为2
M8183 主站通信正常
6
MOV K1X000 K1M1128
用2号从站的X000~X003控制主站的Y020~Y023
M8184 1号从站通信正常
12
MOV K1M1064 K1Y014
用1号从站的X000~X003控制2号从站的Y014~Y017
18
END

图 7-10 N:N 链接 2 号从站参考程序

程序说明：

1）在主站的程序中，设置 N:N 链接的参数。其中刷新范围为模式 1（可以访问每台 PLC 的 32 个位软元件和 4 个字软元件），重试次数为 3 次，监视时间为 50 ms。

2）当主站发生数据传送序列错误时，M8183 的常闭触点分断，主站与从站之间不能进行通信。同理，当从站发生数据传送序列错误时，M8184 或 M8185 的常闭触点分断，主站与从站之间、从站与从站之间不能进行通信。

3）更改了参数的设置后，将程序下载到各 PLC，将所有 PLC 的电源全部断开后，再同时上电。正常通信时各通信模块内置的 SD 和 RD LED（发光二极管）应闪烁。

4. 安装与调试

1）按图 7-7 所示控制系统主站硬件接线图接线并检查，确认接线正确。其中三台 PLC 通过通信模块 FX_{3U}-485-BD 连接。

2）利用 GX-Works2 软件编写如图 7-8～图 7-10 所示的参考梯形图程序，并将经仿真调试无误的控制程序下载至 PLC 中。

3）PLC 程序符合控制要求后再接通主电路试车，进行系统统调，直到完全满足系统控制要求为止。

任务 7.2　工业洗衣机控制系统设计

[知识目标]

1. 了解 PLC 与变频器、触摸屏的通信技术。
2. 掌握 PLC、变频器与触摸屏综合应用技术。
3. 掌握 PLC、变频器与触摸屏联机控制系统设计与调试方法。

[能力目标]

1. 能够利用 PLC、变频器与触摸屏应用技术进行工业洗衣机控制系统设计。
2. 能够根据控制系统控制要求选择 PLC、变频器与触摸屏通信模式。
3. 能够进行工业洗衣机控制系统硬件接线，并利用实训装置进行联机调试。

【任务描述】

某公司需要用 PLC、变频器和触摸屏设计一款工业洗衣机控制系统，控制流程如图 7-11 所示。

图 7-11 中，工业洗衣机的进水和排水分别由进水电磁阀和排水电磁阀执行。进水时，通过电控系统使进水电磁阀打开，经进水管将水注入外筒；排水时，通过电控系统使排水电磁阀打开，将水由外筒排出机外。洗涤正、反转由洗涤电动机驱动波盘正、反转实现，此时脱水筒（内筒）并不旋转。脱水时，通过电控系统将离合器合上，由洗涤电动机驱动脱水筒（内筒）正转进行甩干。高低水位开关分别用来检测高、低水位；起动按钮用来起动工业洗衣机工作；停止按钮用来停止工业洗衣机工作；排水按钮用来实现手动排水。工业洗衣机具体控制要求如下：

1）系统通电后，自动进入初始状态，准备起动。

2）按起动按钮开始进水，当水位到达高水位时，停止进水，并开始正转洗涤。正转洗涤 15 s，暂停 3 s，反转洗涤 15 s，暂停 3 s，此过程为一次小循环。若小循环次数不满 3 次，则返回洗涤正转，开始下一个小循环；若小循环次数达到 3 次，则开始排水。

3）当水位下降到低水位时，开始脱水并继续排水，脱水时间为 10 s，10 s 时间到，即完成一次大循环。若大循环次数未达到 3 次，则返回进水，开始下一次大循环；若大循环次数达到 3 次，则进行洗完报警。报警 10 s 后结束全部过程，自动停机。

4）洗衣机“正转洗涤 15 s”和“反转洗涤 15 s”过程，要求使用变频器驱动电动机，实现 3 段速运行，即先以 30 Hz 频率运行 5 s，接着变为 45 Hz 频率运行 5 s，最后以 25 Hz 频率运行 5 s。

5）脱水时的变频器输出频率为 50 Hz，设定其加速、减速时间均为 2 s。

6）通过触摸屏设定起动按钮、停止按钮，显示正反转运行时间、循环次数等参数。

使用三菱 FX_{3U} 系列 PLC、FR-E700 系列变频器与 GOT2000 系列触摸屏联机实现此控制功能，完成 PLC 软硬件设计、变频器参数设置与触摸屏组态设计以及联机调试。

[任务要求]

1. 利用三菱 FX_{3U} 系列 PLC 进行工业洗衣机控制系统软、硬件设计。
2. 根据控制要求进行变频器参数设置与触摸屏组态设计。

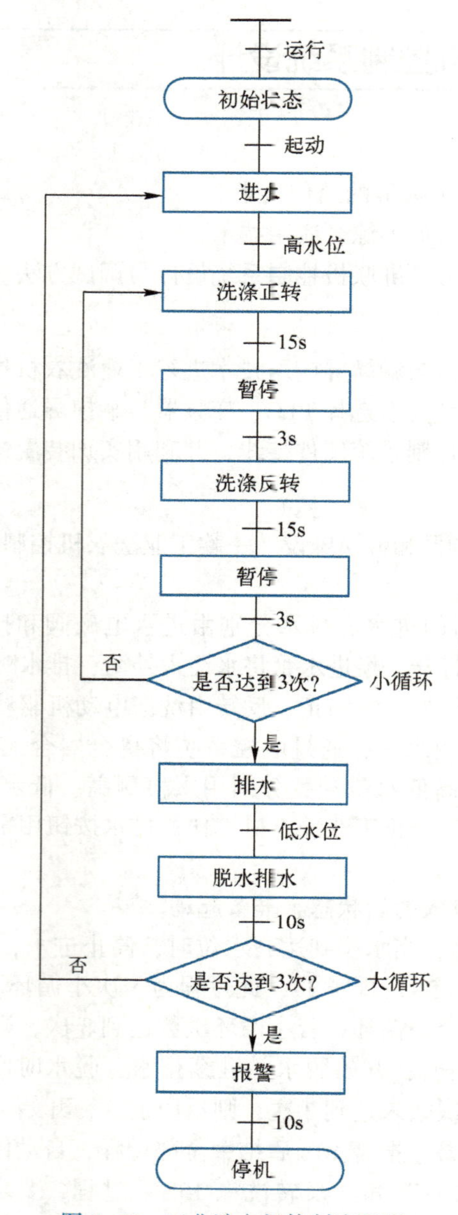

图 7-11　工业洗衣机控制流程图

3. 正确连接输入、输出电路，进行仿真、联机仿真。

4. 联机调试。

[任务环境]

1. 两人一组，根据工作任务进行合理分工。

2. 每组配备 FX_{3U} 系列 PLC、FR-E700 系列变频器与 GOT2000 系列触摸屏实训装置一套。

3. 每组配备若干导线、工具等。

[考核评价标准]

1. 说明

1）本评价标准根据中国人力资源和社会保障部职业技能鉴定中心的《电工职业技能标准》编制。

2）任务考核评价由指导教师组织实施，指导教师可自行具体制定任务评分细则。

3）任务考核评价可根据任务实施情况，引入学生互评。

2. 考核评价标准

任务考核评价标准见表 7-8。

表 7-8　任务考核评价标准

评价内容	序号	项目配分	考核要求	评分细则	扣分	得分
职业素养与操作规范（50 分）	1	工作前准备（5 分）	清点工具、仪表等	未清点工具、仪表等，每项扣 1 分		
	2	安装与接线（15 分）	按控制系统硬件接线图在模拟配线板上正确安装、操作规范	① 未关闭电源开关，用手触摸带电线路或带电进行线路连接或改接，本项记 0 分 ② 线路布置不整齐、不合理，每处扣 2 分 ③ 损坏元件扣 5 分 ④ 接线不规范造成导线损坏，每根扣 5 分 ⑤ 不按 I/O 接线图接线，每处扣 2 分		
	3	参数设定、画面设计、程序输入与调试（20 分）	熟练设定变频器参数；熟练操作 GT 组态软件进行画面设计；熟练操作编程软件，将所编写的程序输入 PLC；按照被控设备的动作要求进行模拟调试，达到控制要求	① 不会设定变频器参数，扣 10 分 ② 不会进行触摸屏画面设计，扣 10 分 ③ 不会熟练操作软件输入程序，扣 10 分 ④ 不会进行程序删除、插入和修改等操作，每项扣 2 分 ⑤ 不会联机下载调试程序扣 10 分 ⑥ 调试时造成元件损坏或者熔断器熔断每次扣 10 分		
	4	清洁（5 分）	工具摆放整洁；工作台面清洁	乱摆放工具、仪表，乱丢杂物，完成任务后不清理工位扣 5 分		
	5	安全生产（5 分）	安全着装；按维修电工操作规程进行操作	① 没有安全着装，扣 5 分 ② 出现人员受伤、设备损坏事故，考试成绩为 0 分		
操作（50 分）	6	功能分析（10 分）	能正确分析控制线路功能	能正确分析控制线路功能，功能分析不正确，每处扣 2 分		
	7	硬件接线图（5 分）	绘制 I/O 接线图	① 接线图绘制错误，每处扣 2 分 ② 接线图绘制不规范，每处扣 1 分		
	8	参数设定（5 分）	正确设定变频器参数	变频器参数设定错误，每处扣 2 分		
	9	画面设计（5 分）	正确设计触摸屏画面	触摸屏画面设计错误，每处扣 2 分		
	10	梯形图（10 分）	梯形图正确、规范	① 梯形图功能不正确，每处扣 3 分 ② 梯形图画法不规范，每处扣 1 分		
	11	功能实现（15 分）	根据控制要求，准确完成系统的安装调试	不能达到控制要求，每处扣 5 分		
评分人：			核分人：		总分	

【关联知识】

7.2.1 PLC与变频器的通信

本任务主要利用PLC与变频器联机解决实际问题，即变频器在PLC的控制下工作。在生产实践中，PLC与变频器的通信有三种方式：开关量通信、模拟量通信和RS-485通信。

1. 开关量通信

变频器有很多开关量端子，如正转、反转和多段转速控制端子等。在不使用PLC时，只要给这些端子外接开关就能对电动机进行正转、反转和多段转速控制。当变频器与PLC进行开关量通信后，PLC不但可通过开关量输出端子控制变频器开关量输入端子的输入状态，还可以通过开关量输入端子检测变频器开关量输出端子的状态。变频器与PLC的开关量通信连接如图7-12所示。

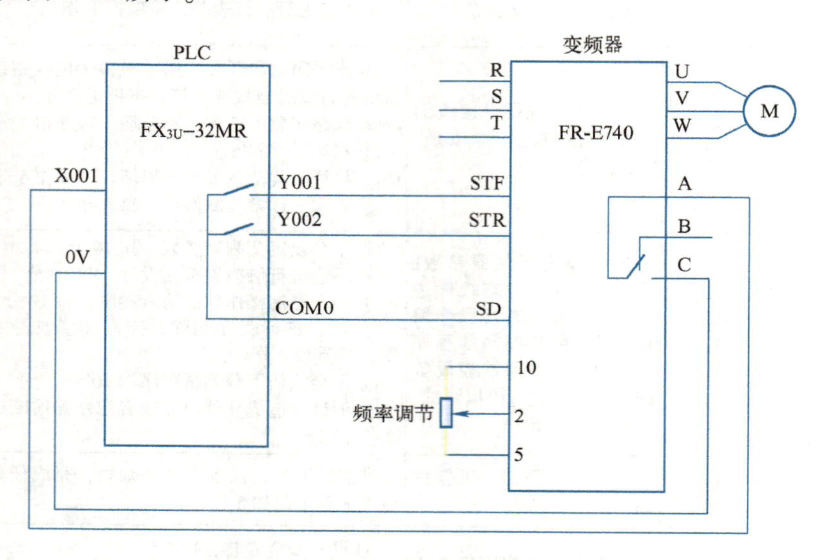

图7-12 变频器与PLC的开关量通信连接

由图7-12可见，当PLC程序运行使Y001主触点闭合时，相当于变频器的STF端子外部开关闭合，STF端子输入为ON，变频器驱动电动机正转，同理，当Y002主触点闭合时，变频器驱动电动机反转。调节10、2、5端子所接电位器改变端子2的输入电压，可以调节电动机的转速。如果变频器内部出现异常，A、C端子之间的内部触点闭合，相当于PLC的X001端子外部开关闭合，X001端子输入为ON。

2. 模拟量通信

变频器设置有电压和电流模拟量输入端子，改变这些端子的电压或电流可以调节电动机的转速。如果将这些端子与PLC的模拟量输出端子连接，就可以利用PLC控制变频器来调节电动机的转速。变频器与PLC的模拟量通信连接如图7-13所示。

图7-13中，由于三菱FX_{3U}-32MR型PLC无模拟量输出功能，需要连接模拟量输出模块（FX_{3U}-4DA），再将模拟量输出模块的输出端子与变频器的模拟量输入端子连接。当STF

端子外接开关闭合时，STF 端子输入为 ON，变频器驱动电动机正转，PLC 程序运行时产生的数据通过连接电缆送到模拟量输出模块，再转换成 0~5 V 或 0~10 V 的模拟电压送到变频器 2、5 端子，控制变频器的输出频率，从而实现电动机转速调节功能。

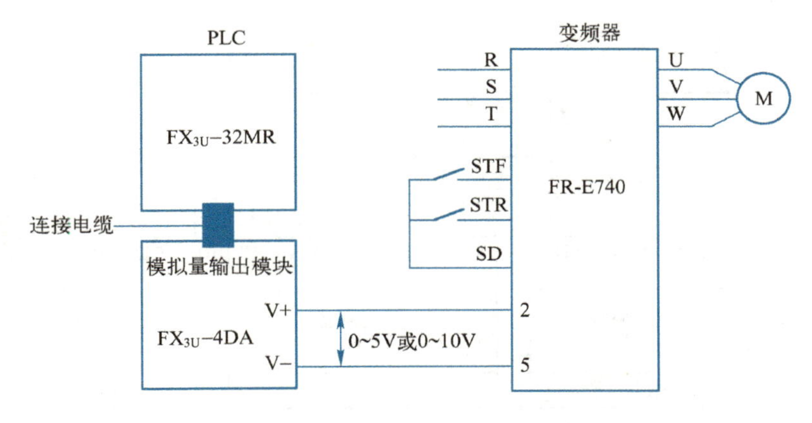

图 7-13　变频器与 PLC 的模拟量通信连接

3. RS-485 通信

通过 RS-485 和变频器通信协议，FX3 系列 PLC 最多可以与 8 台 FR 700 系列和 FR 800 系列变频器通信，变频器使用内置的 RS-485 通信端口。如果 PLC 使用 RS-485 通信模块，最大通信距离 50 m。如果使用 RS-485 通信适配器，最大通信距离 500 m。

（1）单台变频器与 PLC 的 RS-485 通信

单台变频器与 PLC 的 RS-485 通信如图 7-14 所示。

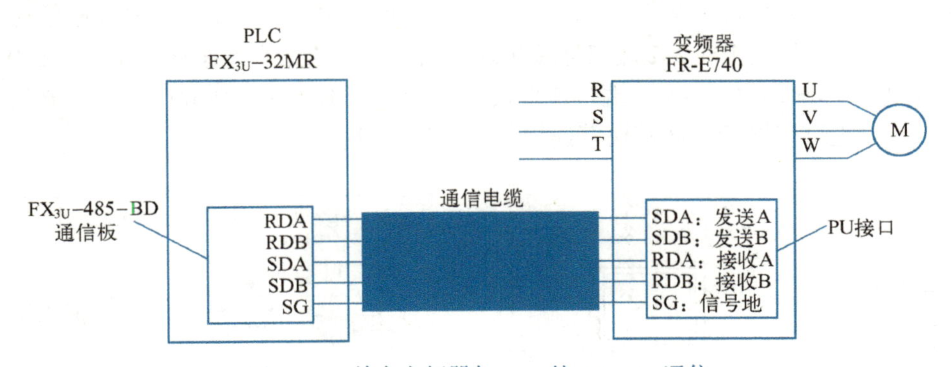

图 7-14　单台变频器与 PLC 的 RS-485 通信

由图 7-14 可知，进行通信时，需给 PLC 安装 FX_{3U}-485-BD 通信模块。在联机时，变频器需要卸下操作面板，将 PU 接口空出来用作 RS-485 通信，PU 接口与计算机网卡的 RJ-45 接口外形相同，但其端子功能定义不同。

（2）多台变频器与 PLC 的 RS-485 通信

多台变频器与 PLC 的 RS-485 通信如图 7-15 所示。

值得注意的是，FR-E700 系列变频器使用内置的 RS-485 端口，通常需要用变频器的操作面板为变频器设置下列参数：PU 通信站号、PU 通信速率、PU 通信停止位长/数据长、

PU 通信奇偶校验、PU 通信再试次数、PU 通信校验时间间隔、PU 通信等待时间设定、PU 通信有无 CR/LF 选择，根据需要还要设置一些其他参数。PLC 的参数设置必须设置成与变频器的设置一致，否则不能通信。

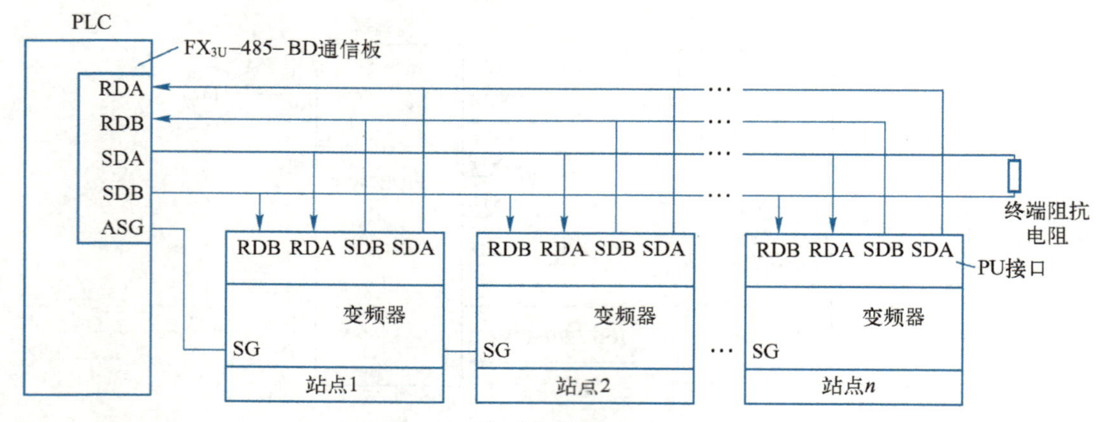

图 7-15　多台变频器与 PLC 的 RS-485 通信

FX_{3U}系列 PLC 包含变频器通信专用指令，包括变频器运转监视指令 IVCK、变频器运行控制指令 IVDR、读取变频器参数指令 IVRD、写入变频器参数指令 IVWR 和变频器参数成批写入指令 IVBWR 等。这些指令的应用技巧详见《FX_{3U}系列微型可编程控制器用户手册（硬件篇）》。

7.2.2　PLC 与触摸屏的通信

三菱 GOT2000 系列触摸屏有 RS-232、RS-422/485 两类通信端口。进行通信时，可将 RS-232 端口与计算机的 RS-232 端口连接实现通信，用于传送组态画面；RS-422/485 端口与 FX 系列 PLC 等设备的 RS-422 端口连接实现通信。GOT2000 系列触摸屏典型通信连接如图 7-16 所示，也可以选配扩展模块等连接其他的外部设备。

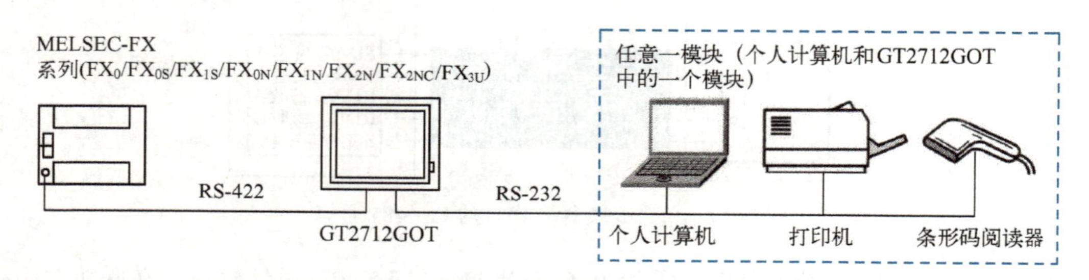

图 7-16　GOT2000 系列触摸屏典型通信连接

值得注意的是，三菱 GOT2000 系列触摸屏使用内置的 RS-422/485 端口与 FX 系列 PLC 进行通信时，需利用 GT-Works3 触摸屏编程软件对 PLC 型号、I/F、通信驱动程序等参数进行选择，根据需要还要设置一些其他参数。PLC 的参数设置必须设置成与触摸屏的设置一致，否则不能通信。

【任务实施】

7.2.3　工业洗衣机控制系统设计

1. I/O 地址分配

根据工业洗衣机控制要求，选用三菱 FX_{3U}-48MR 型 PLC、FR-E700 系列变频器与 GT2712 型触摸屏。PLC 和触摸屏的 I/O 地址分配见表 7-9。

表 7-9　I/O 地址分配表

PLC I/O 地址分配				触摸屏 I/O 地址分配			
PLC 输入		PLC 输出		触摸屏输入		触摸屏输出	
软元件	功能说明	软元件	功能说明	软元件	功能说明	软元件	功能说明
X0	起动按钮	Y0	进水电磁阀	M1	起动触摸键	T0	1 段速正转运行时间
X1	停止按钮	Y1	排水电磁阀	M2	停止触摸键	T1	2 段速正转运行时间
X2	排水按钮	Y2	脱水离合器			T2	3 段速正转运行时间
X3	高水位传感器	Y3	报警指示灯			T3	1 段速反转运行时间
X4	低水位传感器	Y4	运行信号（STF）			T4	2 段速反转运行时间
		Y5	运行信号（STR）			T5	3 段速反转运行时间
		Y6	RH（1 速）			C0	小循环次数
		Y7	RM（2 速）			C1	大循环次数
		Y10	RL（3 速）			M100	进水显示
						M101	排水显示
						M102	脱水显示
						M103	报警显示

2. 硬件接线图设计

根据工业洗衣机控制要求及 I/O 地址分配，可对控制系统硬件接线图进行设计，如图 7-17 所示。

3. 触摸屏组态画面设计

根据系统控制要求，利用 GT-Works3 组态软件对触摸屏画面进行设计，如图 7-18 所示。

4. 变频器参数设置

根据控制系统要求，需设定变频器的基本参数、操作模式选择参数和多段速度设定等参数，具体参数设定见表 7-10。

表 7-10　变频器参数设置表

参数编号	参数名称	设定值
Pr. 1	上限频率	50 Hz
Pr. 2	下限频率	0 Hz
Pr. 3	基准频率	50 Hz
Pr. 4	多段速度设定（1 速）	30 Hz
Pr. 5	多段速度设定（2 速）	45 Hz

（续）

参数编号	参数名称	设定值
Pr. 6	多段速度设定（3 速）	25 Hz
Pr. 7	加速时间	2 s
Pr. 8	减速时间	2 s
Pr. 9	电子过电流保护	电动机的额定电流
Pr. 79	运行模式选择	3

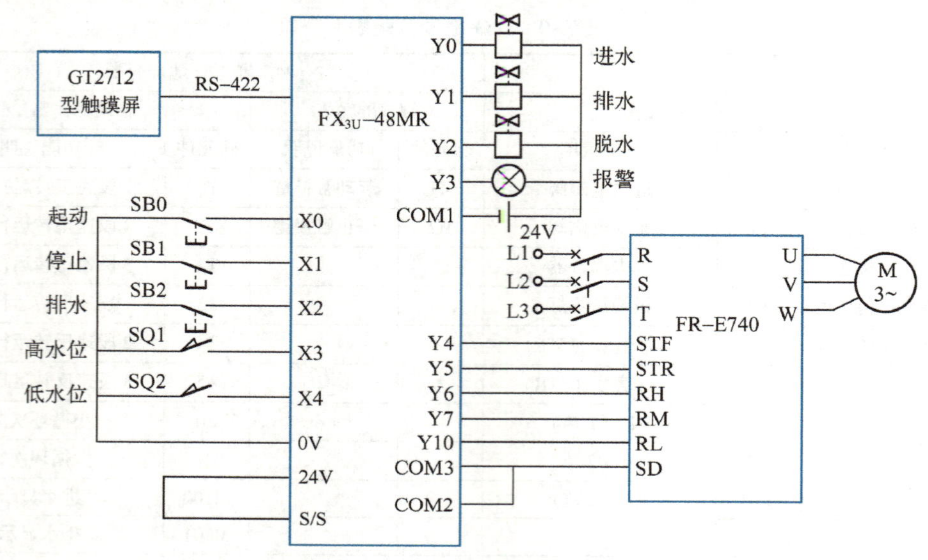

图 7-17　控制系统硬件接线图

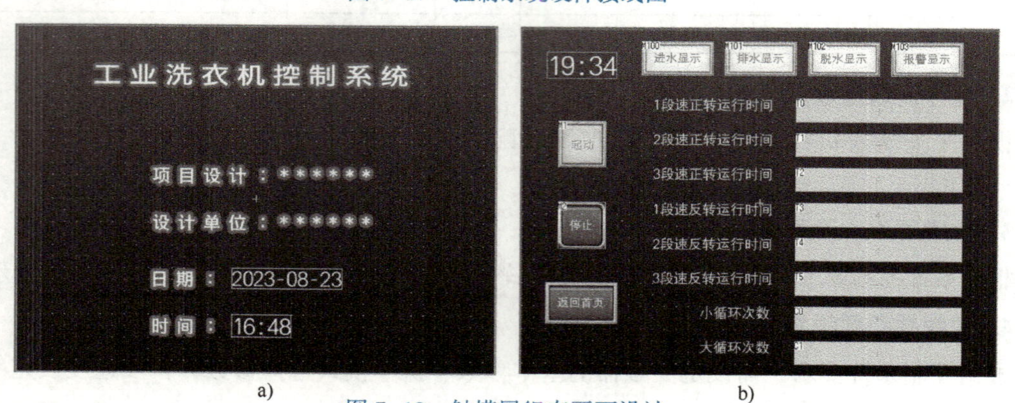

a)　　b)

图 7-18　触摸屏组态画面设计

a）首页画面　b）运行画面

5. PLC 程序设计

（1）SFC 设计

由如图 7-11 所示的控制系统流程图可知，工业洗衣机属于典型的顺序控制，可优先选择步进指令进行编程。根据系统控制要求和 I/O 地址分配表设计的 SFC 如图 7-19 所示。

（2）梯形图程序

利用 STL/RET 指令对图 7-19 所示 SFC 进行编程，其对应梯形图程序如图 7-20 所示。

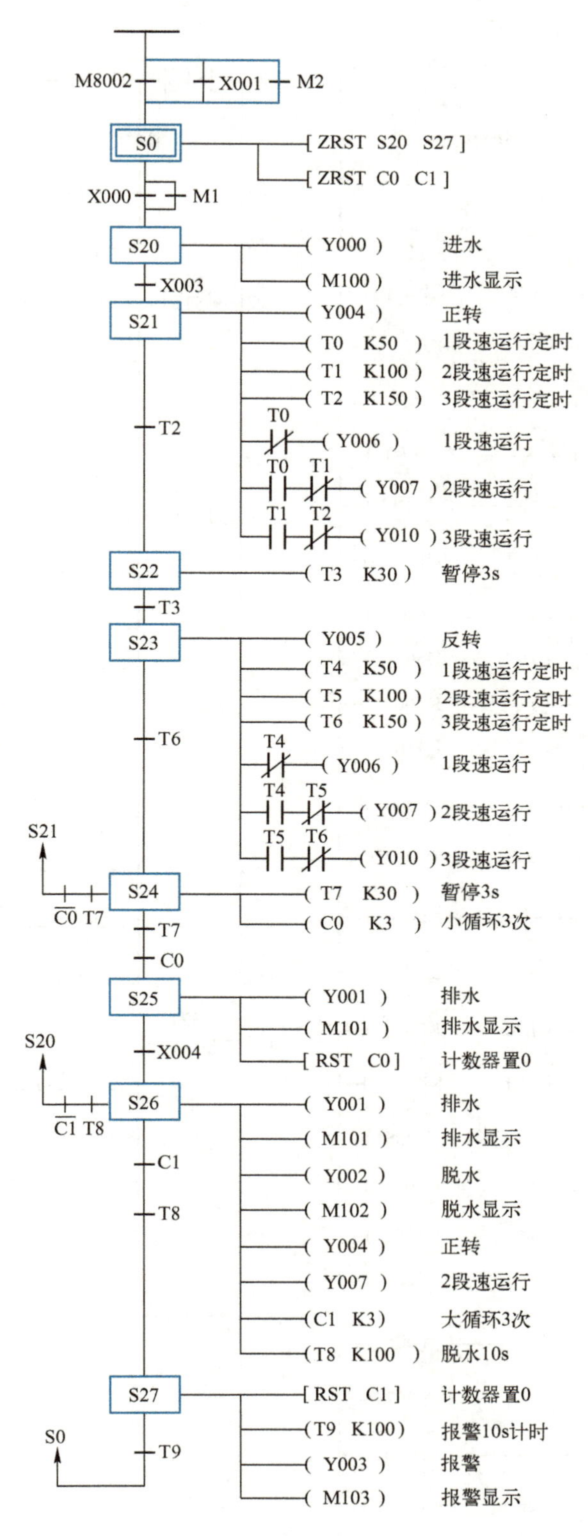

图 7-19　工业洗衣机控制系统 SFC

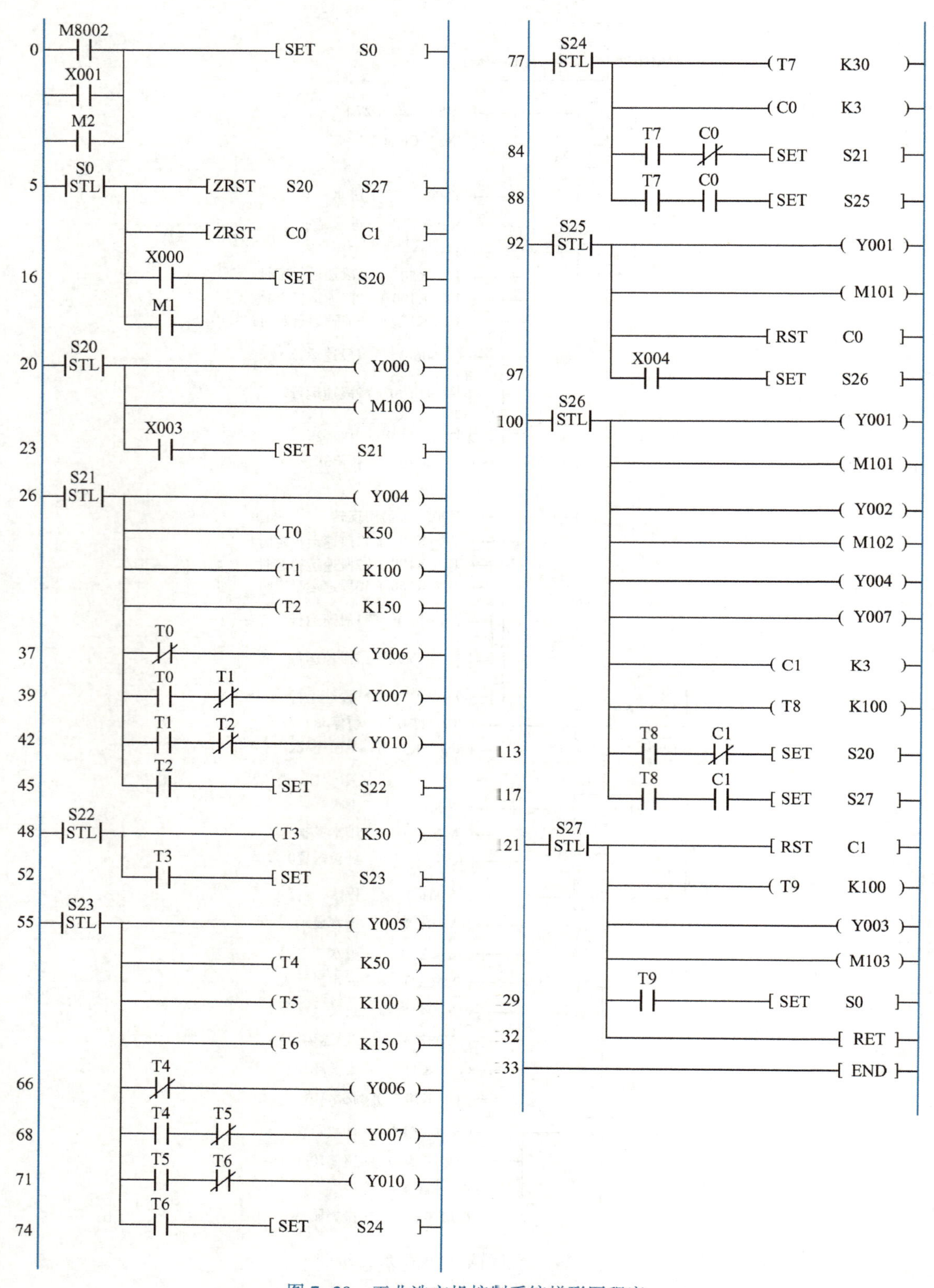

图 7-20 工业洗衣机控制系统梯形图程序

6. 系统仿真调试

1）按照图 7-17 所示系统硬件接线图接线并检查、确认接线正确。

2）利用 FR-E740 型变频器操作面板按表 7-10 设定参数。

3）利用 GX-Works2 编程软件输入并运行程序，监控程序运行状态，分析程序运行结果。

4）利用 GT-Works3 组态软件设计触摸屏画面并运行画面，监控程序运行状态，分析程序运行结果。

5）程序符合控制要求后再接通主电路试车，进行系统仿真调试，直到满足系统控制要求为止。

*7.2.4　岗课融通拓展：恒压供水控制系统设计

图 7-21 所示为恒压供水控制系统的构成示意图，由水泵、水泵电动机、压力传感器、变频器及 PLC 组成。其中压力传感器用于检测管网中的水压，并把检测到的压力信号送入 PLC 的模拟量输入模块中，经 PLC 的 PID 指令进行 PID 运算与调节，输出的调节量经 D-A 转换后送至变频器调节水泵电动机的转速，从而调节供水量。分析该控制系统控制要求，并用三菱 FX_{3U} 系列 PLC、FR-E700 系列变频器与 GOT2000 系列触摸屏联机实现此控制功能，完成 PLC 软硬件设计、变频器参数设置与触摸屏组态设计以及联机调试。

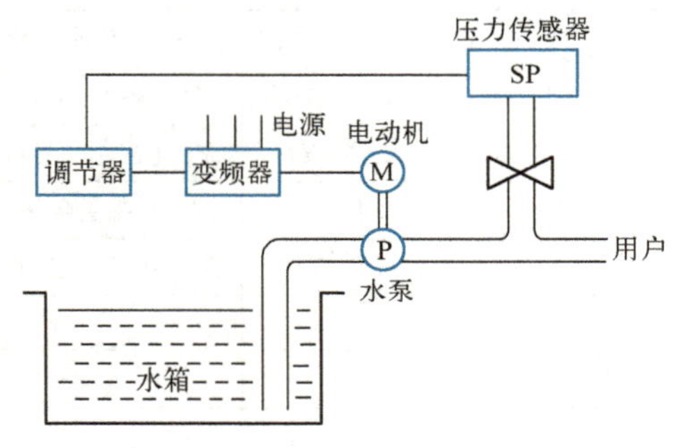

图 7-21　恒压供水控制系统基本结构

1. 控制要求分析

参照常用恒压供水控制系统控制要求，该控制系统中 PLC 的主要任务以及控制功能设定如下。

（1）PLC 在恒压供水控制系统中的主要任务

1）代替调节器，实现 PID 控制。

2）控制水泵的运行与切换。在多泵组恒压供水控制系统中，为了使设备均匀地使用，水泵及电动机是轮换工作的。在设单一变频器的多泵组控制系统中，与变频器相连接的水泵（称为变频泵）也是轮流工作的。变频器在运行且达到最高频率时，增加一台工频泵投入运行。PLC 则是泵组管理的执行设备。

3）变频器的驱动控制。恒压供水控制系统中变频器常采用模拟量控制方式，这需要采用具有模拟量输入/输出的 PLC 或采用 PLC 的模拟量扩展模块，将水压传感器送来的模拟量信号输入到 PLC 或模拟量扩展模块的输入端，而输出端送出经给定值与反馈值比较并经 PID 处理后的模拟量控制信号，并依此信号的变化改变变频器的输出频率。

4）泵站的其他逻辑控制。除了泵组的运行管理外，泵站还有许多其他逻辑控制工作，如手动与自动操作转换、泵站的工作状态指示、泵站工作异常报警、系统自检等，这些都可以在 PLC 的控制程序中实现。

（2）控制要求

1）共有两台水泵，要求一台运行，一台备用，自动运行时水泵运行累计 100 h 轮换一次，手动时不切换。

2）两台水泵分别由 M1、M2 电动机拖动，白接触器 KM1、KM2 控制。

3）切换后起动和停电后起动需 5 s 报警，运行异常可自动切换到备用泵，并报警。

4）水压在 0~1 MPa 范围内可调，通过触摸屏输入调节。

5）触摸屏可以显示设定水压、实际水压、水泵的运行时间、转速和报警信号等。

2. 控制系统软、硬件设计

（1）I/O 地址分配

根据恒压供水控制系统控制要求，PLC 和触摸屏的 I/O 地址分配见表 7-11。

表 7-11 I/O 地址分配表

PLC I/O 地址分配				触摸屏 I/O 地址分配			
PLC 输入		PLC 输出		触摸屏输入		触摸屏输出	
软元件	功能说明	软元件	功能说明	软元件	功能说明	软元件	功能说明
X1	1 号泵水流开关	Y0	KM1（控制 1 号泵接触器）	M500	自动起动	Y0	1 号泵运行指示
X2	2 号泵水流开关	Y1	KM2（控制 2 号泵接触器）	M100	手动 1 号泵	Y1	2 号泵运行指示
X3	过电压保护开关	Y4	报警器 HA	M101	手动 2 号泵	T20	1 号泵故障
		Y10	变频器正转起动端子 STF	M102	停止	T21	2 号泵故障
				M103	运行时间复位	D101	当前水压
				M104	清除报警	D502	水泵累计运行时间
				D500	水压设定	D102	水泵电动机转速

（2）硬件接线图设计

根据恒压供水控制系统控制要求，选用三菱 FX_{3U}-32MR 型 PLC、FR-E700 系列变频器与 GT2712 型触摸屏，模拟量扩展模块采用输入/输出混合模块 FX_{3U}-3A-ADP，变频器通过 FX_{3U}-3A-ADP 的模拟量输出来调节电动机的转速。根据控制要求及 I/O 地址分配，可对系统硬件接线图进行设计，如图 7-22 所示。

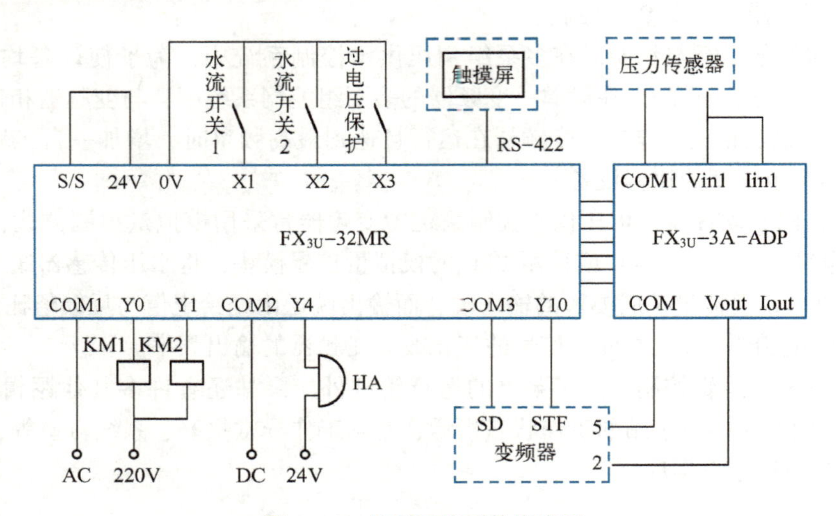

图 7-22 控制系统硬件接线图

(3) 触摸屏组态画面设计

根据系统控制要求，利用 GT-Works3 组态软件对触摸屏画面进行设计，如图 7-23 所示。

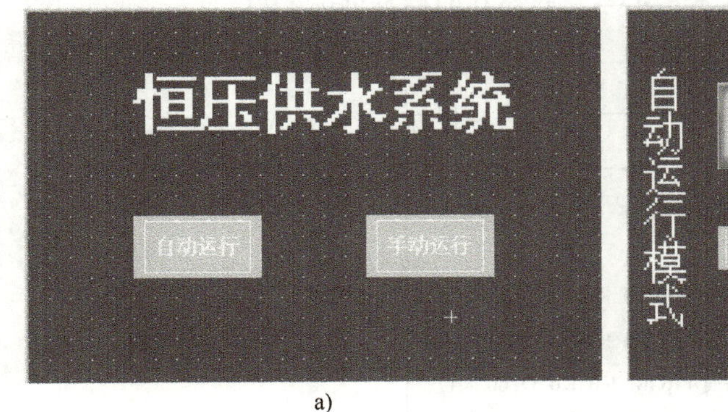

a)

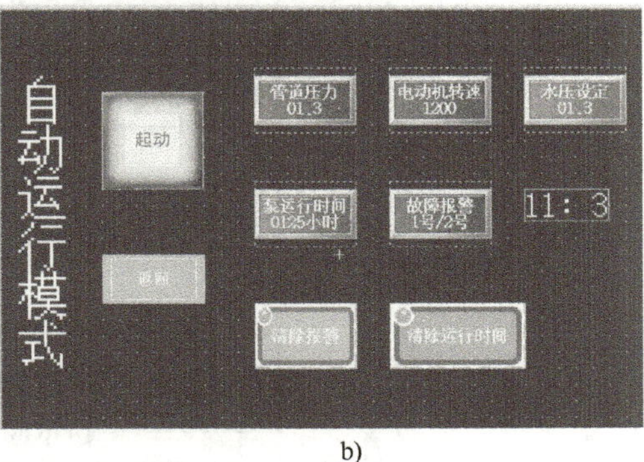

b)

c)

图 7-23　触摸屏组态画面设计

a) 首页画面　b) 自动运行画面　c) 手动运行画面

(4) 变频器参数设置

根据系统控制要求，需设定变频器的基本参数、操作模式选择参数和多段速度设定等参数，具体参数设定见表 7-12。

表 7-12　变频器参数设置表

参数编号	参数名称	设定值
Pr. 1	上限频率	50 Hz
Pr. 2	下限频率	30 Hz
Pr. 3	基准频率	50 Hz
Pr. 7	加速时间	3 s
Pr. 8	减速时间	3 s
Pr. 9	电子过电流保护	电动机的额定电流
Pr. 13	起动频率	10 Hz
Pr. 73	模拟量输入选择	1
Pr. 79	运行模式设置	2
Pr. 160	用户参数组读取选择	0

(5) PLC 程序设计

根据控制要求以及 I/O 分配表，恒压供水控制系统梯形图程序如图 7-24 所示。

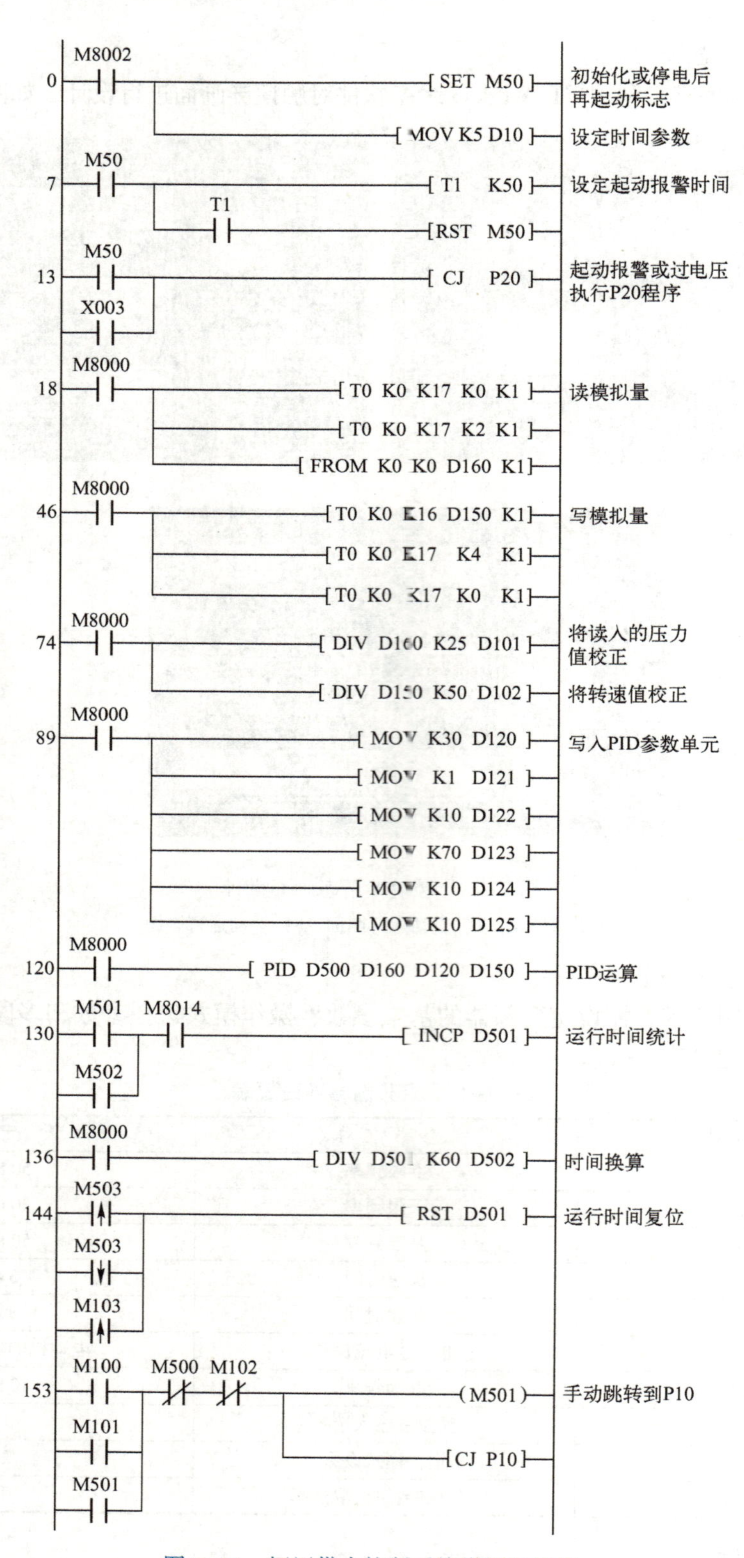

图 7-24　恒压供水控制系统梯形图程序

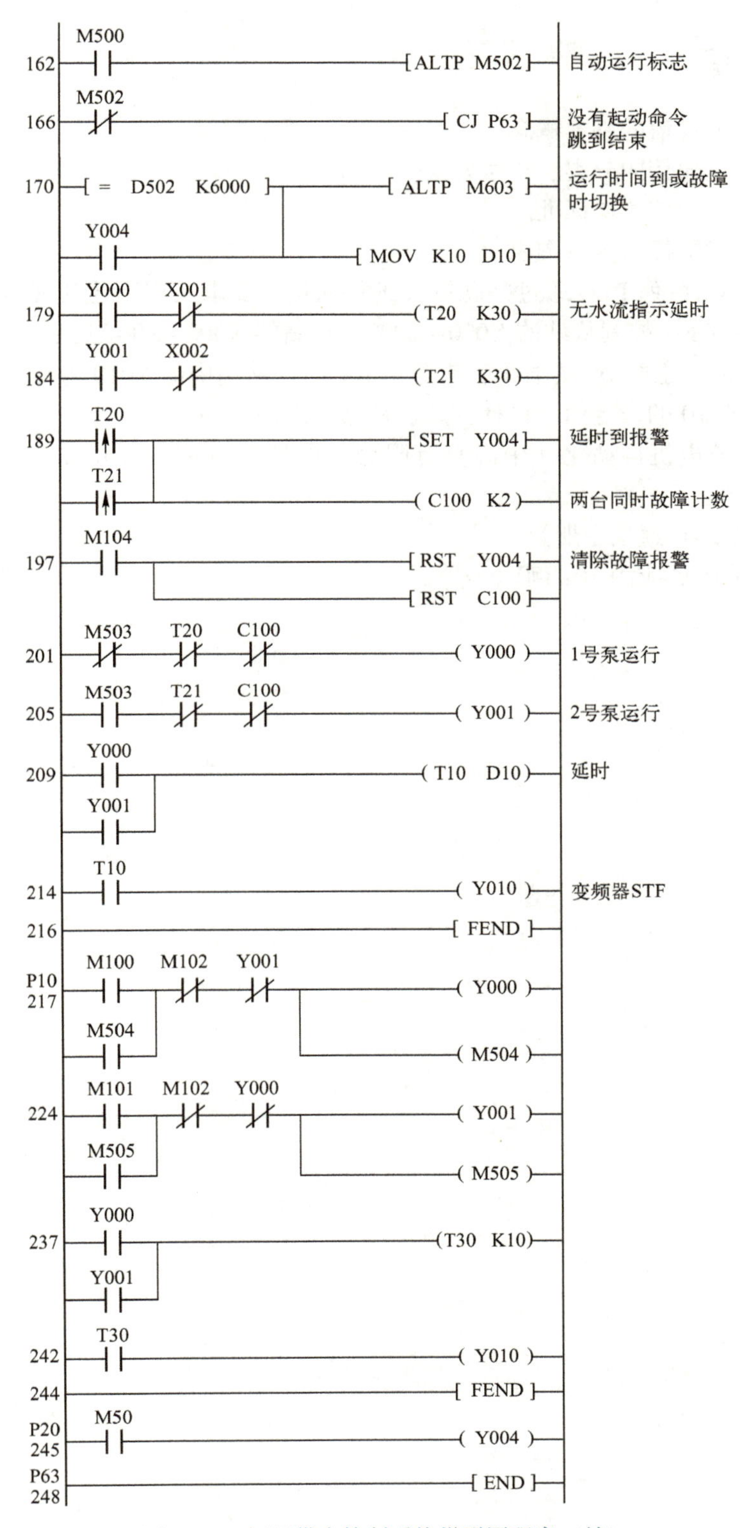

图 7-24 恒压供水控制系统梯形图程序（续）

研讨与训练

7.1　简述数据通信的基本概念。

7.2　简述数据通信的分类、传送方式。

7.3　简述串行通信接口标准。

7.4　简述并联链接与 N:N 链接。

7.5　两台 FX_{3U} 系列 PLC 通过并联链接进行通信，要求实现下述功能：主站的 X000～X007 通过 M800～M807 控制从站的 Y000～Y007；从站的 X000～X007 通过 M900～M907 控制主站的 Y000～Y007；主站 D0 的值小于或等于 100 时，从站中的 Y010 为 ON；从站中的 D10 的值用来作主站的 T0 的设定值。设计主站、从站梯形图程序。

7.6　登录三菱电机自动化（中国）有限公司网站（www.mitsubishielectric-fa.cn），收集、学习如下资料。

1）《FX 系列 PLC 通信手册》。

2）《FX 系列 PLC 应用 101 例》。

附录　本书二维码清单

名　　称	图形	页码	名　　称	图形	页码
1-1　PLC 的基本结构		5	1-8　指令语句表		23
1-2　PLC 的工作原理		5	2-1　LD、LDI、OUT 指令		31
1-3　FX_{3U} 系列 PLC 控制面板		13	2-2　AND、ANI、OR、ORI 指令		32
1-4　FX 系列 PLC 型号		13	2-3　SET、RST 指令		33
1-5　输入、输出继电器		18	2-4　GX-Works2 工程界面介绍及创建工程		35
1-6　辅助继电器		18	2-5　梯形图编程		35
1-7　梯形图		23	2-6　梯形图程序编译与保存及梯形图注释		35

（续）

（续）

名　　称	图形	页码	名　　称	图形	页码
3-1　SFC 的组成		81	4-2　CJ 指令		114
3-2　STL、RET 指令		83	4-3　CALL、SRET 指令		115
3-3　SFC 编程方法		85	4-4　MOV 指令		116
3-4　自动混料罐控制系统设计仿真调试		87	4-5　ZRST 指令		116
3-5　某品牌钻孔动力头控制系统设计		91	4-6　SEGD 指令		117
3-6　多分支顺序功能图		95	4-7　CMP 指令		127
3-7　PLC 控制系统设计与选型原则		97	4-8　触点比较指令		127
4-1　认识功能指令		112	4-9　SUB 指令		131

（续）

名　　称	图形	页码	名　　称	图形	页码
4-10　INC、DEC 指令		132	4-13　ROR、ROL 指令		139
4-11　BCD 指令		133	5-1　FR-E740 型变频器参数设置		169
4-12　SFTR、SFTL 指令		138	6-1　GT-Works3 新建工程及工程界面		201

参考文献

[1] 李金城．三菱 FX_{2N}PLC 功能指令应用详解：修订版［M］．北京：电子工业出版社，2018.

[2] 孙振强，孙玉峰．可编程控制器原理及应用教程［M］.4 版．北京：清华大学出版社，2020.

[3] 张静之，刘建华，陈梅．三菱 FX_{3U}系列 PLC 编程技术与应用［M］．北京：机械工业出版社，2018.

[4] 吴启红．变频器、可编程序控制器及触摸屏综合应用技术实操指导书［M］.3 版．北京：机械工业出版社，2018.

[5] 薛迎成．PLC 与触摸屏控制技术［M］.2 版．北京：中国电力出版社，2014.

[6] 王建，宋永昌．触摸屏实用技术：三菱［M］．北京：机械工业出版社，2012.

[7] 阳胜峰，盖超会．三菱 PLC 与变频器、触摸屏综合培训教程［M］.2 版．北京：中国电力出版社，2017.

[8] 廖常初．PLC 基础及应用［M］.4 版．北京：机械工业出版社，2019.

[9] 温贻芳，李洪群，王月芹．PLC 应用与实践：三菱［M］.2 版．北京：高等教育出版社，2023.

[10] 曹菁．三菱 PLC、触摸屏和变频器应用技术项目教程［M］.2 版．北京：机械工业出版社，2017.

[11] 殷庆纵，李洪群，孙岚．可编程控制器原理与实践：三菱 FX2N 系列［M］.2 版．北京：清华大学出版社，2019.

[12] 侍寿永，史宜巧．FX_{3U}系列 PLC 技术及应用［M］．北京：机械工业出版社，2021.

[13] 李方园．变频器与伺服应用［M］．北京：机械工业出版社，2020.

参考文献